国家社科基金
GUOJIA SHEKE JIJIN HOUQI ZIZHU XIANGMU
后期资助项目

国家环境保护治理体系和治理能力现代化探索

Modernization Exploration of the National Environmental Protection Governance System and Governance Capabilities

任景明　高敏江　叶亚平　著

中国财经出版传媒集团

经济科学出版社
Economic Science Press

图书在版编目（CIP）数据

国家环境保护治理体系和治理能力现代化探索/任
景明，高敏江，叶亚平著 . —北京：经济科学出版社，2021.9
国家社科基金后期资助项目
ISBN 978 - 7 - 5218 - 2894 - 8

Ⅰ. ①国⋯　Ⅱ. ①任⋯　Ⅲ. ①环境保护 – 研究 – 中国
Ⅳ. ①X – 12

中国版本图书馆 CIP 数据核字（2021）第 190575 号

责任编辑：杨　洋　卢玥丞
责任校对：孙　晨
责任印制：王世伟

国家环境保护治理体系和治理能力现代化探索

任景明　高敏江　叶亚平　著

经济科学出版社出版、发行　新华书店经销

社址：北京市海淀区阜成路甲 28 号　邮编：100142

总编部电话：010 – 88191217　发行部电话：010 – 88191522

网址：www. esp. com. cn

电子邮箱：esp@ esp. com. cn

天猫网店：经济科学出版社旗舰店

网址：http：//jjkxcbs. tmall. com

北京季蜂印刷有限公司印装

710 × 1000　16 开　14.5 印张　250000 字

2021 年 10 月第 1 版　2021 年 10 月第 1 次印刷

ISBN 978 – 7 – 5218 – 2894 – 8　定价：52. 00 元

（图书出现印装问题，本社负责调换。电话：010 – 88191510）

（版权所有　侵权必究　打击盗版　举报热线：010 – 88191661

QQ：2242791300　营销中心电话：010 – 88191537

电子邮箱：dbts@ esp. com. cn）

国家社科基金后期资助项目
出版说明

　　后期资助项目是国家社科基金设立的一类重要项目，旨在鼓励广大社科研究者潜心治学，支持基础研究多出优秀成果。它是经过严格评审，从接近完成的科研成果中遴选立项的。为扩大后期资助项目的影响，更好地推动学术发展，促进成果转化，全国哲学社会科学工作办公室按照"统一设计、统一标识、统一版式、形成系列"的总体要求，组织出版国家社科基金后期资助项目成果。

全国哲学社会科学工作办公室

环境治理现代化的有益探索
（代　序）

　　景明同志具有地球物理勘查、世界经济和系统生态学等跨学科的综合专业背景，他的勤于思考，造就了他很强的宏观思维能力。他自 2006 年从国土系统调动到评估中心工作，始终致力于战略环境评价工作，同时对国家环境保护管理体制的变革保持着密切的关注与思考。这本基于元治理理论的《国家环境保护治理体系和治理能力现代化探索》是他带领团队进一步探索过程的深入延续。

　　国家治理体系和治理能力是一个国家制度和制度执行能力的集中体现。改革开放 40 年，党和政府不断推动国家治理体系和治理能力的现代化。新时代中国国家治理体系是在长期实践探索中形成的，是在历史文化传统中传承、在经济社会不断发展的基础上逐渐进行改革和内生性演化的结果，是在认真总结实践过程取得的重大成效和宝贵经验的基础上发展而来的。

　　中华文明源远流长、中华文化厚积薄发，多元一体是中华文化的重要传统，大一统价值观和多元包容是中华文明的核心要义。书中运用的中国环境保护治理模式现代化探索设计三原则即孕生于此。一是尊重历史与立足现实的统一原则。我们必须尊重历史发展轨迹中所形成的传统和文化，特别是相应的治理体系及经验。中国用几十年的时间走过了发达国家一二百年走过的发展路程，环境问题呈现出爆发型、压缩型、复合型等特点，需要在考虑我国发展路径的必然性的同时，立足现实，设计出开明的、适合我国发展阶段技术经济水平和特点的国家环境治理体系。二是适度超前与循序渐进的统一原则。当代中国的政治经济文化国情，决定了对发展道路和发展阶段的现阶段认识，决定实现改进和完善环境治理体系的目标需要分阶段进行。按照亨廷顿的政治稳定理论，政治稳定从根本上依赖于政治参与程度和政治制度化程度之间的相互关系，实现政治稳定的根本途径在于提高政治（治理）体系的制度化水平，以确保公民的有序参与。基于中华文明的协商共治与和谐大同的思想，我们将协商民主与选举民主有机结合，一党执政与多党参政有机结合，既代表直接利益，更代表根本利益，在适度超前与循序渐进中，不断实践。三是借鉴与消化吸收再创新的统一原则。中华文明从未拒绝外来文化，也从来不宣称自己已经进化到了历史的终点。任何一种宗教和文化进入中国，都会淡化非此即彼的排他性。多元的包容性促使我们不断结合具体国情，学习借鉴国外政府环境治理的先进经验。改革开放以来，我们在建立现代国家环境治理体系方面的许多进步和成就其实也得益于向外国先进环境治理经验的学习。

元治理（meta governance）是基于治理失灵实践发展演进出的新的治理理论，是一种产生一定程度的协调治理的手段，通过设计和管理政府、市场、社会治理的稳健组合，以达到从对公共部门组织的绩效负责的角度来说（公共管理者作为元治理者）最好的可能结果。元治理中政府应当扮演"同辈中的长者"，而不是全能型政府中的"父亲"角色，它不仅承担指导责任和确立行为准则的责任，而且还承担依据变化了的国情设计治理体系并培育提升治理能力的责任，但不具有绝对的权威。这个理论非常契合党的十八届三中全会《中共中央关于全面深化改革若干重大问题的决定》关于发挥市场在资源配置中的决定性作用和更好地发挥政府作用的精神。

由此可见，中国环境治理模式现代化探索设计的三原则，融合了多元一体的中华文明和中华文化的价值要义，对在中国大地上探寻解决中国问题给出了合适的环境保护治理道路和办法，并具有潜在的重要影响和现实指导意义。

景明依据长期战略环境评价工作中的思考，发挥宏观战略思维优势。他在书中提出，理解治理首先需要准确把握统治与治理的异同，其次对两者的内涵与发展作了生动阐述。治理作为一种政治过程，其最本质的特点是"讨价还价"、协商共治。

我一直认为，生态环境质量的好坏与老百姓的福祉息息相关，生态环境保护治理领域是发展与保护矛盾集中、群体事件发生相对多发的重要领域。需要管理者不断地探索防范和化解这些矛盾和事件的应对之策，并使之成为具有稳定性、可行性的制度设计，在此过程中它也逐步成为公众参与和社会治理机制发育相对成熟的领域之一。因此，生态环境治理体系既是新时代国家治理体系的重要组成部分，也在某种意义上引领着新时代国家治理体系在生态文明领域实践探索的走向。

党和国家机构深化改革前，政府主导的单一化管制型环境治理体系有着非常突出的特征。如环境法令的制定过程充斥着中央政府不同部门利益间的矛盾和竞争，各部门由于其职责不同而向地方政府施加不同甚至相互冲突的要求和目标，国家权威和地方治理权之间实际上也一直存在着此消彼长的冲突和选择。我相信，这种局面会随着部门间的元治理和中央地方政府之间元治理的健全完善而逐步得到改变！

景明在书中提出，生态环境保护元治理成败的关键在于元治理者。按照元治理理论和治道逻辑，本书把研究的重点放在国内外环境治理模式演变过程的梳理，以及适应中国国情的生态环境元治理模式下政府的角色定位和能力提升策略上。在分析我国现行生态环境保护治理体系和治理能力存在突出问题的基础上，提出国家生态环境保护治理体系的总体框架和顶层设计，要突出围绕生态环境质量、持续改善这一环境保护的核心任务，着力促进不同治理模式之间的协同互补和协调不同治理模式之间的矛盾冲突两大元治理策略，构建政府、市场、社会三大治理机制均衡发展的治理体系，履行供给制度、协调目标、激励自治、协同共治四大元治理职能，并附典型的案例佐证元治理理论的科学性与实践性。这些论述及案例研究，对下一步生态环境保护体制机制改革应有较好的借鉴意义。

党的十八大之后，随着生态文明制度体系的逐步完善，国家生态环境保护治理体系与治理能力现代化的目标逐步清晰。更令人鼓舞的是，党的十九届四中全会专题研究坚持和完善中国特色社会主义制度、推进国家治理体系和治理能力现代化的若干重大问题，并提出了分阶段的总体目标，列出了具体要求。2019 年 11 月 26 日，中国共产党中央全面深化改革委员会审议通过了《关于构建现代环境治理体系的指导意见》，该意见提出：要以推进环境治理体系和治理能力现代化为目标，建立健全领导责任体系、企业责任体系、全民行动体系、监管体系、市场体系、信用体系、法律政策体系，落实各类责任主体责任，提高市场主体和公众参与的积极性，形成导向清晰、决策科学、执行有力、激励有效、多远参与、良性互动的环境治理体系，为推动生态环境根本好转、建设美丽中国提供有力的制度保障。这些新时代最新的重要论述，为探索中国生态环境保护治理制度建设的理论体系，提供了最好的研讨环境，值得景明和同样行走在环境保护和战略环境评价主阵地上的探索者们，不断奋进。

2019 年 11 月 27 日

前　言

本书是国家社会科学基金后期资助项目"国家环境保护治理体系和治理能力现代化探索"（项目批准号：17FGL011）的最终结项成果。申请立项的出发点是尝试为开始推进的国家治理体系和治理能力现代化探索提供生态环境保护领域的理论与路径支持。研究重点放在国内外环境保护治理模式演变过程的梳理以及适应中国国情的环境保护元治理模式下政府的角色定位和能力提升策略上。从理解和掌握的资料素材分析，元治理倡导的政府—市场—公众超越型治理模式，可解决三大治理主体任何一方主导的单一治理模式失灵的困境，实现经济发展与环境保护兼容并存的双赢目标。环境保护元治理模式是与治理主体角色直接相关并且有可能创新解读中国环保实践案例、提供重要参考借鉴、具有广泛包容性和指导性的理论发展形态。

项目获准的两年时间，研究人员广泛搜集中国特色环境保护治理的实践案例，分析提炼成败的经验教训，在元治理视域下，对实践案例中涉及的环境保护治理体系与治理能力议题进行了系统深入的研究，既了解了元治理产生的社会背景、理解了元治理理论内涵，又比较了国内外治理主体的责权差异，并结合中国政治经济文化历史背景和当代环境保护治理实践，对元治理理论进行了本土国情适应性剖析与思考。

研究结果表明，基于社会实践反思产生的元治理理论，在解读中国环境保护治理案例、剖析环境保护治理体系和治理能力方面，具有很强的契合性和适应性。环境保护元治理模式给出了应对单一治理模式失灵问题和单纯依靠政府行政命令产生治理危机的一种路径。

改革开放40年来，中国经济建设在取得巨大成就的同时，空间、资源、生态环境承受了不容忽视的压力与威胁，成为制约国家现代化发展、实现生态文明建设总目标的重要障碍。"建设生态文明是关系人民福祉、关系民族未来的大计。中国要实现工业化、城镇化、信息化、农业现代化，必须要走出一条新的发展道路。"① 生态环境问题的表象在技术，深层原因是政府、市场与公众之间关系不顺、不能良好互动的结果，本质原因在制度，制度安排失效，治理体系整体失灵。"坚持改革创新，突出坚持和完善支撑中国特色社会主义制度的根本制度、基本制度、重要制度，着力固根基、扬优势、补短板、强弱项，构建系统完备、科学规范、运行有效的制度体系，加强系统治理、依法治理、综合治理、源头治理，把我国制度优势更好地转化为国家治理效能。"② 环境保护治理体系和治理能力的现代化探索工作是平衡经济发展与环境保护，促进国家全面深化改革，推进国家治理体系和治理能力现代化创新总目标落地的探路者和桥头堡，具有学术价值与实践意义。

按照最经典的分类，治理主体和机制包括政府治理主体与科层治理机制（18 世纪末至 20 世纪 70 年代）、企业治理主体与市场治理机制（20 世纪八九十年代）、公民社会治理主体与网络治理机制（20 世纪 90 年代以来）三个大类③，其相应的理论背景、协调方式、控制机制、适合解决的问题类型等存在不同，同时，三大机制各有不足以及失灵表现（见表1）。

表 1　　　　　　　　　　治理主体和机制分类对比

治理主体和治理机制	政府治理主体与科层治理机制（18 世纪末至 20 世纪 70 年代）	企业治理主体与市场治理机制（20 世纪八九十年代）	公民社会治理主体与网络治理机制（20 世纪 90 年代以来）
理论背景	理性主义，实证主义	理性选择理论	社会建构理论，社会结构理论
基本原则	政府统治社会	政府向社会提供服务	政府只是网络社会中一个合作伙伴
组织结构	直线型组织，集中控制系统，项目团队，具有稳定性、固定性	分散式（的），半自治单元/机构/团队；合同法	软性结构，具有最低限度的规则和法规
协调方式	正式的自上向下的，强制性的，事前的协调	自下而上的，竞争性的，事后的协调	非正式的，无偏见式的，开放式的，外交式的，自组织协调
控制机制	国家权力	市场价格	网络信任

① 习近平在纳扎尔巴耶夫大学的演讲 [EB/OL]．人民网，2013－09－18.
② 讨论拟提请十九届四中全会审议的文件 [EB/OL]．人民网，2019－10－25.
③ 辛璐璐．国家治理现代化进程中的政府责任问题研究 [D]．长春：吉林大学，2017.

治理主体和治理机制	政府治理主体与科层治理机制（18世纪末至20世纪70年代）	企业治理主体与市场治理机制（20世纪八九十年代）	公民社会治理主体与网络治理机制（20世纪90年代以来）
环境要求	稳定的	竞争的	不断变化的
首要优点	可靠性强	为成本所驱动的高效率	极大的自由裁量权，灵活性强
适合解决的问题	危机，灾害，通过执行力量（例如，警察）能够解决的问题	常规的问题，非敏感性的问题	复杂性的，非结构化的，有着多方参与者的问题
典型不足	科层失灵	市场失灵	网络治理失败

从表1中可以明显看出，冲突存在于不同社会组织间，公私利益界限难以明确、消弭。政府行为容易引发腐败、浪费，主要源于相对封闭和不透明的信息封锁、决策体制，发展目标与事项优先级错位，无法预先在法律上建立明确的行为模式。三种治理机制缺一不可但都有其固有的缺陷，亟须一种新的理论和模式克服上述矛盾与缺陷，指导新的、更复杂的社会治理实践。元治理理论和策略，契合党的十八届三中全会中决定更好地发挥政府作用的精神，为应对治道逻辑问题提供了可行性方案。

本书旨在立足新时代生态文明建设理念，采用实践调研与理论探究结合的研究方法，探索性研讨政府环境保护治道逻辑和治理能力提升议题。全书内容包括6个章节。第1章首先说明了国家环境保护治理现代化提出的背景、定位与意义，对影响国家治理的经济、社会、生态、价值等因子进行了系统分析，提出了国家环境保护治理现代化的现实需求和现代化的定位与意义；第2章从公共管理学角度，梳理国家治理模式，从治理到元治理的变迁，从政府、市场、公众某一治理主体为主导的单一模式演变到三大主体协同共建的"治理的治理"，并对元治理的内涵予以阐释；第3章在系统梳理国内外环境保护治理模式现状与演变的基础上，以寻求适合我国环境保护治理国情的元治理模式与路径为落脚点，遵循尊重历史与立足现实相统一、适度超前与循序渐进相统一、借鉴与消化吸收再创新相统一的现代化探索设计原则，结合我国政治经济文化特点，提出我国环境保护治理对元治理模式的需求，并对元治理移植我国环保治理领域的可行性进行了剖析；第4章与第5章针对环保元治理模式下政府角色定位和能力提升策略、元治理视域下我国环境保护治理实证分析两个方面开展研究，佐证可行性判断，得出以下主要观点。

第一，通过第1章、第2章对国家治理背景、现状与趋势、治理现代化现实需求与意义定位，以及基于治理理念转变发生的生态环境保护治理模式演变等相关内容的梳理，辨析统治、治理和元治理的异同，同时，可以看出国内外在认识到环境污染的问题一致性基础上，针对各自环境问题及其特点，提出了环境问题责任主体的一般性与特殊性的治理尝试，包括：（1）政府主导治理模式；（2）市场主导治理模式；（3）公众社会主导治理模式等。从案例经验看，三种模式都有失灵的表现，并随着经济全球化、社会多元化、环境问题复杂化，这种不良表现进一步凸显。国内外三方治理主体权力与责任态势强弱虽有不同，但在环境保护治理中均出现了失败。新时代需要创新与实现国家环境保护治理体系和治理能力现代化，复杂的环境问题呼唤更具有包容性、调适性、指导性的治理理念与治理路径的出现，就是元治理——"治理的治理"。

第二，通过第3章我国政治经济社会文化分阶段特点的探究得出，国家治理和政府规制改革具有以下资源禀赋：（1）政府公权力部门在经济社会发展中起关键作用，政府治理对中国的作用比西方社会重要；（2）社会、经济、自然的复杂性和多变性使单一治理模式和"多中心—去中心"治理思想无法适应新的经济社会发展阶段和有效解决综合性问题；（3）新时代国家（环保）治理体系改革和善治能力提升，需要改变凡事依赖政府的惯性，同时也不能脱离政府自由过度，我们需要科学的、系统的、灵活的现代治理理论参与转型期的制度建设，这种模式就是元治理。通过对元治理模式概念、内涵、策略和可移植性的诠释，说明元治理模式与我国创新生态环境保护治理需求的吻合性。

第三，通过第4章环保元治理模式下我国政府角色定位和能力提升策略的探究以及第5章"为政""治水"工作调研案例的解析得出，政府内部元治理和政府外部元治理的耦合，表现出理论与实践的优势，阐明元治理成败的关键在于元治理者，即政府，保留对治理机制开启、关闭、调整和另行建制权力的主体。（1）元治理模式要求政府、市场和公民社会三者协同治理，但更强调政府的角色定位，强调政府发挥协调的最主要主体作用；（2）政府在新的社会治理结构中，应从包揽一切的"家长——父亲"转变为"同辈中的长者——大哥"，虽不能具有最高的绝对权威，但服务性、兜底性的责任尤为重要，指导社会的行进以及为了社会运行确立行为准则。此处的"元"，取"本元""基本""原来""本来"之意，基本理论，关于治理的理论，是"治理的治理"，类似的概念如元数据、元科学、元程序等。该模式中政府环境保护治道逻辑和能力提升策略有以下三点：

（1）重新规制、调整职能、厘清事属权、一拳发力；（2）改变管制惯性，最大限度发挥市场在资源配置中的决定性作用与公众参与的作用机制；（3）智慧型制度设计，协调引导社会良性互动达成目标。此外，构建新时代约束力，建立健全法治建设，保障元治理者职能和策略落地生根。通过尝试性构建元治理模型理想目标评估元素，比较实证分析案例中元治理现状与理想模式目标，得出案例各自的具体化差距情况。

第四，受制于"政治—行政"文化、行政传统和历史社会制度等因素，元治理也可能失灵。解决失灵问题的对策如下：（1）承认认识上要有必要的反思性。承认失灵，判定不完全成功，分析评估当前活动产生的结果和期望，定位失误，同时，找出部分成功的结果。（2）承认实践上要有必要的多样性。实现治理失灵风险最小化，需要维持一定的实践多样性。有低效的可能性，但可提供应对失灵的弹性来源，可以保证策略的灵活改变能力和选择更加可靠的成功策略的选择能力。部分失灵的情况下，最后的成功取决于在多样模式显现局限性时的切换调节能力上。（3）承认哲学理解上要有必要的反讽性。失灵和不完全具有不同于宿命论的必然性，是社会政治经济文化生活的基本特征，凝聚治理主体智慧，取利益最大公约数，探求最小化失灵、部分成功最大化的生态环境保护治理模式或组合。

第五，市场与社会本身无法解决转型引发的不可治理性难题，需要政府这样超市场与社会的力量介入。另外，政府的资源、能力有一定的限度，随着公共事务的复杂性和多样性不断增强，引入市场和社会的力量、建立多元主体协同治理的机制，显得尤为重要。在多元主体协同治理的体系和机制中，政府应当具有"元治理者"的特殊协调角色并发挥兜底作用。元治理重视和保证政府的影响力、指挥力和控制力的实践过程，治理则强调各类主体与政府和国家的脱离过程，两者有本质区别。政府是元治理制度中重要而特殊的主体，该角色定位要求其发挥主导作用，更多地致力于远景规划、规则制定、目标确立和行动协调，是规则的主导者和制定者。（1）要积极对话，倡导协作，与其他社会力量合作实现良治；（2）要防止信息不对称、促进信息透明，治理各主体在充分的信息交换中了解彼此，最终达成相同的治理目标；（3）要避免利益冲突诱发的协作损害，注重平衡各方利益。元治理体系与机制增强了国家政府公共行政组织作用，强调政府需要做到提供基础原则、保障机制兼容性、承担调和各主体内部争议、增强社会凝聚力、为治理失败兜底等政治责任。

第六，强调政府在生态环境保护治理中的作用是元治理的优势与特点。"政府仍是不可缺席的角色,只是角色必须有所调整而已"①。强调政府积极作用的元治理模式,有利于为多主体生态环境保护治理体系提供稳定的制度环境,政府的积极作用不会消解其他的治理形式或力量。依据我国生态环境保护治理现实需要的元治理策略,需要注重从国家治理层面,进行总体的制度安排,不断提升和优化政府治理能力。遵照制度、规则等,划分国家(政府)、市场(企业)和社会(公众)的界限;整合碎片化资源、改善条件、规范框架,建立以政府为核心的生态环境保护治理体系;明确生态环境保护元治理目标,建设服务型和法治型并重的政府;加强"元治理者"内部元治理,推进体制改革,促进政府朝向更为智慧理性、施行有限干预的"强政府";同时,注重"元治理者"外部元治理,不断引导、培育、壮大市场和社会力量,推进构建新时代国家生态环境保护治理体系,提升"元治理者"(政府)的治理能力,促进国家(政府)、市场(企业)和社会(公众)良性互动,实现良治。综上所述,我国需要的生态环境保护元治理策略应包括:重视"元治理者"(政府)内部元治理,打造"强政府",其中最为重要的是,以明确职责为前提,强化县级生态环境部门力量,重新划分和配置职能,解决整体国家生态环境保护治理能力倒金字塔的现实局面;加强市场(企业)和社会(公众)外部元治理,培育"大社会";构建新时代国家治理体系,提升"元治理者"(政府)的治理能力、反思能力(reflexivity)、变通能力(flexibility)、指涉能力(self – referentiality)和反讽能力(requisite irony)。

在总结前述研究成果和梳理近年来环境社会学相关领域最新研究理论的基础上,本书提出了一些新的研究视角展望:(1)转型社会背景下生态环境保护治理新视角间的比较与复合;(2)在复合生态系统治理空间中的融合落地(环境国家概念);(3)耦合社会实践理论解析环境保护治理领域的复杂问题。

本书由任景明研究员主持编写。感谢生态环境部环境工程评估中心张辉、耿海青、李健、徐敏云、赵宝华等老同事,在 2013 年党的十八大提出国家治理体系与治理能力现代化之始,就同我一起研究国家环境保护治理体系与治理能力现代化相关问题,其中,徐敏云副教授帮助设计、发布和整理问卷调查成果,为成果的后期提升和申报奠定了一定基础;感谢北京师范大学李澄博士,带给我元治理的文献和信息,让我可以站在元治理

---

① Jon Pierre & B. Guy Peters. Governance, Politics and the States [M]. London: Macmillan, 2000: 48 – 49.

的高度去审视、分析、思考国家环境保护治理体系与治理能力的历程、现状、问题与前景；感谢高敏江博士的加入，在博士后期间申请了国家社科基金后期资助项目支持，并在大量的文献理论探索、现场调研、案例分析及后期整理工作中，付出了最大的努力和贡献；感谢河海大学叶亚平教授的加入，积极参与田野调查和案例整理；感谢中央党校刘晓春老师在申结课题过程中耐心的沟通指导；感谢社科基金办公室及各位评审专家为完善成果提出的宝贵意见和建议；感谢经济科学出版社的编辑，为课题结题和成果正式出版付出了辛勤劳动和智慧。河海大学何岸璟、杨润涵、顾云翔参与了校稿工作。

本书是生态环境部环境工程评估中心国家环境保护治理体系与治理能力现代化探索课题组集体智慧的结晶，作者对大家付出的辛苦深表感谢。如无特殊说明，本书中关于环保统计各项数据均来自生态环境部环境工程评估中心历年内部咨询报告。研究初步成果（征求意见稿）在 2019 年党的十九届四中全会期间于业内外已有交流传阅，在此对给予意见建议的各位领导、专家、学者们一并表示感谢。课题组从线上线下图书文献资料中吸收、借鉴、凝练、总结，特别感谢所有资料和数据的提供者以及走访单位的积极支持与配合，这些帮助给了课题组研究工作莫大的支持，在此同表敬意。由于时间、篇幅和课题组在环保治理理论及元治理本土化应用实践方面水平所限，书中有不妥和疏漏之处，敬请广大读者批评指正。

任景明

2021 年 8 月 28 日

概 念 界 定

1. 环境保护治理：不同于环境污染治理，后者属技术层面概念，前者针对理念模式与制度体系。

2. 治理体系和治理能力：我国是社会主义国家，中国共产党是执政党，党领导国家开展各种活动，中国的国家治理体系是党领导下的、具有中国特色社会主义特征的治理体系。它的构成要件应当是党的领导、中国特色社会主义、社会主义核心价值观、社会主义民主、科学与法治。

国家治理体系是在党领导下管理国家的制度体系，包括经济、政治、文化、社会、生态文明和党的建设等各领域体制机制、法律法规安排，也就是一整套紧密相连、相互协调的国家制度；国家治理能力则是运用国家制度管理社会各方面事务的能力，也就是上述制度体系的执行力，包括改革发展稳定、内政外交国防、治党治国治军等各个方面的能力①。依据2015 年 9 月中共中央政治局会议提出的生态文明体制改革总体方案、2015年 10 月党的十八届五中全会精神、2017 年 10 月党的十九大"千年大计"、2018 年 5 月全国生态环境保护大会精神，生态环境保护治理体制是国家治理体系的重要组成部分，深化生态环境保护治理体制改革，以制度体系建设推进国家生态环境保护治理体系和治理能力现代化，是构建生态文明建设、建设美丽中国、走向社会主义生态文明新时代的必然要求，也是推进国家治理体系和治理能力现代化的重要组成部分。

3. 国家生态环境保护治理体系和治理能力现代化：党的十八届三中全会提出"全面深化改革的总目标是完善和发展中国特色社会主义制度，推进国家治理体系和治理能力现代化。"总目标有机统一，建立健全制度体系是现代化发展的实现路径。党的十九大报告中指出"世界上没有完全相同的政治制度模式，政治制度不能脱离特定社会政治条件和历史文化传

---

① 习近平：切实把思想统一到党的十八届三中全会精神上来［EB/OL］. 人民网，2013 - 11 - 12.

统。"①中国特色社会主义制度建设要适合中国国情，按照目标导向，"现代化"包含两层含义，即建立、完善一套系统完备、科学规范、运行有效、具有鲜明中国特色的制度体系，同时还可有效解决各种社会矛盾和问题。

根据党的十九届四中全会通过的《中共中央关于坚持和完善中国特色社会主义制度 推进国家治理体系和治理能力现代化若干重大问题的决定》第十条内容，国家生态环境保护治理体系和治理能力现代化，要按照"坚持和完善生态文明制度体系，促进人与自然和谐共生"的制度体系建设要求，全面深化生态环境保护治理体制改革，落实到"政府—市场—公众"治理主体的治理行为的规范和协调过程中，加快推进相关制度体系建设和完善，提高制度执行力。

4. 统治、管制、管理、治理、良治与元治理：公共管理学中社会经济发展到不同阶段相对应的管理理念，按时间顺序从旧到新依次为统治、管制、管理、治理、良治到元治理，单一行政强制理念减弱，包容服务协调能力增强。

统治——君国家臣社会，管制——有国家无社会，管理——大国家小社会，治理——小国家大社会，最本质的特点是"讨价还价"、协商。

5. 治理之"元"：区别于多元社会治理。后者的"多元"，指多主体、多因素、多单元，前者的"元"，取"本元""基本""原来""本来"之意，基本理论，关于治理的理论，是"治理的治理"。类似的概念如元数据、元科学、元程序等。

6. 元治理者：即元治理理论中，保留对治理机制开启、关闭、调整和另行建制权力的主体，即政府。元治理模式要求政府、市场和公民社会三者协同治理，但更强调政府在治理中的角色定位，强调政府是治理三方主体中进行协调的最主要主体。

7. 生态环境保护治理政策研究中"政府—企业—社会"与环境保护元治理理论中"政府—市场—公众"内涵与逻辑辨析：

（1）"政府—企业—社会"与"政府—市场—公众"，特别是市场部分差别大。两者对各自关系中三元素的有机关联和角色定位有着内涵与逻辑的本质区别。

（2）"企业"，是实体概念，范畴窄，在可参见的环保政策研究中

---

① 习近平：决胜全面建成小康社会 夺取新时代中国特色社会主义伟大胜利——在中国共产党第十九次全国代表大会上的报告［EB/OL］. 新华网，2017 – 10 – 27.

"企业"不涉及市场机制和经济问题，仅是政府实现生态环境保护治理的一项抓手。环保政策研究中的"对企业抓得紧"，更多指向企业污染治理的主体责任，对企业的管治，而非活跃的市场。在生活和面源污染日益凸显的今天，显然污染治理的主体远不止企业了。

（3）生态环境保护治理政策研究中的"政府—企业—社会"，虽然有了多元协调的趋势和意向，但只停留在多元的"元"上，并没有从机制的"元"上，即"本元"上深层次思考与论述。"政府—企业—社会"只是一个多元体系，而元治理模式中的"政府—市场—公众"既是一个多元体系，更是一种协同机制。

（4）"政府—企业—社会"完善得再好，仍然属于"治理"的范畴；"政府—市场—公众"才是"治理的治理"，才是环境保护治理体系和治理能力通向现代化的根本机制和潜力路径。

目　录

第 1 章　国家环境保护治理现代化提出的背景、定位与意义

　　2019 年是改革开放再出发的开局之年，也是攻坚之年。"我们现在所处的，是一个船到中流浪更急、人到半山路更陡的时候，是一个愈进愈难、愈进愈险而又不进则退、非进不可的时候。"生态环境问题也是必须攻下的顽固堡垒之一，其深层原因是环境保护治理体制机制存在治理体系与治理能力不匹配的基本矛盾，表现为制度安排的失效、治理体系的失灵。深化环境保护治理体系和治理能力改革，是实现全面深化改革目标的重要支柱和组成部分①。

　　国家治理体系和治理能力是一个国家制度和制度执行能力的集中体现②，两者相辅相成。环境保护治理体系和治理能力是环保制度和环保制度执行力的集中体现，涉及治理主体、治理机制和治理效果等基本问题。鉴于社会、经济、自然等因素的全球化演变以及环境问题的复杂性和特殊性，治理三大主体"政府—市场—公众"显现出更为鲜明的有机关联性。生态环境问题与人类活动关系紧密，受人的意识和行为影响，客观上表现为资源环境问题、科学技术的实施应用操作不到位等问题，深层原因是政府、市场与公众之间关系不顺、不能良好互动的结果，其本质上是制度安排的失效，也就是治理体系的整体失灵。如何推进环保制度改革、寻求规制均衡、实现资源最优配置和公共利益最大化，是探究新时代环境保护治理体系和治理能力现代化的终极目标。

---

　　①② 资料来源：党的十八届三中全会（于 2013 年 11 月 9 日至 12 日在北京召开）提出。

1.1 国内外国家治理发展背景与趋势

1.1.1 国际上国家治理发展趋势

1. 经济自由化与全球化

所谓经济全球化，指的是世界经济活动不再局限于某一国家内部，而是通过技术转移、资本流动、对外贸易、提供服务等形式在世界范围内形成密切联系、相互影响的统一经济整体。经济全球化建立在市场经济基础之上，它利用先进的科学技术和生产力，以贸易、投资、分工、生产要素流动等具体形式，使世界各国成为全球市场的一部分，通过分工与协作实现最大利润，提高各国经济效益①。在经济全球化中，发达国家一般起主导作用，趋势是贸易自由化、技术革命群体化、资本国际化、发展进程高速化、科技社会化以及生产全球化。经济全球化的内涵体现在三个方面：第一，国与国之间的经济联系更加密切，彼此依赖程度大大提高；第二，国与国之间的经济规则越来越趋向于统一；第三，国际经济协调机制越来越完善，世界经济受多边或区域组织的约束，朝着越来越规范的方向发展。经济自由化则指过去由于计划经济模式与市场经济模式的对立，以及各国政府对企业的种种限制，使经济发展受到了相当程度的压抑，如今，随着市场经济体制的完善，以及各国在经济方面的松绑，资金自然流到了赢利最高的地区。

（1）全球化和自由化是一柄"双刃剑"。

全球化对每个国家来说既是机遇也是挑战，第一，有利于吸引外资，引进先进的技术与设备、学习先进的管理经验，开拓国际市场，实现赶超；第二，也可能导致一些国家的失败，如对福利健全的国家和经济发展滞后的国家，尤其是对科学技术比较落后或整体经济发展水平较差的国家来说，随着全球化的到来，世界竞争趋势日趋激烈，将会面临更加严峻的风险和挑战；第三，如果各国积极参与，则可能是双赢、多赢的局面。实际上，由于市场自由主义，淡化了对政治权利的关注，因此，经济自由化

---

① 洪功翔. 政治经济学 [M]. 合肥：中国科学技术大学出版社，2012.

本书编写组. 马克思主义基本原理概论（2013 年修订版）[M]. 北京：高等教育出版社，2003.

经济全球化为全球金融危机推波助澜 [EB/OL]. FXSol 中文网，2012 - 03 - 25.

的支持者，未必同时也是政治民主化的支持者。

（2）世界政治特征也是全球化和自由化驱动的后果。

事实上，早在 19 世纪四五十年代，马克思和恩格斯就指出，资本主义的发展已经把整个世界联结为一个有机的整体，使各个国家不仅在经济上，而且在政治、文化等各个领域相互联系、相互作用、相互依存①。全球化所带来的问题超出了民族国家治理能力的范围。在经济全球化条件下，大量新型治理问题不断出现，粮食短缺、能源紧张、环境污染、认同政治、跨境犯罪、恐怖活动、金融动荡、传染疾病等涉及广泛的、跨国不确定性的动态问题层出不穷，国内问题国际化、国际问题国内化，某个国家或者组织已经无法独立面对和应对复杂的转化，国际问题的解决依赖于相关国家的密切合作。此外，我们生存的环境还面临着潜在的全球风险，如金融危机和各类疫情等。这些一旦发生，就会成为现实威胁，不仅会影响到当地人们生存生活以及经济社会发展，而且如果发生更大范围的扩散，就有可能导致全人类的安全风险。由此可见，构建供应合理的经济秩序是一种必然趋势，只有建立起新的合理化经济秩序，才能确保世界竞争公平、有效地进行。

（3）经济全球化和自由化也驱动着国家环境保护治理体系的演变。

在经济全球化和自由化成为当今世界主要发展趋势的背景下，全球范围内的环境保护治理与可持续发展正逐渐成为各国共同关心的议题。生态经济的出现以及由此带来的人们对于人与自然和谐相处、共同发展的期望，使得怎样处理好经济发展与生态保护的关系，成为摆在全人类面前的一个严峻课题。全球化可能引发环境极端化的危险并加剧环境退化的风险，但同时也能创造补偿各种力量的机会。在市场失灵以及政府失灵的共同影响下，全球环境出现很大变化，当国家共同承担环境变化成本，并且可以从中获得一定收益时，便可以为各国之间的和谐发展发挥积极作用。国际环境保护治理要为各国的对话提供制度基础、避免囚徒困境，努力减少因不信任、沟通不畅而造成的信息成本以及竞争成本。国际环境保护制度应该为各国因环保合作而获得的共同利益制定一系列的分配方案，解决"搭便车"行为，使各国均能在合作中获得比竞争更多的收益，从而由竞争逐渐走向合作。

2. 社会多元化与自治化

企业、社会组织和个人曾经是国家主导治理框架下的治理对象，但随

---

① 陈华兴，黄宇. 改革开放：中国特色社会主义接续发展的不竭动力［J］. 浙江学刊，2014（2）：124-135.

着资源的增加和自治程度的提高，他们在解决许多问题时成了国家的助手甚至是合作伙伴，还可以通过自己的资源调动和集体行动能力来限制国家自治。企业通过投资地点的改变来影响国家的财政收入和就业状况，社会组织通过价值宣传和社会动员来影响甚至改变政府的具体决策。

（1）个人"已经开始了一场技术革命"。

个人利用交通和通信技术的创新，特别是通过互联网赋予个人和社会组织权力，挑战国家对信息的垄断和管理，扩大和增强长期处于国家权力调控下的个人和团体的影响力。更重要的是，企业、社会组织和个人有能力跨越边界，对政府施加比那些管辖权仅限于一个地区的更复杂和多样化的约束。

（2）国家是治理过程中唯一的公共权威。

其他治理主体的合法地位往往来自国家的授权，而国家的合法性则来自公众对国家的认可。为应对治理危机，自20世纪80年代以来，世界各国开始改革政府，鼓励治理创新。同时期，非政府组织大量涌现，但在一段很长的时期中，它们发挥作用的范围主要是在非政治性或远离政治的领域。随着非政府组织自组织程度的提高，其在社会生活中所发挥的作用也会不断增强。种种迹象表明，非政府组织正在成为一种社会治理力量。不仅是非政府组织，还有诸如社区等各种各样的社会自治力量也在迅速成长，多种社会治理主体共同治理社会的局面即将出现。政府创新已经成为一种世界性的趋势。联合国还设立了一个全球政府创新论坛，为各国交流经验和达成共识提供平台。

3. 生态环境退化与恢复

如今，全球正朝着绿色的、可持续的方向不断发展。自全球出现严重的经济危机后，越来越多的国家希望可以通过绿色发展之路，步入强劲、可持续增长的轨道，既保护生态环境，又促进经济复苏。部分经济体接连颁布了"绿色新政策"，通过出台一些环境保护的有效措施来推动绿色经济发展，以积极的态度应对气候环境变化，并使绿色经济成为经济增长的新动力，进而形成绿色经济发展模式。

越来越多的国家将保护生态环境作为参与国际竞争的重要手段。由于经济全球化的出现，很多国家开始关注生态环境、争夺自然资源，力争获得更多经济、政治等方面的权益。部分发达国家通过设置环境技术壁垒来维护自己的利益，并打出保护生态环境的幌子，要求发展中国家保护生态环境，目的是确保自己在市场竞争中保持有利地位。

目前，生态环境保护已经被纳入可持续发展的范畴，国际上相继颁布了一些带有普遍约束力的纲领性文件，世界大国也积极缔结了一系列公约，这说明各国在可持续发展和人与自然和谐发展的道路上达成了共识。生态环境、经济和社会已经成为可持续发展的三大支柱。显然，世界各国比之前任何一个时期都更加重视生态环境保护，并将其纳入本国的发展决策中，整个世界在向构建全面的可持续发展目标而努力。

从环境保护治理角度来看，20世纪七八十年代以来，越来越多的国家倾向于完善政府职能，并着力打造善治政府结构。部分西方发达国家发起"新公共管理"改革运动，其中包括英国、美国、新西兰等国，这场改革运动的主要特征是提高政府公共管理水平，改善政府服务质量。一直以来，政府处于权力的中心，但这场改革运动打破了这一格局。这场改革涉及政府的诸多方面，其中包括体制、理念、程序、过程、技术等，主要围绕优化政府职能、改革内部体制、强化市场管理，促进部分职能的社会化展开。从环境保护角度来分析，大部分国家在很长时间内实行传统的行政强制管理方式，这种模式在环境保护中长期居于主导地位。随着世界经济一体化的出现以及环境保护形势日趋严重，环境问题与经济、政治、社会等多个层面的问题联系在一起。如果仍然沿袭行政强制命令的方式治理环境，肯定是不行的，因此，要充分发挥政府、市场和公众三者力量，共同治理环境。

4. 价值观及文化多元化

文化多元化建立在全球化的基础之上，随着人类迈入全球化社会并受到网络、信息技术飞速发展的影响，人类实践活动不再受传统时空条件的限制，文化传播、文化交往等逐渐实现了全球化，世界文化朝着多元化的方向不断发展，民族文化不断走向世界。

所谓价值体系，是政治权力确立、维护和运行的思想理念、价值规范和道德规范的总体构成，也是公民权利得以确认和保障的价值体系。在这其中，首先是指国家治理的主导意识形态和核心价值体系，其次也包括治理文化、公共伦理和社会心理。所有这些，构成了国家治理的思想和精神形态，成为国家治理的价值体系。

1.1.2　中国国家治理发展历程

2013年11月党的十八届三中全会正式通过《中共中央关于全面深化改革若干重大问题的决定》（以下简称《决定》），其中首次在国家文件层面上，提出建立国家治理体系，推进国家治理现代化。同年12月30日，中共中央政治局召开会议，成立中央全面深化改革领导小组。2014年，中国全面深化改革全方位启动，并确立了"完善和发展中国特色社会主义制度，实现国家治理体系和治理能力现代化"的改革总目标，这是新时期总结改革开放以来的成功经验，遵循政治经济社会文化发展的普遍规律、驾驭日趋纷繁复杂的国际国内形势，为实现中华民族的伟大复兴所采取的重大战略举措。

目前，全球对国家治理体系与国家治理能力现代化的解读呈现多元化的趋势。主流的解读主要以西方的概念、逻辑和话语体系为依据，强调国家治理参与主体的多重性（即共治性），即政府、市场、社会和个人都是国家治理的参与主体，强调国家治理体系的多元性、互补性、互助性和平衡性。中国的国家治理体系，具有中国特色社会主义特征，如何用中国话语描述治理现状和影响因子，让治理体制机制更具有本土特色、更符合我国国家治理体系和治理能力现代化探索的实际国情背景，值得我们深入思考。首先要做的工作，就是厘清我国经济、社会、生态环境以及价值观等综合国情因素的现状与特点。

1. 经济高速发展

改革开放 40 年，中国经济衔接全球化浪潮飞速发展，人均 GDP 由 1978 年的 385 元人民币提升至 2020 年的 8790 美元；GDP 总量增长分为三个阶段：（1）从 1978 年的 3678.7 亿元，增长到 1992 年的 27194.5 亿元，年均增长率为 9.4%，其间城市人口从 1.72 亿增长到 3.24 亿，增幅 47%；（2）从 1993 年的 35673.2 亿元，增长到 2011 年的 487940.2 亿元，年均增长率 10.12%，其间城市人口从 3.34 亿人增至 6.91 亿人，增幅 52%；（3）从 2012 年的 538580.0 亿元，增长到 2017 年的 832035.9 亿元，年均增长率为 7.11%，其间城市人口从 7.12 亿人增长到 8.13 亿人，增幅 14%。经济总量占世界经济的份额从 1978 年的 1.8% 提高到 2007 年的 6.0%，再到 2012 年的 11.5%[①]。过去的 10 年里，中国经济在保持高速发展 30 多年的情况下，仍保持着中高速增长的事实，表明了在中国特色社会主义道路的规划和指导下，中国经济是有活力、有韧性、有底气的。

2. 经济全球化冲击政府治理模式

经济全球化背景下，政府治理创新运动浪潮席卷全球，这场运动的目的在于构建适应全球化的治理要求，以应对全球化对政府治理提出的新挑战。如今，政府治理已经纳入很多国家核心竞争力的范畴，我国也是如此。首先，由于全球化的出现，政府可以很便捷地对国家治理以及行政管

---

① 中华人民共和国国家统计局. 中国统计年鉴［M］. 北京：中国统计出版社，2020.

理信息进行处理；其次，经济全球化改变了国家与公共行政的性质，对原有的政府治理模式产生了很大的冲击作用，全球化经济结构带来了一系列的结构变革，如导致跨国界权力结构出现，极大影响了公共行政管理，因此各国当前最重要的任务是协调国内外的各种社会关系。由于涌现出很多新问题，传统的国家权力使用模式已经不能满足现实需要，原本完善的政策手段治理效果不再明显，甚至对很多问题感到无能为力。当前，各国普遍面临完善国家治理体系以及提升治理能力的问题。我国要想实现国家治理的现代化，要从对内和对外两个层面来进行，在分析研究国家治理现代化中出现的问题时，要从国家与国内、国际社会关系的角度出发，确定国家治理的正确发展方向。一般情况下，改善国际治理关系，提高国际治理能力，整合国内、国际两种资源，有助于国内问题的解决。随着世界多元化的发展，国家治理出现了很多更复杂的问题，甚至出现了跨越国界的问题，仅依靠国内资源是很难协调和解决全部问题的，因此非常有必要调动国内、国际各种主体，打破以国家为中心的治理格局，建立多元主体共同参与的新的治理格局。

3. 社会朝向多元化构建

《决定》提出"要以维护广大人民群众根本利益为出发点和最终目的创新社会治理，最大限度增加和谐因素，赋予社会更多发展动力，提高社会治理水平。"改善社会治理方式是加快管理向治理转变的根本途径。上述目标的提出，表明我国在社会治理方面的理念需求的转变，即在治理主体上，要从政府包揽向政府指导、社会共同治理转变，鼓励、引导、支持社会各方参与，保障公众参与基本权利，实现政府治理、社会自律、居民自治三方良性互动；在治理方式上，要以管控规制向法治保障转变，运用法治思维和法治方式化解社会矛盾，加快社会领域立法，廉洁公正执法司法，加强法治宣传；在治理手段上，要从单一手段向多种手段综合运用转变，强化道德约束，规范社会行为；在治理环节上，要从事后处置向源头管治转变，坚持标本兼治，着力治本，提高基层服务管理水平，及时反映和协调人民群众各方、各层次的利益诉求。

在社会多元化和自治化水平不断提高的全球政府治理创新背景下，改进我国社会治理方式，是加快社会管理向社会治理转变的根本途径。社会治理，强调多元主体通过协商协作的方式实现对社会事务的合作管理，倡导社会自治、参与式治理，保障社会成员在社会治理过程中拥有发言权和影响力，弥补了代表制的缺陷，使多样化的利益诉求都有得到伸张的机会。《中华人民共和国宪法》《中华人民共和国环境保护法》（以下简称

《环境保护法》）以及《固体废弃物污染环境防治法》中有关于公众参与机制的规定。《国务院关于环境保护若干问题的决定》于 1996 年 8 月正式颁布，该决定提出要"建立公众参与机制，引导和支持公众参与环境保护工作，发挥社会团体的应有作用，检举和揭发各种违反中华人民共和国环境保护法律法规的行为"；2006 年 2 月，国家环境保护总局出台《环境影响评价公众参与暂行办法》鼓励和动员社会机制参与环境治理；2015 年 7 月，中华人民共和国环境保护部（以下简称"环境保护部"）部务会议审议通过《环境保护公众参与办法》，同年 9 月 1 日起施行；2018 年 7 月，生态环境部发布了《环境影响评价公众参与办法》（以下简称"第 4 号令"），2019 年 1 月 1 日起执行；2018 年 10 月 12 日，生态环境部第 48 号文件追加印发了与第 4 号令有关的《建设项目环境影响评价公众意见表》等 2 个配套文件，与上述办法一并实施。我国的社会治理，朝向多元化方向逐渐演进。

4. 生态文明理念高度提升

社会经济的可持续发展离不开良好生态环境的支持。事实上，生态环境本身就属于生产力范畴。早在 2005 年，习近平总书记在浙江湖州安吉考察时提出"绿水青山就是金山银山"人与自然和谐共生的重要理念与科学论断。2007 年，党的十七大第一次正式提出生态文明建设理念，同时还指出生态文明建设的重要内容，其中包括发展循环经济、形成环保理念、实现可持续发展以及构建节约型社会等，将以上内容正式写入了政治报告。2012 年 11 月，党的十八大的召开是生态文明建设的历史新起点，以习近平为核心的党中央提出了建设生态文明的战略决策，并在党的十八大报告中用大篇幅、全面深刻地论述了生态文明建设的各方面内容。自党的十八大以后，全国积极推进生态文明建设理论创新，并开展了一系列探索活动。中央明确指出，实现中华民族伟大复兴、实现中国梦，必须推进社会主义生态文明建设，既要追求经济发展，又要注重保护生态环境，要正确处理二者的关系，认识到保护生态环境与保护生产力之间具有统一性，保护生态环境就是发展生产力，以积极的态度参与到发展绿色经济、低碳经济和循环经济中。中国绝不会为了实现暂时的经济增长而牺牲生态环境。习近平总书记于 2013 年 5 月指出，"要正确处理好经济发展同生态环境保护的关系，要认识到保护生态环境与保护生产力之间具有统一性，改善生态环境就是发展生产力"[①]。同年 9 月再次指明保护生态环境的重要性以及如何对待发展经济与生态环境保护之间的关系，"我们既要绿水青

_____

① 资料来源：2013 年 5 月，习近平总书记在中央政治局第六次集体学习时指出。

山，也要金山银山。宁要绿水青山，不要金山银山，而且绿水青山就是金山银山。"① 中共中央、国务院《关于加快推进生态文明建设的意见》于2015 年 5 月正式出台，同年 10 月，随着党的十八届五中全会召开，加强生态文明建设首度被写入国家五年规划。党的十九大报告对生态文明建设作出了重要指示，并提出要"加快生态文明体制改革，建设美丽中国"，将生态文明建设提升为千年大计，开启生态文明建设新时代。2018 年 3月，《中华人民共和国宪法修正案》在十三届全国人大一次会议上正式通过，在宪法中加入了生态文明、新发展理念以及打造美丽中国等内容；十三届全国人大常委会第四次会议作出《关于全面加强生态环境保护依法推动打好污染防治攻坚战的决议》；全国政协十三届常委会第三次会议围绕"污染防治中存在的问题和建议"建言资政。根据中共中央《关于深化党和国家机构改革的决定》，进行党和国家机构改革，成立生态环境部门，由该部门承担起监管城乡污染排放的责任，组建生态环境保护综合执法队伍，增强执法的统一性、独立性、权威性和有效性。同年 5 月，习近平总书记出席第八次全国生态环境保护大会，提出了生态文明保护思想。本次会议提出加大力度推进生态文明建设，解决生态环境问题，坚决打好污染防治攻坚战，推动中国生态文明建设迈上新台阶，标志着新时代环境保护新阶段工作正式开启。

在此背景下，我国生态保护与建设发展迅速，森林资源建设、湿地保护、荒漠化治理、生物多样性保护、国家公园建设等各方面都取得了很大的成就。从整体来看，我国绿化率并不高，生态环境保护也存在诸多问题，尤其是水土流失严重、草地退化面积增加、耕地面积减少、江河湖泊生态系统遭到严重破坏，生物多样性急剧减少。概括来讲，我国生态环境整体不佳，存在生态空间和生产空间分布不合理的问题，生态环境状况远远不能满足人民群众对天更蓝、山更绿、水更清、环境更宜居的热切期盼，生态产品已成为社会最短缺的产品，我国与发达国家之间的差距主要表现在生态领域。

另外，国家环境保护治理体系和能力在制度、法治以及治理体制机制方面显现出与生态文明建设高度和目标不相适应的诸多不足，表现在体制机制中三大治理主体中市场与公众角色与能力的缺失以及国家政府行政指令"一管到底"的僵化等方面。

生态文明建设关系到多个层面的变革，如生活方式、生产方式、价值

---

① 资料来源：2013 年 9 月 7 日，习近平总书记在哈萨克斯坦发表演讲时指出。

观念以及思维方式等，它归根结底是一场革命性变革，必须紧紧围绕推进生态文明、建设美丽中国的战略布局，建立系统完整的制度体系，用制度推进生态文明建设，促进环境保护，达成经济社会发展与环境保护共赢的目标。《决定》提出了生态文明建设规划，对生态文明建设作出部署，如构建完善的生态文明制度建设体系。构建最完善的源头保护制度，如自然资源产权制度、用途管制制度等，不仅如此，还设立了健全的国土空间开发与保护制度，以及国家自然资源资产管理制度等；建立和完善生态补偿制度，深化资源性产品价格改革，与此同时，积极推动税费改革，建立起资源有偿使用制度和生态补偿制度，以此来明确体现资源的稀缺程度、市场供求关系、生态价值大小等，建立自然保护区和重要生态功能区、矿产资源开发和水环境保护等方面的环境补偿机制；构建完善的责任追究制度，尝试制定自然资源资产负债表，审计领导干部离任时的自然资源资产，严格落实生态环境破坏终身问责制度；完善生态环境保护治理和生态修复制度，建立经济社会发展评价体系，将环境破坏、生态效益、资源消耗等指标纳入评价范围之内，构建起符合生态文明建设目标的奖惩制度，采用科学合理的考核办法；将国土空间开发保护制度落实到位，设立完善的自然资源保护制度；建立生态文明宣传教育机制，树立生态环境意识、倡导绿色消费、建设低碳生活，促进公众参与生态环境保护治理，减轻生态环境退化的趋势。

生态环境是最公平的公共产品，是最普惠的民生福祉①。提供合格的环境公共产品是政府的责任，保护生态环境是政府公共管理的重要内容，当然也是全社会的责任。环境保护这一公共利益的性质，以及保护效益外部性特点，决定了生态环境保护治理工作是一项由政府主导、市场社会互动参与的公共管理课题。当前，公众对改善生态环境质量的诉求日益增加，媒体舆论空前关注，尤其是华北等地区灰霾、PX 项目难以落地、垃圾处置场受到抵制、地下水污染等一系列事件的发生，促使我们转变治理理念，创新管理方式方法，走出传统的思维框架，将生态环境保护治理从专业治理转向公共管理，从单一职能部门的小环保走向全社会共同参与的大环保，以适应当前生态环境保护形势的需要。

5. 社会主义核心价值观成为共识

中国目前正处在经济体制变革、利益格局调整、思想观念变迁的关键时期，社会逐渐进入多元化，价值体系逐渐呈现多元化的发展趋势，并面

---

① 资料来源：2013 年 4 月，习近平总书记在海南考察时指出。

临着政府、市场、社会等治理主体权责划分和治理体系平等、效率等诸多价值冲突、选择的问题。在当前社会转型的背景条件下，实现治理体系和治理能力的现代化确实面临着整合文化机制、均衡价值体系、引导凝聚力量，形成社会普遍认同的核心价值观等意识层面的诸多挑战。

治理模式一般依靠行政、经济和法律等手段，这些现有手段已经很难从根本上解决各类社会问题。寻求新的解决方式、有效消解社会矛盾，实现不同社会阶层、不同利益群体和谐共处已经成为包括政府和所有利益相关者在内的全社会调和矛盾的共同愿望。实现有效的社会治理，需要政治、经济、文化等因素的调整和回应，达成良好的社会治理目标取决于政治、经济、法律和文化等多种因子的整合。在党的十八届三中全会上第一次提出了"国家治理"这一概念，并提出要全面深化改革，推动中国特色社会主义制度建设，尽快实现国家治理体系和治理能力的现代化。在当前改革的关键时期，这是党和国家面对复杂形势，构建治理战略的一次重大选择。社会核心价值观是实现路径中的最根本动力。社会主义核心价值观集中体现主流意识形态，为国家治理制度的整合提供了价值共识，对实现国家治理体系和治理能力现代化具有凝心聚力的功能，不仅为消除制度碎片提供了强大的精神支持，还为建立健全制度体系明确了统一的标准。培育和践行社会主义核心价值观，实现国家治理理念、体制机制创新，促进社会主义社会公平正义、提升社会效率、增进人民福祉，才能真正推动国家治理体系和治理能力现代化。

1.2　国家环境保护治理现代化的现实需求

社会的转变，是有其内生动力的。中国国家环境保护治理现代化探索也是社会、经济、自然等因素随着全球化演进、孕生的共同现实需求。这些需求，包含了对环保治理体系和治理能力现代化所应具有的基本特征要求，即改善生态环境质量、提升生态环境保护治理技术水平、采用经济激励措施和手段以及促进环境公平与公民参与等。下面就以上几个方面的需求表现现状作分析讨论。

1.2.1　改善生态环境质量

改革开放40年，经济迅速发展换来人民基本物质生活的富足，人民需求更为广泛，层次也在不断提高，安全、舒适和可持续等意识进一步提升。然而，我国的生态环境现状不容乐观，从环境保护部门围绕大气、水体和土壤污染治理三项重点工作及其相关数据统计，可见一斑。国家生态环境质量在 2018 年持续改善，虽然单位国内生产总值二氧化碳排放量和主要污染物排放总量持续下降，但地表水总体为轻度污染，部分城市河段污染较重，近岸海域水质一般，城市环境空气质量仍有待改善。主要表现为：（1）大气污染方面。我国地级及以上城市共 338 个，环境空气质量符合相关标准的城市只有 121 个，在城市总数中所占比重达到 35.8%，比 2017 年上升 6.5%；338 个城市发生重度污染 1899 天次，比 2017 年减少 412 天；严重污染 822 天次，比 2017 年增加 20 天。以 PM2.5 为首要污染物的天数占重度及以上污染天数的 60.0%①。（2）水体污染方面。471 个监测降水的城市（区、县）中，酸雨频率平均为 10.5%，比 2017 年下降 0.3%，出现酸雨的城市比例为 37.6%，比 2017 年上升 1.5%；西北诸河和西南诸河水质为优，长江、珠江流域和浙闽河流水质较好，松花江、黄河、淮河流域污染程度较轻，而达到中度污染等级的区域为辽河流域、海河流域②。（3）从土壤污染来看，我国土壤环境质量整体下降，由于耕地受到污染，农产品安全问题越发突出，工矿企业场地、固体废弃物集中处理处置场地及周边土壤污染严重，污染场地再开发利用的环境风险持续存在③。

如今，生态环境问题呈现出明显的复杂性，解决难度不断加大。国家生态环境保护管理体制、环保参与综合决策的水平、执法力度和基础能力等也面临着新的、更大的挑战：（1）从加快转变经济发展方式的总体形势看，促进经济结构战略性调整的环境保护体制机制还有待完善；（2）与总量减少、质量提高、风险防范、均衡发展等环境保护任务相比，环境污染和生态破坏的源头防治水平有待提高；（3）根据人民群众日益增长的环境需求，需要进一步加大依法行政力度，切实履行职责；（4）面对快速工业化、城市化进程中日益复杂的环境问题，需要加强整体的基础能力和技术支撑体系。

中国生态环境问题与发展阶段以及国情密切相关，有其历史和自然原因，生态环境问题的演变过程是国家经济社会发展过程中遇到的矛盾和问题的体现。改革开放 40 多年，不少地方为实现经济暂时增长，牺

---

① 资料来源：2013 年 9 月 7 日，习近平总书记在哈萨克斯坦发表演讲时指出。
② 资料来源：中国生态环境状况公报，2019 年 6 月 10 日。
③ 资料来源：2018 年中国生态环境状况公报数据。

牲了生态环境来换取发展，相关的体制机制不健全、制度不完善，法律、政策和评价体系也有无法满足生态文明建设要求的情况逐渐凸显。

1.2.2 提升生态环境保护治理技术水平

我们必须清醒地认识到，中国正处于工业化中后期和城镇化加速发展的阶段。改革开放近 40 多年来的快速发展将发达国家百年衍生的环境问题集中显现出来。旧账未销、又添新目，新的生态环境问题日益凸显，生态环境质量改善与人民群众的期待还有不小差距。经济发展与环境保护之间的矛盾突出表现为产业空间无序扩张与生态安全格局之间的布局性矛盾突出、重化工业规模急剧扩张与资源环境承载之间的结构性矛盾突出等。未来 20 年，我国还将处于工业化、城市化的快速发展时期，如果发展方式没有根本性的转型，发展与保护的矛盾将更加尖锐。

与发达国家相比，我国的单位 GDP 资源消耗过大。2012 年消耗 36.2 亿吨标准煤，占世界能源总消费量的 20%，GDP 仅为全球的 10% 左右（同期美国 18.5%/26%）；钢铁消费量达到 6.39 亿吨，位居全球第一，超过其他前十位国家消费量的总和；2012 年我国水泥消费量为 21.8 亿吨，占全球消费总量的一半以上。上述指标一方面表明我国的技术经济水平与发达国家差距较大，另一方面也说明我们转型升级的空间不小。

国家近年投入巨大人力物力开展防污减排工作，动用了从中央到地方极大的政治经济科技资源，甚至从"十一五"规划开始纳入了经济社会发展的约束性指标，从实际效果看，数据良好，但生态环境质量并没有得到相应的改善。发达国家的控制实践绝大部分也是非常局限的，是一定条件下的总量控制，这样的总量控制模式虽在一定时期、一定程度上可实现排放总量控制与生态环境质量改善挂钩，但随着环保技术不断进步，该项调控措施对污染减排和环境质量改善的作用持续减弱。如基于排污口和基于污染源的排放总量控制［如美国环境保护署（EPA）的最大日负荷（TMDL）］、基于特定区域生态环境质量目标下的总量控制（也就是容量总量控制）、基于特定行业、特定污染源数目下的排放总量控制。同时，由于技术基础工作不扎实，现行的一些污染物减排的技术路线也是值得商榷的。比如脱硫脱硝技术不能缓解酸雨危害，脱除 10 吨二氧化硫产生 7 吨二氧化碳。如果我国大型火电厂的脱硫率达到 80%，按照 2005 年全国二氧化硫排放量已经达到 0.2549 千吨计算，采用上述脱硫方法将每年向大气中排放 0.0880 千吨的二氧化碳，占我国二氧化碳年排放量的 10%。次生危害和二次污染依然存在。

1.2.3　采用经济激励措施和手段

采用环境污染治理的经济手段以达到生态环境保护和经济发展相协调的目标，恰当运用经济手段能有效提升政府在生态环境保护上的管理作用，促进经济与环境协调发展，这对提升生态环境保护治理绩效有着积极的作用和意义。

事实上，经济发展与生态环境保护之间协调关系的形成主要表现为，将生态环境的污染和破坏程度控制在合理范围之内，最终实现可持续发展。现阶段，决策层在这方面的意向是非常鲜明的。政府部门对企业选择性"关停并转"的行政手段，只能面对有限的企业样本，起不了根本性的作用。从立法角度设立准入制度，似乎可行性很强，但哪个准入、哪个不准入的选择权最终还是在公权代表者手中，与"关停并转"大同小异。行政方式是否会引发不公平现象，是否能消除寻租行为？有待商榷。由此可见，有必要同时也需要依靠经济手段，以促进节能降耗减排治污。

经济市场下的社会公众创新政策以及激励政策与建立在行政命令基础之上的环境规制相比，最大的区别在于前者所取得的治理结果有可能更有成效。尽量把生态环境保护政策重点逐步纳入市场机制，提高环境污染成本，环境污染主体必须承担环境治理成本费用，以"产生废物付费"一类标准，推行实施各种相关政策措施，利用市场工具进行调节。这可能对于减少废物、建设节约型社会、发展循环经济、产生产业选择转移效应等发挥积极的促进作用，引导生产和消费向着更有利于生态环境保护的模式演进。从国家生态环境公共管理来分析，政府可以直接对其进行干预，与此同时，也要充分发挥市场机制在保护生态环境中的作用，尤其要利用交易市场引导企业以积极的态度对待生态保护，采取节能减排措施，发展绿色经济，而政府可以从税收等政策上对重视生态保护的企业给予一定的支持。另外，还要注重研发生态环境保护科学技术，鼓励技术创新，对促进经济发展与生态环境保护的平衡关系有良性的推动作用。

1.2.4　促进环境公平与公民参与

以环境权为基础，环境公平理念开始出现于生态环境保护领域，这是随着社会发展而出现的必然趋势。随着不断制定新的生态环境保护政策，以及不断制定出新的生态环境公共治理法律，很多国家和地区重视环境污染和环境管控带来的环境利益和负担的公平分配问题。一些国家地区从下一代在线进化（Next Evolution Online，NEO）发展、企业环境管理、国民意识教育等方面构建多维多元的社会公众参与生态环境保护治理的激励体系，以维护环境公平；其他地方则支持和鼓励公众积极参与其中，参与方式包括公平获取信息资源、参与制定环境保护措施等。环境影响评价体系中，社会公众参与是必要的环节与过程，地方政府鼓励在生态环境保护和治理方面多考虑居民意见。政府生态环境保护与治理决策公开、规范、有效呼吁公众参与机制，社会公共参与的普及也有利于促进生态环境公共治理的公正。中华人民共和国环境保护法律法规、制度标准制定过程中，相关生态环境保护机构应注重征求、听取与吸收社会各界人士参与管理的意见和建议，集思广益，增强相关制度法律的有效性、可行性。加强宣传教育、运用政治法律等手段，不断保障和提高公民的环境权利和参与意识，可以积极促进生态环境实现良好的公共治理。德国和中国的"嘉兴模式"是佐证。

1.2.5 提高环保法治水平和公民法律意识

法治体系的建立与完善，是一个国家或地区现代化的重要标志之一。法治建设既是现代化必要的配套基础设施，又是国家、地区迈向现代化的必然路径。改革开放 40 年，我国在政治、经济、社会、文化、生态文明等多个方面逐步进入深化改革阶段，改革进入了深水区和攻坚期。在这样的发展态势下，需要建立健全法治体系，坚持在法治下推进改革、在改革中完善法治，让立法与改革相互促进，为深化改革保驾护航，助力推进国家治理体系和治理能力的现代化探索。2018 年 3 月，新修订的《中华人民共和国宪法》明确提出"积极打造物质文明、精神文明、政治文明、生态文明和社会文明，促进彼此的协调发展"，"生态文明建设"第一次被写入宪法；同年 6 月，《中华人民共和国水污染防治法》修改通过审议，首次将"河长制"写入法律。以上的修法实践，是法治建设在环境保护领域法治道路上的有益尝试与探索，同时也是实现国家环境保护治理体系和治理能力现代化的实践活动，具有非常重要的现实意义。

法治水平的提高，离不开人为因素。个体之间存在差异性，公民看待社会—经济—自然复合生态系统中的任何一个子系统或者任何一项事物与问题，都有各自的立场与观点，不同的个体、道德与价值观大相径庭。我国正处于经济体制结构化改革和生态文明建设攻坚时期，国家在环境保护等诸多领域尝试推进国家治理体系和治理能力现代化建设工作。"现代化"不等同于"现代性"，现代化说明还在路上，国家与地区处于现代化阶段，说明经济社会尚处于不断变化的动态发展过程中，各类思潮涌动，人的思维与价值观受到多元文化的冲击，意识形态发生碰撞，在对待具体的社会问题上，认知可能会存在更大的差异，在利益不均衡的情况下，非常有可能激化矛盾，造成转型期社会的不良隐患。转型期绿色社会建设呼唤法治，其中，因为"人"这个复合生态系统中最特殊的组成元素的主观能动性和超过同时期他种生物的极强"改造"能力，在实现法治社会的征途上，提高公民的法律意识是关键，也是法治社会建设的重要目标之一。

1.3 国家环境保护治理现代化定位及意义

党的十八届三中全会提出，必须全面深化改革，不断完善中国特色社会主义制度，建立健全的国家治理体系，力争实现治理能力的现代化。国家治理体系是关于国家制度管理的体系，涉及经济、政治、社会、文化、党建以及生态建设等各个方面，是有关法律法规、体制机制的制度设置；国家治理能力指的是国家利用治理体系进行国家治理活动的能力，主要体现在治党治国、内政外交、国防、改革、生态环境保护等多个方面①。2015 年 9 月，中共中央政治局审议通过了《生态文明体制改革总体方案》，该方案指出要加强生态文明建设，既要尊重自然、不违背自然规律，又要对自然进行保护，生态文明建设不但会对经济可持续发展具有重要影响，也与政治、社会等多方面建设存在直接关系，因此一定要将生态文明建设置于重要地位，将其贯穿于经济、政治、文化、社会等各个领域活动之内②；党的十八届五中全会于 2015 年 10 月举行，强调加强和创新社会治理，提出完善生态文明制度体系建设，推进"十三五"绿色发展战略；2018 年 5 月，新一届领导集体首次召开全国生态环境保护大会；2019 年 3 月，习近平总书记强调保持加强生态文明建设的战略定力，在生态保护的基础上，走绿色经济发展之路，要重点保护生态系统平衡，消除污染行为，保护好祖国北疆这道亮丽风景线③；同年 4 月，习近平总书记再次强调，生态文明建设已经成为国家发展总体布局的一部分，中国人民明确了建设美丽中国的奋斗目标。如今，中国生态文明建设已经取得了巨大成

---

① 资料来源：党的十八届三中全会（于 2013 年 11 月 9 日至 12 日在北京召开）提出。

② 资料来源：中华人民共和国国务院公报，2015 年第 28 号。

③ 资料来源：2019 年 3 月，习近平在参加十三届全国人大二次会议内蒙古代表团审议时强调。

效，相信在不久的将来，我们的山会更加碧绿、水会更加清澈，而天空也会更蓝，生态环境会越来越好。通过分析人类文明的发展过程可知，良好的生态环境所取得的文明成果比较突出，而生态环境遭到破坏，文明成果也会遭到破坏。工业化的出现尽管为人类带来了巨大的物质财富，可是也严重破坏了人类世代生存的家园。如果一味地以"杀鸡取卵"模式发展经济，生存的场所最终可能会消失。因此，必须要尊重自然、不违背自然规律，走绿色生态发展之路。事实已经证明，要想实现建设美丽中国，顺利迈入社会主义生态文明新时期，就必须要构建起完善的国家生态环境保护治理体系，才能最终实现治理能力的现代化发展①。

1.3.1 生态环境保护治理现代化定位

党的十八大提出，要实现经济文明、政治文明、社会文明、文化文明以及生态文明的协调化发展，积极推进全面深化改革、全面建设小康社会、全面保护生态环境以及全面依法治国。在此基础上，2017 年 3 月，"两会"进一步强调要集中力量打造"五位一体"的总体布局，实现"四个全面"协调化。生态环境保护与生态文明建设被提升至历史新高度。2017 年 10 月，生态文明建设被提升为"千年大计"。2018 年 5 月，我国成功召开了全国生态环境保护大会，这次大会具有非常重要的意义，标志着生态环境保护已经成为生态文明建设的重要组成部分，其现代化的探索工作具有新时代的创新价值，是在探索建设国家治理体系以及实现治理能力现代化进程中所取得的阶段性成果。

生态环境状态是政府与市场、社会互动的结果。从一定意义上讲，生态环境问题是政府、市场与社会之间关系不顺、不能良好互动的结果。因此，构建现代化生态环境保护治理体系要着重理顺政府与市场、社会的关系，规整生态环境保护治理体系中的政治、经济与社会三大子系统的关系。

根据《中华人民共和国环境保护法》以及国务院职能可知，环境监管工作应该由生态环境部门负责。生态环境部门具有监督管理职能和行政执法职能。环境问题已经被纳入综合性管理范围之内，从某种程度上说，环境问题甚至会影响到政治问题，它与其他多个领域之间联系密切，并不应该全部由生态环境部门负责。面对这一背景条件，首先应该确定环境保护部门的各项职能，从现代政府职能定位角度来分析，政府改革的核心在于

---

① 资料来源：习近平出席 2019 年中国北京世界园艺博览会开幕式并发表讲话。

公共服务改革，现代政府职能包括提供公共服务、监管市场、调节经济、社会管理。尽管环境保护也涉及政府的其他职能，但其核心内容集中在公共服务职能。

我国的生态环境部门，尤其是国家级环保部门的注意力主要集中在制定规则和评价结果两个方面，即关注环境管理政策制度的制定和对地方生态环境保护结果进行监督考核，确定是否实现了生态环境保护预期目标。如此一来，地方政府必须以科学发展观为指导，严格按照环保政策、法律、规定支持和鼓励企业走绿色经济发展之路，消除地方保护主义现象，要求地方对企业执行环保法规的具体情况进行监督。

中央政府环境保护主管部门的职责应该定位为"制度供给、源头预防、执法监察和目标考核"。制度供给就是统一组织制定全面涵盖一切生态环境与保护行为的，包括法律、法规、规范、标准、政策等在内的一切广义的环境保护制度；源头预防就是实现从中央到地方和各部门环境保护参与一切经济社会发展的综合决策；执法监察就是全面严格地监督监察各级政府、社会组织和公民执行统一的生态环境保护制度情况，调处各类重大环境纠纷；目标考核就是一切围绕生态环境质量持续改善目标的实现考核，包括环境保护部门工作在内的各级政府、各部门及其领导的执政绩效。上述四项职责覆盖全部国土的一切环境要素和领域，包括陆上和海洋，地上和地下，工业、农业、林业、资源开发和旅游等全部产业，生产、流通、消费与文化诸领域。这样也就不必刻意追求把其他部门领域里的环境保护和生态建设归并到环境保护部门，他们都是环境保护部门执法监察和目标考核的对象。这种职责设置的要点是省级以上环境保护部门代表政府主导制度供给和目标考核，淡化和不直接从事污染减排、生态环境保护治理和生态建设工作，着力制度供给、目标考核、综合决策和重大问题调处；市县一级政府以完成生态环境质量持续改善目标为驱动力，把执法监察、污染减排、生态环境保护治理和生态保护作为改善辖区生态环境质量的主要措施。这里的关键是要做到生态环境质量说得清、改善目标过得硬、公众参与聚压力、考核结果定升迁。

1.3.2　环保治理现代化的意义

以习近平同志为核心的党中央面对当前的背景条件做出了"推进国家治理体系和治理能力现代化"的重要战略部署，这为环保治理指明了正确的发展方向。从国家治理现代化的本质来看，要紧跟时代发展的形势，建立和完善符合实践需求的各项法律法规、机制体制，树立创新型治理意识，提升治理能力，不断完善中国特色社会主义制度，确保国家和社会各项事业朝着规范化、程序化以及制度化的方向不断发展。国家生态环境保护治理能力指的是利用国家环保制度对生态环境进行保护，进而打造生态文明的能力。如实现经济效益、社会效益、生态效益三者的统一；维护国家生态平衡；实现自然资源与人口数量的均衡发展；防范和应对生态突发事件等。国家生态环境保护治理能力已经被纳入国家治理能力的范畴，实现国家生态环境保护治理能力的现代化有助于生态文明建设、全面深化改革以及建设美丽新中国目标的实现。

生态文明建设要以生态环境保护为基础，同时也要以其为重要措施，促进可持续发展的重点和攻坚方向，这样才能实现生态文明建设目标。生态文明建设不同于传统意义上的污染治理和生态修复，这是一个纠正工业文明弊端、探索资源节约型及环境友好型发展道路的过程。我们强调要保护生态环境，并不意味着放弃发展，而是要在实现人与自然、经济与社会协调发展的角度实现可持续发展，在实现生态文明的基础上追求发展，以合理的思维和方法来谋划设计解决日渐突出的生态环境问题①。

国家生态环境保护治理体系和治理能力现代化就是要探索推进生态环境保护与经济发展协调融合的途径，紧紧围绕科学发展主题，以加快转变经济发展方式为主线，把生态环境保护放在重要位置。充分发挥环境保护的引领、拓展、增效、带动和倒逼等作用，促进经济平稳较快发展。依靠生态安全优化区域布局，利用环境容量对产业结构进行调整，利用环境成本改进经济增长方式，走绿色发展之路。加强生态环境保护利国利民的理念意识培育，注重保护改善人民生活，优先解决生态环境问题，严惩破坏生态环境系统的行为，确保公众环境权益不受侵害，使人民群众在良好的环境中幸福地生活下去②。

1.4　本章小结

本章系统梳理了国内外国家治理发展背景与趋势，分析了与生态环境状况息息相关的经济自由化与全球化、社会多元化与自治化、生态环境退

---

① 周生贤. 生态文明建设：环境保护工作的基础和灵魂 [J]. 环境与发展，2008，20（4）：17 – 19.

② 资料来源：习近平出席 2019 年中国北京世界园艺博览会开幕式并发表讲话。

化与修复、价值观及文化多元化等因素的发展趋势，总结了经济高速发展、社会朝向多元化构建、生态文明建设高度提升、社会主义核心价值观成为共识等国内经济社会发展的现状。

依据改革开放40年经济发展数据、城市人口变迁等数据以及环境事件和环境问题的社会认知情况，得出推进国家环境保护治理体系和治理能力现代化探索的现实需求：（1）改善生态环境质量；（2）提升生态环境保护治理技术水平；（3）采用经济激励措施和手段；（4）引导、鼓励和促进环境公平与公民参与；（5）提高环保法治水平和公民法律意识。

基于上述对国家治理现状与趋势以及环保现代化需求的论述，结合党的十八大以来生态环境保护和生态文明体制改革越来越显著的政治经济文化等方面的地位，对新时代国家环境保护治理现代化定位和意义作出了描述，即国家要深化改革，平衡经济发展和环境保护是关键，创新推进国家环境保护治理体系和治理能力现代化探索工作是落实深化改革总目标的探路者和桥头堡，具有重大学术价值与现实实践意义。

第 2 章　从治理到元治理

"治理"是存在于多个学科中的概念。本书中提到的治理概念，主要沿用管理学中的治理内涵，即小国家大社会，最本质的特点是"讨价还价"与协商。从管制到管理，从治理到元治理，国内外在经济发展与社会文明、生态环境保护之间，不断寻求更好的"善治"模式，不断尝试缓和矛盾、协调利益方的最优路径。实践证明，政府、市场、公众，任何一种单一治理模式，都有可能失灵，全球化、信息化的不断推进，呼唤更具包容性和指导性的理论形态产生、检验、落地与生根。这种模式，就是元治理，即"治理的治理"。

2.1　现有治理模式简述

2.1.1　公共管理视角

从公共管理角度，社会公共问题日益复杂，环境问题属于其中的治理难题之一，环境问题背后的社会不同利益群体的冲突调解，政府与社会的关系调整，都面临着新挑战。构建现代生态环境保护治理体系，要着重理顺"政府—市场—公众"等多元主体的关系，规范生态环境保护治理体系中政治、经济与社会三大子系统的关系。国家治理理论随着复合生态系统中时空量构序元素的变迁而不断变化，有研究按社会历史的进程"农业社会—工业社会—后工业社会"，将国家治理模式分为"统治行政—管理行政—服务行政"（张康之，2012）；另有研究提出分权化治理概念，认为分权化可加强地方政府和公众组织能力建设（纱布尔·吉玛，2012）；国外有研究提出多中心治理和去中心主张等（杨斌等，2010；Mark Bevir，2010）。时空量在变化，构序在演化，国家治理理论与范式也在多元治理主体资源与权力的博弈过程中不断调整和演变。

2.1.2 环境社会学视角

在环境社会学领域，研究对象是环境与社会之间的相互关系（崔凤等，2010），中介①是环境行为及其引发的不良客观结果——环境问题，主要的研究范式有新生态范式、系统论范式、政治经济学范式、建构主义范式、整合性范式、生活环境主义范式和社会转型范式。前六种范式都是以西方发达工业国家所出现的环境问题为经验对象，最后一种范式是我国学者在分析国内外研究范式时，结合中国类型发展中国家所处的特殊转轨时期的特殊性和实践案例，从独特的角度进行解析问题的一次有益尝试。洪大用教授在代表著作《社会变迁与环境问题——当代中国环境问题的社会学阐释》中对"社会转型"进行了界定，指的是某一种社会运行机制和社会结构转变为另一种形式的过程。社会转型还体现在转变行为方式、价值观念等方面。社会转型范式对我国当前条件下的复杂化、特殊化环境问题做出了正确解释，同时也为解决环境问题提供了良好的外部机遇。如何将公共管理和环境社会学领域的理论和范式进行分析、总结、筛选、凝练并应用到我国国家环境保护治理体系和治理能力现代化探索工作中，需要结合我国的政经文化历史演变过程。

2.1.3 适应转型社会的新视角

全球化的出现大大提高了流动性，由物质流到社会流、由有形至无形，这也因此成为全球化最突出的特点。尽管复合流的生物物理属性与社会经济属性之间联系密切，可是由于传统的环境流研究者站在不同的学科角度对其展开研究，故其分割为两大流派，形成了自然科学领域的物质流研究和社会科学领域的社会流研究两大环境流研究流派②。

针对环境流的生物物理属性的研究范式，滥觞于20世纪六七十年代。美国海洋生物学家蕾切尔·卡尔逊（1962）关于杀虫剂沿着生物链流动的开创性工作以及罗马俱乐部关于污染物围绕全球运动的报告（1972），是（物质）环境流博得声誉的早期研究。之后该范式更是产业生态学、生命周期分析、生态足迹和环境系统分析中的主要研究视角。这种分析方法可

---

① 中介，来源于认为环境社会学探讨的是"环境与社会是如何建立的"的观点。"中介"相较于"社会""环境"两个概念，要具体得多。"中介"就是现实中人们的环境行为（崔凤，2010）。

② 李文珍.当代中国环境治理的社会学视野——洪大用、陈阿江、包智明等学者对话录[J].中国社会科学评价，2017（6）。

以给我们提供复合生态系统中物质之间的联系、投入产出、行为特点等，却不能直接提供可持续地管理环境流的策略，因为这类分析无法揭示是什么（社会、政治、经济）制度和文化因素影响着物质流的行为、谁应该采取什么样的行动去改变现状、如何才能实现这些行动等。

环境流的社会学分析传统最早可以追溯到 20 世纪 80 年代。当只用社会因素解释、解决社会现象和问题的传统社会学研究范式被打破，社会学家便开始关注并试图探寻环境问题的社会根源以及社会问题的环境因素，并在新的环境范式（new environmental paradigm）下，逐渐发展出一门研究环境与社会间相互关系和互动机制的新学科：环境社会学。美国环境社会学家阿兰·施耐伯格的"苦役踏车"理论，是这一领域早期的代表性研究，该理论把环境问题的社会根源归咎于人类对环境不断增加的索取（各种资源的开发利用和产品的生产消费活动）和添加（各种污染物的排放和生态破坏活动）。在这一学科视角下的研究，社会动态、角色扮演、制度安排、社会公平等均是分析研究的重点，但往往没有和这些社会分析的载体（即物质流本身）结合起来。随后产生的世界体系理论（world system theory）和生态现代化理论（ecological modernization theory）视角下的研究，也都只从社会制度及其逻辑的角度，试图解释和解决不同尺度的物质流及其环境问题。显然，面对自 20 世纪 80 年代中期以来环境流的日益全球化和生态环境保护治理复杂性加剧的挑战，以上两个流派的环境流研究范式都暴露出了先天的缺陷。在此背景下，越来越多的学者尝试提出了第三种环境流的分析视角，整合环境流的自然科学和社会科学的分析方法，即复合环境流的研究范式（Mol A. P. J. et al.，2006），研究揭示影响环境流行为的社会驱动因子和调控机制。

现代社会风险具有流动性和边界模糊性两大特征，分析研究环境问题时以及环境管理时要从环境流出发。具体来讲，现代环境问题分析和管理主要始于对制度规定、基础设施对各类型环境流的控制，对环境流的形态和行为进行分析，同时还要研究环境流的形态和行为对制度规定、基础设施的影响①。

传统研究视角和治理模式的乏力表现在两个方面：其一是自然科学和社会科学的二分法；其二是对全球化背景下的（民族）国家、市场和公民社会界线的日渐模糊缺乏认识。前者在介绍环境流的研究传统时已有说明，后者则是我国生态环境保护治理转型的重点，全球性动态化的环境问

———————————

① 资料来源：党的十八届三中全会（于 2013 年 11 月 9 日至 12 日在北京召开）提出。

题，非一家政府能够独力解决，所以，由政府、市场、公民社会有机结合在一起所形成的环境国家（environmental state）概念，是我国环境管理创新的关键点，这也是生态环境保护治理在适应我国本土政治历史特色和社会经济发展状况的过程中，进行模式创新的关键点。一个"更完备的分析方法"是"站在全球化的视角看环境国家的角色"（Spaargaren G. et al.，2006），而不断被全球化的环境流（及其以各种形式表现出来的环境问题）以及多个环境流交汇的枢纽是环境管理的对象。

2.2　政府直控型环境管理体制

从 1971 年成立国家计委环境保护办公室到 2008 年设立中华人民共和国环境保护部，我国环境保护治理体系逐步形成了以政府治理机制和行政手段主导的统一监督管理与分级、分部门监督管理相结合的"统分结合"管理体制，被称为政府直控型的环境保护治理体系，生态环境保护取得了一定成效：一是生态环境保护治理主体一般为负有一定生态环境保护监管职责的行政机关，有国家强制力为后盾，便于中央对地方的监督和管理，生态环境问题也可以得到有效解决。二是生态环境保护治理主体越来越朝着多元化方向发展。《中华人民共和国环境保护法》对生态环境保护治理主体做出了明确的规定，即我国环境保护监管机构包括中央和地方各级环境保护行政主管机构、县级以上人民政府业务行政主管机构等，环境保护行政主管机构与其他机构要密切配合、协调合作，共同解决生态环境问题。三是统一监管与分级分部门监管相结合，这也是我国环境管理体制的主要特点。我国生态环境保护采取纵向统一监管、横向不同层级不同部门监管的模式，在保证生态环境保护行政主管部门的主导地位的同时，也体现了对其他有关部门职责分工的重视。

我国生态环境保护具有政府直接控制的特点：第一，政府在大量的环境管理事务中，在政策制度和监督管理多方面承担了大部分环境保护的职能。市场所起的作用却很小，社会公众参与度不够，对环境保护做出的贡献十分有限。第二，政府通常采用行政控制的手段执行环境政策，如"经济手段"，实际上也是由政府直接操作，政府直接控制模式下的"经济手段"却包含在行政手段之内。以政府直接执行为主导的生态环境保护与治理模式，可称"政府直控型"生态环境保护治理模式。

政府对生态环境保护和管理的直接控制模式不可避免地会产生较大的

行政成本，包括设立机构、增员、增物、较大量的日常监督管理等费用。面对大量违反环境保护法律规定的企业或其他对象，每一级生态环境保护机构规模有限，生态保护经费并不充足，尤其是生态环境管理的一线工作人员数量有限，部门力量薄弱，生态环境保护相关政策法规无法得到充分落实。随着经济的发展、市场的壮大以及各种主体的增加，这样的矛盾情况将会更加凸显。

2.2.1 现行生态环境保护行政管理体制

《中华人民共和国环境保护法》为我国生态环境保护搭建起基本的行政管理体制框架体系，该体系可以简单归纳为"统一管理与分级、分部门相结合"。

1. 各级生态环境保护行政主管部门统一监督管理

在全国范围内统一监督和管理生态环境保护工作由国务院生态环境保护行政主管部门负责，而县级以上地方政府生态环境保护行政主管部门则负责统一监督和管理管辖范围之内的生态环境保护工作。通过分析国务院生态环境保护行政主管部门的主要职能可知，"统一监督管理"主要包括如下内容：一是统筹规划、安排、协调、监督全国范围内的生态环境保护工作；二是指导和监督地方生态环境保护行政主管机构的生态环境保护工作。

从地方生态环境保护行政管理体制来看，各级地方政府生态环境保护行政主管部门的设置沿袭国务院设置。地方通过立法形式明确生态环境保护的一些事项，我国地方生态环境行政管理体制包括四个等级，分别为省级、市级、县级和乡级，如果按照各地方生态环境行政管理机构的职责和权限范围来划分，可以将其划分为三个层次，分别为宏观层、中间管理层和微观层。省级生态环境保护部门位于宏观层，主要对环境保护行使宏观监督管理职能；市级生态环境部门所从事的环境监督管理工作介于宏观层和微观层之间；县乡级生态环境部门负责具体环境监督管理工作，属于微观层①。

2. 其他各部门的生态环境保护监督管理

2018 年国家机构改革以前，环境污染防治的监督管理工作主要由多个部门共同负责，其中包括国家海洋行政主管机构、渔政渔港监督、港务监督，还包括军队环境保护部门，此外还包括各级公安、铁路、交通、民航

---

① 资料来源：《中华人民共和国环境保护法》。

管理部门等，以上部门根据相关法律监督管理环境污染防治工作；监督、管理、保护自然资源工作主要由县级以上政府的矿产、土地、林业、水利、农业等行政主管部门负责。我国还设置了专门负责宏观调控社会与经济发展的部门，这些部门也有保护生态环境的职能。举例来说，国家发展改革委承担着提出国民经济和社会发展规划、生产力布局、资源开发规划以及生态环境建设规划等职能，同时还负责协调发展规划与环境保护政策；住房和城乡建设部门主要职能是对城镇和村庄人居生态环境的保护进行指导，监督和管理城镇节能减排工作。不仅如此，还要协调其他相关部门共同制定建筑节能政策措施，并对政策措施的落实情况进行监督，积极促进城镇节能减排工作的开展。①

3. 地方各级人民政府的生态环境质量负责制

我国地广人多，主要通过地方政府治理各个行政区域。地方各级人民政府全面负责管辖范围之内的生态环境质量，为了改善生态环境质量要颁布实施相应的政策措施。我国省级行政区域下设置三级行政区域，分别为市级行政区域、县级行政区域和乡级行政区域，之所以对行政区域进行划分，主要是为更好地治理各行政区域。我国《中华人民共和国宪法》《中华人民共和国地方各级人民代表大会和地方各级人民政府组织法》，连同《中华人民共和国民族区域自治法》明确规定出各级地方政府在环境保护领域的主要职能。地方政府是地方行政机构，对地方收入享有支配权，能够为生态环境保护提供资金支持。另外，地方政府对地方行政工作行使全面领导权，负责协调、处理环境污染事件②。由于《中华人民共和国环境保护法》对各级生态环境保护行政主管部门的设置客观存在一定的不足，各级地方政府就基本承担了其辖区内广泛的生态环境质量的保护和改善职能。

2.2.2 现行生态环境行政管理体制的主要问题

尽管我国生态环境保护治理体系逐步健全，治理能力逐步提升，治理绩效却仍不能令全社会公众满意。究其根源，主要是国家生态环境保护治理体系存在着一些体制性问题和机制性障碍，在行政管理体制上突出表现在以下六个方面：

---

① 资料来源：《中国环境法制》。
② 资料来源：国务院办公厅关于印发《住房和城乡建设部主要职责内设机构和人员编制规定的通知》。

1. 生态环境问题的整体性、综合性与环境保护管理体制分割的矛盾

《环境保护法》对"环境"进行界定，认为它是天然的和人工改造之后的，且对人类生存和发展具有影响作用的各种自然因素的总称，不仅包括森林、矿藏、土地、海洋、草原、水、大气等因素，也包括人文建筑、风景名胜区、自然保护区、城镇、乡村等。① 显然，环境不仅包括静态因素，也包括相对动态因素，是多种因素共同作用的结果，必须统筹规划，从整体角度解决环境问题。2018 年之前，我国主要采用多中心的多管齐下模式保护生态环境，这种需求与实际之间的矛盾，层层传导，导致了解决环境问题时，特别在县域生态环境保护行政部门处理相关纠纷时，存在较为严重的不完全性和滞后性，不仅使国家环境保护法律的约束力度减弱，甚至还使环境保护法律失去应有的功能。

我国环境保护行政管理体制分割性主要体现在②：

一是多头化管理严重，各部门协调配合度不高。根据《中华人民共和国环境保护法》要求，国务院以及县级以上生态环境保护行政主管部门承担着监督管理生态环境保护的责任，而其他相关部门则在不超出自己全县范围内进行监督管理环境污染治理，但没有明确规定综合管理与专业环保间的关系。2018 年国家尚未进行机构改革时，生态环境保护系统存在多个监管主体，不仅包括环境保护行政部门、工业和信息化部、水利部、国家发展和改革委员会、国有资产监督管理委员会，而且还包括卫生部、农业部、国土资源部、国家海洋局、安全生产监督管理部门、林业部门等。各环境保护行政主管部门在特定的行政管理体制之下难以协调配合，无法有效履行统一的监管职能。

二是职责与职能分离，越俎代庖。《中华人民共和国环境保护法》赋予地方各级政府对生态环境质量的责任和处理污染危害的权利。首先，地方各级政府是综合性行政机关，有责任和义务保护生态环境，妥善处理环境问题；其次，设立地方政府生态环境保护部门，主要是为了解决地方政府保护生态环境职能落实不到位的问题。我国各地整体处在以其国内生产总值（GDP）为主要指标的绩效考核体系，所以，地方政府工作仍然以经济工作为主导，然而生态环境问题的最大特征就是具有潜伏性，想要及时发现问题，就需要专业的技术和有关职业意识。一方面，如果没有专业的检测与监督，破坏生态环境事件肯定得不到有效控制，另一方面，地方各

---

① 资料来源：《中国环境法制》。
② 崔巍. 有关环境保护行政管理体制研究 [D]. 开封：河南大学，2010.

级政府存在过于重视发展经济、忽视环境保护的不足，所以破坏生态环境的事件屡见不鲜。在这样的矛盾背景下，赋予地方各级政府对生态环境质量负责的责任和应急处置污染危害的权利，无异于剥夺有关环境保护行政主管部门统一监管本辖区内生态环境保护工作的职能，让对方处于一种有环保职责而没有环保职能的状态，客观上导致面对专业性强的、潜在的生态环境污染和突发性生态环境事件的监测和监督管理需求无能为力，只能在行政上不作为。

三是行政区域分割，缺乏协调、难以协同。我国的行政区域分划不同于某些国家和地区的基于资源管理的行政区划模式（如新西兰依流域定区域边界），通过分析国家响应生态环境事件以及为此制定的措施可知，地方政府连同生态环境保护行政主管机构一般专注于自己管辖范围之内的环境保护工作，缺乏跨部门、跨区域沟通和协调。局限于行政区域的管理机制，导致了不力或无效的环境行政执法。

2. 行政部门间环境保护机构的职能重叠问题

20 世纪 80 年代末，我国由计划经济转向市场经济，因此这一时期出台的《中华人民共和国环境保护法》在有关环保行政体制设置的规定上，仍然带有计划经济特点。国家环境保护局属于副部级直属机构，是当时的国务院环境行政主管部门，依法具有环境保护职能，其他环境保护部门的相关职能则依法保留。这种管理体制因照应新成立的环境行政主管部门而建立，为的是其他部门在相应职能范围内有着较深的专业基础，能够更好地辅助协同履行环保和防污职能，但环境保护行政主管部门日趋成熟，而其他部门依然保留环境保护职能，这势必会引起不必要的矛盾冲突。

从机构设置来看，相关部门在生态环境保护、监测以及处理环境污染事件等方面的职能不够协调，存在严重的职能重叠现象。举例来说，环境保护部的环境监测司的主要职能包括①：监管环境质量，并负责发布环境信息；拟定与环境监测相关的政策、法规、规章制度，并负责落实工作；制定和落实环境监测质量管理制度，选择恰当的环境监测分析技术和方法；参与组建国家环境监测系统，并组织和实施各种监测活动，其中包括监测生态环境质量、污染源等；调查评估生态环境质量，并根据评估结果制定应急预警方案；为其他部门的环境监测活动提供相应的指导；制定和实施生态环境质量公告制度；编制国家环境质量报告书，定期将国家环境状况进行公报；为组建全国环境监测队伍建设工作提供一定的指导。水利

---

① 资料来源：中华人民共和国生态环境部官网。

部的水资源司主要职能包括：组织调查、评价和监测水资源工作，并提供相应的指导，组织划分水功能区，负责监管该项工作的实施状况；为保护饮用水水资源和保持水生态平衡提供指导；对江河湖泊、水库的纳污能力进行评测，确定最高排污总量标准；对监测省界水质水量工作进行监督，管理入河排污口设置等。显然，以上两个机构都有水质监测职能，可是法律并没有对此做出进一步的规定，两个机构提供的数据会存在一定的偏差。

中共中央于2018年3月出台《深化党和国家机构改革方案》，该方案明确自然资源部门和生态环境部门各自的职责，生态环境部门负责统一监管水、大气等领域的污染排放①。从自然生态保护来看，整个自然生态系统极其复杂，各生态监管主体的职能范围边界依然模糊，也依然存在不完善的制度体系。

3. 环境保护行政主管部门机构设置不完善

第十一届全国人民代表大会于2008年通过成立环境保护部的提案，该部门负责统一监督管理国家环境保护工作。环境保护部有两个组成部分，分别为内部部门和直属单位。成立环境保护部不久，便设置了环境监测司、污染物排放总量控制司和宣传教育司，但其机构设置仍有不完善之处②。（1）机构职能设置有重叠。新设立的环境监测司和直属单位中的中国环境监测总站，在业务管理和指导领域有冲突。后者具有事业单位性质，主要提供技术指导，并不参与业务管理，由环境监测司统一行使管理权和指导权。（2）派出机构分区缺乏合理性。在东北、华北、华东、华南、西北、西南等地设置了环境保护督查中心，并且没有四川、东北、西北、上海、广东、北方等六大核辐射安全监督站。首先，从划分六大督查中心来看，主要沿袭六大军区划分模式，这种分类方法并不科学，如西南地区的四川和西藏的资源分布、人口数量、气候环境以及经济发展水平存在很大的差别，青海与西藏在各个方面差别并不明显，督察员应该是一致的，才比较合理，但实际上分而治之；其次，辐射安全仅仅是环境安全的一个方面，建立一个独立的机构将导致冗余和更复杂的关系；最后，缺乏完善的机构设置，只有自然保护区和核能被划入保护范围，水、土地等元素没有得到应有的保护，不仅如此，无论是规划、防控环节，还是治理环节，都没有或缺乏完善的流程，从机构职能划分来看，机构的监督执法职

① 资料来源：中华人民共和国生态环境部官网。
② 崔巍. 有关环境保护行政管理体制研究 [D]. 开封：河南大学，2010.

能、制定政策法规职能彼此协调配合性较差，同时互不制约。

4. 不规范的授权导致环境保护职能无效①

授权是行政效率原则的具体体现，有助于紧急问题以及法律缺位问题的解决，但是授权之后要设置专门的机构，以便解决相似问题，要通过立法形式明确机构职能。我国环境保护行政管理体制中存在授权不规范的现象，这对环境保护效果具有很大的影响，主要表现在：（1）行业部门经授权之后承担起监管环境保护工作的职责。举例来说，公安部门、工商行政部门以及文化部门经授权后行使城市市区污染控制权，铁路和民航部门经授权后行使铁路和民用航空器起飞噪声的控制权，造成本职职责与环境保护职责叠加，应接不暇，防控污染执行不力。（2）解决环境污染事件的授权错位。中央和地方各级环境保护行政主管部门不仅有先进的技术设备，而且掌握着大量专业化数据，因此环境保护行政主管部门理应行使统一监管解决环境污染事件行为，可是通过分析解决污染事件的过程却发现，环境保护行政主管部门并没有充分行使自身职能。

5. 属地管辖导致地方各级环境保护行政主管部门弱化②

我国行政体制管理体制机制中的属地管辖原则非常重要。一般来讲，各级环境行政主管部门本身就是地方政府的组成部分之一，地方政府是唯一能够支配地方收入的主体，各级环境保护行政主管机构无论在财权还是事权上都缺乏独立性与权威性，必须依附于各级政府而存在，这就导致其职能难以充分发挥出来。

另外，企业事业单位管理属于级别管辖，属地管辖与级别管辖在污染单位限期治理中的规定并不统一，导致地方政府以及环境保护行政主管部门的权威性受到挑战。基层政府面对国有特大型、大型企事业单位时，很难充分行使自己的污染治理监管权，如此的管辖方式最终会导致地方各级环境保护行政主管部门权力受到影响，权威性下降，在防治环境污染中无法发挥其应有的作用。

6. 环境保护行政管理体制存在严重的城乡二元结构性③

我国环境保护管理体制的关注点集中在城市地区，农村受到忽视，二元结构特征十分严重，污染防治司只履行保护城区土地环境的职责，没有设立乡级环境保护行政主管机构。粗略统计，我国没有设立县级环境保护机构的行政区域约占15%，而且大部分乡镇虽然设立了环保职位，却只有一名工作人员。环境保护管理体制不重视农村环境保护，但农村环境污染

①②③ 崔巍. 有关环境保护行政管理体制研究［D］. 开封：河南大学，2010.

问题的确十分严重。农村经济发展很快，涌现出一大批乡镇企业，而且为了缓解城市污染压力，污染企业开始由城市向农村转移，导致农村环境急速恶化，出现了工业污染、化肥污染等，使人居环境问题愈发突出。如果不重视解决农村环境问题，城市环境就会受到牵连，最终使得城市环境污染更加严重化。

综上所述，这种环境管理体制曾经在发展建设过程中，对环境保护与经济社会之间的平衡、协调化发展具有积极作用，但是该体制合理性不足，缺乏配套的立法体系，而且没有清晰的机构设置职权责任界限，导致环境保护存在"各自为政""多头管理"的现象。面对相同的环境保护问题，中央政府与地方政府往往会从不同角度进行考虑，并做出不同的选择，中央政府更关注生态环境与经济社会之间的平衡、协调，而地方政府则将更多的关注力放在发展经济上，往往忽视生态环境的保护与治理。通过分析约束机制可知，上下级政府之间的信息传递环节过多，地方政府在保护生态环境过程中表现出严重的机会主义倾向，如果因环境保护触动地方利益，地方保护主义就会表现出来。基于此，必须弱化地方政府对环境保护产生的负面影响。

2.3　市场失灵引来政府干预的加剧与过度 [*]

市场的正常运作要求具备若干条件，条件不满足就会造成市场失灵。竞争不足、资源产权模糊、不确定和不可逆决策、信息不完全、外部性、文化价值或精神文明受到忽视、公共物品等七种情形会导致市场失灵。

知名经济学家马歇尔于1910年出版了《经济学原理》这一著作，他在书中第一次提出了外部性理论。来自英国的经济学家庇古在《福利经济学原理》这部著作中进一步完善了外部性理论，并认为市场经济对经济运行主体在生产过程中产生的破坏生态平衡、污染环境等问题无能为力。庇古认为这种外部性成本主要表现为危害自然，并且它存在市场之外，因此将其称之为"负的外部性"。他提出，政府要利用多种方法和手段保护环境，从而消除"负的外部性"所引发的边际社会成本差异和边际私人成本。兰度尔是第一个提出公共产品概念的人，1953年，经济学家萨缪尔森进一步发展了兰度尔观点，并提出了公共产品理论。在公共产品理论中，

---

[*] 崔巍. 有关环境保护行政管理体制研究［D］. 开封：河南大学，2010.

环境属于公共产品的范畴，政府具有提供公共产品的职能，因此政府要履行保护生态环境的职责，而且以上理论在一定程度上论证环境保护行政体制存在的重要性。

市场与政府共同存在于现代市场经济体系中，一方面是宏观调控，另一方面是自由竞争，二者密切联系，不可分割。事实上，市场具有一定的缺陷，且存在市场失灵现象，因此必须想方设法寻找政府调控与市场机制的最佳平衡点，这样才可以使政府通过干预弥补市场失灵缺陷的同时，避免出现政府失灵现象。所以无论从实践角度来看，还是从理论角度来说，寻找平衡点都具有非常重要的价值，有助于进一步完善社会主义市场经济体制。

通过分析西方发达国家的市场经济发展过程以及政府职能转变过程可知，市场调节功能既有其擅长的方面，也有其触摸不到的地方。首先，从当前来看，市场经济仍然是最有活力的资源配置手段，市场经济运行机制效率较高，其他任何一种运行机制根本无法取代市场经济的地位。市场经济的优势主要表现在：第一，经济利益可以产生强大的驱动力。经济利益以及自由竞争能充分激发经济主体的积极性，促使经济主体优化组织结构、创新生产技术、提高产品质量。第二，市场决策十分灵活。作为微观经济主体出现的生产者和消费者能够根据市场供需变化及时做出调整，保持供需平衡、提高资源的利用效率。第三，市场信息及时、有效。各经济主体只有掌握大量翔实信息，才能更容易使资源分配保持较高的效率。主要表现为价格信息的信息结构能够为市场经济主体提供更加直观、清晰、有效的信息，使得资源配置更加合理化。其次，市场经济有助于减少行政管理的低效率现象，还可以有效减少政府官员的腐败行为。但是从另一角度来看，市场经济也不是万能的，也有自身无法克服的缺陷，如果完全抛弃政府干预行为，完全依靠市场调节作用，只能使其自身缺陷更加突出，从而出现"市场失灵"现象，由此可见，通过政府宏观调控来弥补市场调节的不足是很有必要的①。

2.3.1 市场无法维系国民经济实现平衡协调发展②

通过市场调节作用，经济可以保持均衡状态，这种均衡必须借助于分散决策才能实现，因此这种市场均衡表现出一定的盲目性和随意性，可能

---

① 韩和元. 反垄断不能止于行政垄断，自由放任也会破坏竞争［EB/OL］. 金融界网，2020－12－04.

② 金太军. 市场失灵、政府失灵与政府干预［J］. 中共福建省委党校学报，2002，（5）：54－57.

会引发具有周期性特征的经济波动，甚至可能出现经济总量失衡现象，尤其是在产业部门，更容易出现"蛛网波动"效应。不仅如此，部分产业或市场中的个人理性选择可能对整个产业或市场产生非理性影响。举例来说，当出现通货膨胀现象时，个人一定会购买更多商品、增加支出，对个人来说，这是一种理性选择，可是如果每个人都做出同样的行为，却容易使通货膨胀更加严重；相同的道理，当经济发展缓慢时，个人会减少购买行为、控制支出，这对个人来说同样是一种理性行为，可是却使经济发展速度更加缓慢。从另一角度来看，面对激烈的市场竞争，市场主体为了获得更多利润，会倾向于选择投资低风险且能在短时间内获取收益的产业，由此形成不合理的产业结构。因此，政府有必要利用汇率、税收、信贷、财政等手段对市场运行进行宏观调控，通过对市场变量进行调整来降低经济波动频率，与此同时，国家还要制定切实可行的发展规划、调整产业政策，通过一定的方法和手段使产业结构更加合理化，最终实现经济的稳定发展。

2.3.2　自由放任市场竞争会出现垄断格局①

因市场价格受生产边际成本的制约，市场主体的生产成本水平决定该市场主体在市场竞争中的地位，所以生产成本较低的企业往往在市场中占据优势地位。部分市场主体可能会通过联合、兼并、重组等手段垄断市场，以便获得规模经济效益，但这会使市场竞争机制偏离其应有的轨道，使市场自由调控功能受到影响。由此可见，"帕累托最优"（Pareto optimum）在完全竞争条件下才可能出现，由于不具备完全竞争条件，这种最佳资源配置也不可能出现。政府应当以公益人身份出现，引导和规范市场主体的竞争行为，通过价格管制、反垄断等手段规范市场竞争。西方国家为我们提供了大量的经验和教训，我国尚未建立完善的市场秩序，经济体制带有显著的行政垄断特征，因而政府肩负的构建公平竞争市场秩序的责任尤其重要。对政府来说，要加快制度创新脚步，构建健全的市场公平竞争约束机制，与此同时要出台适用于全国范围的反垄断法律文件，与《中华人民共和国反不正当竞争法》共同遏制市场中的垄断行为。

2.3.3　市场机制无法针对经济外部性做出有效补偿与纠正

经济学家贝格、费舍尔等提出了有关外部性的观点，指的是"单个的

---

① 韩和元. 反垄断不能止于行政垄断，自由放任也会破坏竞争［EB/OL］. 金融界网，2020 - 12 - 04.

生产决策或消费决策会对他人的生产行为或消费行为产生影响，但是这种影响并不通过市场产生作用"。换句话说，外部性不受市场机制的制约，市场机制不会对其产生影响，而是通过市场以外的其他力量来调整。由此可见，经济外部性的存在说明部分市场主体可以获得外部经济性，并且不需要付出成本，而当事人利益尽管因外部经济性受到损害，可是却无法获得任何赔偿。前者主要存在于公用基础设施、公共教育等公共产品的消费，消费主体不需要有成本付出，而从后者来看，主要包括生产企业产生的污染物会污染环境，使附近居民的生活受到损害；过度开发自然资源；破坏生态平衡等。以上行为一般不会通过市场价格表现出来，因此市场交换无法对其进行纠正，如果依靠道德教育以及转变思想认识的途径进行纠正，所产生的效果也并不明显。最有效的一种方法是利用行政管制、税收政策以及补贴政策等手段来弱化经济发展中的外部性，进而对自然资源进行保护，维护生态环境的平衡。

2.3.4 市场机制难以组织和实现充分的公共产品供给

公共产品指的是可以同时提供给很多人的产品或服务，每个人享有公共产品的效果不会因为分享人数变化而发生转变。公共产品包括环境保护、医药、卫生、国防、外交、文化教育、公共设施等，它的最突出特征是非对抗性和非排他性，个人消费公共产品的行为不会对他人消费公共产品的结果产生影响，每一个人都可以平等地享有公共产品。公共产品的生产成本应该由享有公共产品的主体共同承担，可是从另一角度来看，生产者并不能决定谁是公共产品的消费者，换句话说，一旦公共产品被生产出来，没有付出成本的人也可以享有公共产品，进而出现前面提到的经济外部性。可是，每一个人都希望自己在不付出成本的条件下享用公共产品，最终的结果可能是每一个人都不愿意提供公共产品，没有公共产品，社会经济需求就无法得到满足，社会资源配置效率就会受到影响。由此可见，政府应当承担起提供公共产品的职能，同时负责监管公共产品的使用。

2.3.5 市场分配机制会出现分配不公以及两极分化

通常来讲，市场有助于提高经济效率、发展生产力，但无法主动实现社会分配结构的合理化和均衡化。受不同区域、不同部门发展失衡以及社会个体综合素养差异的影响，市场分配过程中会出现收入差距，并由此产生不平等现象，市场竞争规律是强者更强，弱者更弱，这使得更多的社会财富集中在少数人手中，出现"马太效应"。不仅如此，市场调节并不能彻底解决就业问题，而严重的失业现象又使得贫富差距过大，由此对经济稳定增长产生破坏作用。还有一点需要指出，如果贫富差距过大，不但会弱化社会凝聚力，而且客观上也纵容了社会不公正现象，由此对社会秩序的稳定产生负面影响。举例来说，少数民族聚居地区由于经济发展水平低、民众收入少，非常容易激化族群矛盾。

2.3.6 市场无法自发界定市场主体产权与利益的分界①

处于市场经济条件下的市场主体会受到价格、劳动力、原料成本、供需关系等因素的影响，进而表现出不同的经济行为方式和目的，市场主体运行规律主要通过经济主体的独立意志、自由选择以及平等互利等原则体现出来。市场经济主体的根本目的是实现自身利益最大化，并在复杂化经济活动中参与竞争，必然会与其他市场经济主体产生一定的矛盾冲突，一旦发生矛盾，双方都不能主动化解矛盾。因此政府需要扮演仲裁者角色，设定符合市场需求的规则，即通过法律或政策的形式明确不同利益主体各自的权利和义务，维护市场交易的公正性和公平性。更加深入地讲，市场竞争本身是极其残酷的，尽管它可以激发市场主体的积极性，但也容易使其为了自身利益不惜做出犯罪行为，破坏社会经济秩序。由于市场经济主体无法主动避免这一点，因此需要政府利用自身强制力量对经济领域的违法犯罪行为进行打击，不仅要设立行政许可制度、资格认定制度，从根本上防控经济违法犯罪行为，同时还要严厉惩处经济违法犯罪者，保护市场主体的合法权益，以免受到不法行为的侵害。不仅如此，政府还要制定合理有效的对外政策，努力创建促进经济发展的良好外部环境，大力扩大本国商品市场，维护国内经济主体的长远经济利益。总之，政府职能可以有效弥补市场调节的不足，从而促进现代市场经济的健康发展。

正是因为市场调节机制存在一定的缺陷，所以政府有必要对经济活动进行干预，政府对经济活动的宏观调控在现代市场经济体制中居于重要地位。诺贝尔经济学奖获得者萨缪尔森认为，"当今没有什么东西可以取代市场来组织一个复杂的大型经济。问题是，市场既无心脏，也无头脑，它没有良心，也不会思考，没有什么顾忌。所以，要通过政府制定政策，纠正某些由市场带来的经济缺陷。"② 基于此，"市场调节与政府宏观调控共

---

① 金太军. 市场失效与政府干预 [J]. 中国矿业大学学报（社会科学版），2002（2）：42 - 49.

② [美] 保罗·A. 萨缪尔森著，高鸿业译. 经济学 [M]. 北京：中国发展出版社，1993.

同组成现代经济"。

市场失灵的存在使政府干预经济活动成为可能，可是政府干预也不是十全十美的，也存在政府失灵现象。关于这一点，林德布洛姆将政府职能评价为"只有粗大的拇指，而无其他手指"。政府失灵主要表现在两个方面：一是政府无效干预，也就是政府宏观调控的力度偏低，范围偏小或者选择不恰当的调控方式，无法弥补市场失灵带来的缺陷。举例来说，政府对生态环境的保护力度不足，也没有制定公平、合理的相关政策措施，公共产品投入力度不足，不重视基础设施建设，选择不恰当的行政指令手段等，导致市场失灵现象不能得到有效解决。二是政府干预过度，无论是干预力度还是干预范围都超出了正常水平，导致选择错误的干预方向等。举例来说，政府颁布过于繁琐的规章制度，限制了市场经济行为，公共产品比例过大，数量过多；选择不恰当的政策工具，过度采用行政手段对市场内部经济活动进行干预，这不仅没有弥补市场失灵带来的不足，相反还对市场机制的正常运行产生负面影响。

2.4　政府失灵唤醒新的治理机制

政府是社会治理主体，承担着社会治理的职能，政府主要通过垂直管理模式管理经济和社会生活，即利用强制性行政手段对经济和社会生活进行管理。垂直管理模式具有封闭性、全方位的特点，这对社会公众，包括组织和个人产生了一定的影响，不利于提高参与经济社会生活的积极性，妨碍了社会生产力的发展，行政效率不高。由此可见，垂直管理模式与多元化经济和社会发展需求之间表现出一定的不适应性，进而出现政府失灵现象。引发政府失灵的主要原因包括以下几方面。

2.4.1　政府干预并不具备必然公正性

政府干预市场经济活动的前提条件是必须以社会公共利益维护者的身份出现，即必须按照公正、公平原则调控市场，公共选择学派将政府官员划入"经济人"范畴，这一观点尽管并不十分令人信服，但政府在现实中的角色有时候并没有维护公正、公平，政府机构也追求内部利益，这一点尤其体现在资本主义国家中。从理论上说，社会主义国家的政府机构也存在"内部性"的可能，现实中，部分政府官员会做出腐败行为。政府部门追求内部私利的特征会对政府干预行为产生影响，进而会影响资源的优化配置，最终引发政府失灵现象。由此可见，政府失灵的内在根源之一是政府的内部性特征。

2.4.2　政府个别干预行为效率某些时候不高

政府干预的前提条件是政府具有公共性，这是政府与市场的最大区别。政府更倾向于选择公共产品领域进行投资，公共产品的特征是高投入、低收益，而且公共产品的供给表现出了显著的非价格特征。换句话说，政府无法以价格交换的手段向公共产品享有者收取使用公共产品的费用，公共产品的生产、经营以及维护都依靠财政支出保持正常运转，公共产品的利益驱动效能不明显。

另外，政府干预行为表现出垄断性特征。政府在公共产品供给中居于垄断地位，因此有权从外部调控市场运行。由于公共产品领域中政府处于垄断地位，因而政府不再将过多的关注点放在提高行政效率和效益上。还有一点需要指出，政府干预行为具有协调性特征。政府众多机构或部门组成完整的组织体系，在市场运行中起宏观调控的作用，组织内部各部门之间的配合程度、职权划分等对整个组织体系的运行效率具有重要影响。

2.4.3　政府干预容易导致政府规模膨胀

政府要根据实际需求及时干预市场经济活动，不仅要提供公共产品，而且要维护公正、公平的社会经济秩序，政府职能的实现离不开工作人员的支持。早在19世纪，来自柏林大学的教授阿道夫·瓦格纳便已经对政府的本性进行了研究，他认为政府与生俱来具有扩张倾向，尤其是对社会经济活动进行干预的公共部门的数量表现出内在的扩张性，西方经济学者将公共部门的这一特性称之为"公共活动递增的瓦格纳定律"。政府的内在扩张性符合社会不断增长的对公共产品的需求，所以政府干预职能会不断强化，这会导致政府机构越来越庞大，政府工作人员数量不断增加，并进一步导致财政赤字和政府干预成本不断上升。

2.4.4　政府干预可能会导致寻租行为①

政府干预可能会引发寻租行为，寻租指的是个人或团体在追求自身利益的过程中会影响政府的决策行为，以便获取更大利益的非生产性活动。举例来说，企业会想方设法要求政府改变之前的干预政策，目的是为了得

---

① 叶静，刘婧. 政府干预中的权力寻租行为分析及其防治 [J]. 行政与法，2004.

到政府特许或者占据市场垄断地位等；政府官员因掌握行政权力、面对金钱或其他方面的诱惑，可能会做出损害公共利益而满足向其提供报酬者需求的行为。显而易见，政府干预是寻租行为的源头，而如果政府干预过程中缺乏必要的监督和约束，再加上干预过度，就会使寻租行为的可能转变为现实。寻租行为具有很大的危害性，它会弱化生产经营者提升经济效率的积极性，造成更多经济资源的浪费，还会使经济活动中的交易成本增加，最终引发政府失灵现象。

2.4.5 政府失灵之部分源头在于政府决策失误①

政府干预经济活动的过程十分复杂，涉及诸多领域，政府必须借助大量的真实信息才能做出正确的决策。可是政府不可能完全掌握全部所需信息，很多信息不断在个体之间传递，而且现代市场经济活动十分复杂多变，导致政府掌握信息的难度加大，信息处理的负担不断加重。面对这一背景条件，政府决策非常容易失误，错误的政府决策会严重阻碍市场经济的正常运转。政府决策者自身素质要高，这样才更容易做出正确的决策。政府对市场经济活动进行宏观调控时，应当正确认识市场运行情况，只有掌握准确的市场运行状况，才更容易制定正确决策，这对政府决策者提出了较高的要求。从另一角度来看，政府即便对市场运行做出正确的判断，并且选择了正确的政策工具，也很难把握准确的干预力度。无论是干预不足，还是干预过度，都会引发政府失灵现象。部分政府官员的决策素质并不高，决策能力有限，这势必会对政府干预效率以及最终结果产生不利影响。

政府干预存在一定的不足，但是，市场失灵现象又只能通过政府干预来消除，政府干预不足对弥补市场失灵缺陷不仅不会产生积极作用，甚至还会引发政府失灵现象②。由此可见，经济、社会的健康发展需要"多一些治理"，不能再以"统治"手段作用于经济、社会③。

众所周知，政治学家和管理学家强调用"治理"将"统治"取而代之，主要原因在于社会资源配置中不仅存在市场失灵现象，也同样存在政府失灵现象。治理的最高标准是达到所谓的善治。"从善治的本质来看，它体现了政府与公民之间的新型关系，强调二者合作管理公共生活，整合

---

① 资料来源：人民论坛。

②③ 俞可平. 治理与善治 [M]. 北京：社会科学文献出版社，2001.

二者合力。"① 治理可以弥补国家和市场在调控和协调过程中的某些不足，其理论和实践主要体现在以下几方面。

第一，重构政府与市民社会的关系。政府组织不再独自承担起社会公共管理责任，而是与非政府组织、公民自治组织等共同履行社会公共管理职能，政府与市民社会之间的关系发生了很大的转变。在传统的政府统治观认为，政府是唯一参与社会事务管理和国家事务管理的主体。这说明，政府组织要依靠其自身的强制力量对社会事务和国家事务中的各种资源进行管理，同时还要以国家身份出现，生产和提供公共产品和服务。治理理论与善治理论不再将政府视为唯一有权进行社会管理的主体，但是仍然认为政府在社会管理中居于重要地位。第三方机构和私营机构与政府共同承担起提供公共服务以及公共事务管理的职能，社会公众也已经认可第三方机构与私营机构在这一领域中的地位和作用。

第二，对市场在资源配置中的地位以及作用形成正确的认识，重新构建政府与市场之间的关系。在传统的政府统治理念下，市场组织形式表现出诸多问题，如公共产品供给具有垄断性、公共产品不足以及收入分配不均衡，贫富差距不断加大等，必须通过政府组织的干预行为才能有效弥补市场失灵引发的各种缺陷。在当代治理理论中，市场失灵是一种客观存在，政府失灵也是一种客观存在，政府失灵也会产生很大的危害性，甚至政府失灵的危害程度远远高于市场失灵危害程度。但是，治理理论并没有对政府组织的存在价值持完全否定的态度，仅仅认为政府活动应该被限定在一定范围内，并在合理范围内有助于弥补市场在资源配置中的不足。基于此，治理理论强调政府要准确划分市场管理与社会管理的边界，充分发挥科学合理的组织结构以及制度体系的作用，对于市场存在明显优势的领域，市场组织要积极承担起相应的责任，当代政府治理变革活动便以该理论作为指导。

第三，科层制结构向扁平式结构转变。治理理论的出现对韦伯管理模式提出了质疑，强烈要求摆脱韦伯管理模式的束缚，要求转变原有的官僚层级结构，必须提升政府的回应性。在善治中，回应是组成要素之一，它的存在价值是，公共管理机构以及工作人员应及时回应公民提出的具体要求，不能借故拖延回应或者不回应。回应性与善治程度之间呈正相关性，善治程度会随着回应性的增加而不断提高。回应性与政府组织结构之间也存在密切联系，韦伯管理模式下的组织机构往往十分庞大，涉及层次很

---

① 俞可平. 治理与善治［M］. 北京：社会科学文献出版社，2001.

多，事务处理流程十分复杂，政府办事效率低下，政府回应性很低。很多国家为了提高政府办事灵活性以及行政效率，要求政府进行行政改革，并确立了摆脱政府规制的改革目标。从另一角度来看，处于扁平式组织结构下的政府有机会直接与公民进行接触，便于政府与公民建立合作关系，并形成网络关系，进而提高政府的回应性，减少发生政府失灵的几率。

第四，政府行政方式由"统治"转变为"服务"。政府行政方式由"统治"转变为"治理"，是一种必然趋势，政府本身属于公共组织的一种，承担着供给公共产品以及创新社会制度的重要职能。随着市场经济地位的确立，政府应该将更多的精力集中在服务职能上，即政府要为社会大众提供更加多样、优质的公共服务。西方国家通过行政改革转变了公共服务供给模式，享受政府公共服务的主体被划入消费者范畴。善治理念关注有效的服务行为，认为可以通过公民满意度这一概念来评价公共服务质量，这从侧面反映出市场条件下"顾客至上"的要求。

第五，重新构建政府与公众之间的关系，二者要建立合作关系。从本质角度来分析善治，它体现了国家权力重新回归社会，因此善治与还政于民之间可以画上等号。善治的出现说明政府与公民之间建立起良好的合作关系，参与政府管理的权力是否有效将直接影响到二者的合作结果。公民要享有选举、决策、监督和管理的政治权力，以便与政府一起共同建立起和谐、公正的公共秩序①。公众参与和善治实现有效结合，共同弥补政府失灵的不足。

2.5 治理失效催生善治或良治②

学术界并没有针对市场、政府、社会三种调节机制形成统一认识。认为"市场调节"起主导作用的学者将认为市场调节居于首要位置，而认为"政府调控"起主要作用的学者认为"国家信任和政府调节"归属于"第二道路"，认为"公民调节"起主要作用的学者，将社会调节归类于"第三道路"，主张朝着市场经济的方向发展，而非向市场社会的方向发展，要关注政府宏观调控作用，但并不将政府视若"保姆"。事实上，行政机制的突出要义是政府组织实施各种管制活动，而市场机制的突出要义是组

---

① 俞可平. 治理与善治［M］. 北京：社会科学文献出版社，2001.
② 资料来源：人民论坛。

织的交易行为，社会机制的突出要义是提高社会参与程度，而其中的每一项机制都是优缺点并存。

在治理模式中，三种组织形式以及三种类型的调整方法可以尝试有效结合。从表面来看，这种结合使三者优点实现了整合，表现出突出的优越性，但是如果三者没能实现协调、有效结合，可能会产生新的缺陷。由此可见，治理模式下也不能完全排除失灵现象，治理危机主要表现在以下几个方面：第一，三种社会组织之间利益并不统一；第二，很难划分明确的公私界限；第三，无法以法律形式确立政府行为模式以及第三部门行为模式；第四，政府实行非公开、封闭的决策体制；第五，信息传播不通畅，导致腐败行为出现；第六，政府重点考虑事项不符合发展目标。

学者之所以提出"善治"概念，正是为了消除"治道危机"或"治理失灵"现象。善治是一种理想机制，学者有时候将理想化治理机制统称为"善治"。善治的过程就是通过社会管理实现最大化公共利益的过程。善治是政府组织、非政府组织与企业组织之间合作管理的产物，它是国家与社会大众之间建立起来的习性关系，是政府组织、非政府组织以及企业组织之间形成的最佳状态。善治包括诸多要素，其中包括较高的行政效率、一流的行政服务，还包括完善的法律体系、公众积极参与等。

在治理理论中，现代市场经济体制国家的市场调整机制、行政调整机制以及社会调整机制都有其自身独特的优点，也都有自己的不足，而且彼此的适用范围也各不相同，三者互相促进、互相影响、联系密切，因此有必要综合运用三种机制，形成治理机制。从当前来看，我国主要面临政府监管责任缺失以及市场机制不完善的问题，而市场失灵和政府失灵并不是最主要的问题①。基于此，"治理"在中国语境条件下，不但具有摆脱市场机制束缚，监督和管理政府干预不当行为的重要作用，而且还具有如何提高政府宏观调控效能的作用②。多中心治理格局的形成使得政府可以将一些划桨职能交由市场和社会去履行，政府转而负责掌舵，将更多的资源投入到对市场和社会的监管中。必须发挥市场机制调整利益关系；一旦出现市场机制失灵，政府要进行合理化干预，既不能干预不足，也不能过度干预；非政府组织、公众可以通过舆论道德等途径参与其中，尤其是当出现市场失灵或政府失灵的时候，二者会产生更加突出的作用。

---

①② 联合国全球治理委员会. 我们的全球伙伴关系 [M]. 伦敦：牛津大学出版社，1995.

2.6　元治理是对治理的治理

2.6.1　元治理的内涵

为了应对治理失灵，杰索普（Jessop）超越治理的框架（任志宏，赵细康，2006），创造了"元治理（meta-governance）"这一术语，这是一个高于且超越"治理"的概念，意为"协调三种不同治理模式以确保它们中的最小限度的相干性"（罗伯特等，2001；聂平平，2004），其概念包括两层含义：一是指不同治理模式之间的共振，市场、政府和社会三种不同机制结合在一起，二是针对特定治理目标的模式选择。元治理属于智力模式选择支持系统，通过应用其他治理模式构件支持一种治理模式，或对选择的治理模式进行保护，使其避免遭受破坏，此为一阶元治理；对三种治理模式进行组合和管理，不偏爱任何一种治理模式，这应被称为二阶元治理（卡兰，2006）。

元治理是基于治理失灵实践发展演化出的新治理理论，它实现了市场、政府与社会三种不同机制的有效组合，达到从对公共部门组织绩效负责的角度来说最好的可能结果。元治理将政府定位在"同辈中的长者"，指的是政府的层级治理、社会治理以及市场治理之间具有平等关系，政府不可能存在于治理的整个过程中，但在平等的基础上政府要起到带头作用，运用法律法规，通过强制力达成生态环境保护治理模式的共振。在中国语境下，治理的重心仍然是以政府为主体①，确定政府应该实施干预行为的领域，不应该干预的领域，大胆放手，由市场和社会进行有效调节，政府要合理选择恰当的治理模式。与其他政治主体相比，政府的公共性特征更加明显，构建起健全的、以政府为主导的多元治理模式是走出"治理失灵"和构建和谐社会的有效途径（李健，1999）。

元治理实质上是回应"政府失灵""市场失灵""社会失灵"的总体战略思想。元治理理论是对治理理论的批判、超越（德怀特·波金斯等，1998），更符合中国"强政府"的基本国情和偏好科层治理的历史惯性。中国必须把以简政放权为核心的行政体制改革、以释放活力减少经济性规制的市场改革、以能力建设为核心的社会建设三者有机地结合起来，从而实

---

① 联合国全球治理委员会. 我们的全球伙伴关系［M］. 伦敦：牛津大学出版社，1995.

现三者的有机互动和系统推进（安塞尔等，2009）。

政府、社会和市场治理等三个基本的治理模式都有其自身的内在逻辑。政府治理追求的是权威和合法性，社会治理结果是基于共识，市场治理追求最具竞争力和最便宜的产品（卡伦，2006），但政府治理会导致权力滥用，社会治理会滥用信任，市场治理则滥用金钱，产生腐败。此外，市场和社会治理的组合可能会产生各种各样的冲突。竞争激烈的市场机制要求快速决策，以最大努力优化自己的利益，社会机制决策则可能效率低下（卡伦，2006）。政府、市场、社会三者作用都有局限性，三者只有实现协调配合、密切协作，才能发挥出彼此的优势，才能提高治理效果（李健，1999）。

2.6.2 元治理的主要特征

元治理主要是从提高治理绩效和避免治理失灵的角度出发，设计顶层治理体系、协调治理活动。

（1）从制度层面来看，元治理强调利用不同机制将各个治理主体结合在一起，提高治理效率，同时使各主体之间相互依赖而存在。在整个社会治理体系中，政府居于主导地位，具有制定社会治理规则的职能，为治理提供基础原则。

（2）从策略层面来看，元治理强调形成统一目标，鼓励制度创新、活动创新，消除单一治理模式的缺陷：政府要与其他社会力量合作，通过对话、协作保障不同治理机制的兼容性，促进社会良好治理的实现。

（3）从社会氛围层面来看，元治理有助于增强社会信息透明程度，政府以及其他社会力量通过信息传递，从而对另一方的立场、利益形成清醒的认识，进而营造透明公平的治理环境，达成共同的治理目标。

（4）从应对治理失灵层面来看，作为元治理者的政府一定要在平衡社会各主体利益中发挥应有的作用，以免社会不同主体之间因利益分配不均而产生矛盾冲突，并对进一步协作治理产生不利影响。

（5）从确保治理底线层面来看，元治理主体政府具有承担治理失败的政治责任。

2.6.3 作为元治理者的政府责任

"治理失灵"现象说明"治理"也有其自身不可避免的缺陷，"缺乏政府参与的治理"根本无法推行（詹姆斯，2001）。特别是在发展中国家，政府软弱、无能或者无政府状态，力图把国家部门的事务交给自由市场或公民社会，是严重问题的祸根（蔡昉等，2008）。

与其他治理主体相比，政府具有显著的公共性、权威性特征，尽管企业灵活性强，效率高，可是它具有营利性，因而获得更多的资源是企业参与治理的原因所在，企业身上并没有表现出完整的公共性。尽管公民社会组织带有公共性，可是这些组织将关注点主要放在社会公共问题领域，它往往代表某一层次的公民利益，因而公民社会组织的公共性也不突出（李健，1999）。政府具有在元治理中承担起确立行为准则和依据变化了的国情设计治理体系及培育提升治理能力的作用。元治理理论非常契合《中共中央关于全面深化改革若干重大问题的决定》中关于发挥市场在资源配置中的决定性作用和更好地发挥政府作用的精神。

1. 清晰界定行政权力与治理体系中政府规制的边界

政府应扮演"元治理"的特殊角色和作用（吴狄等，2006）。无论是建立完善的市场体系，还是培育成熟的社会体系，抑或是推动政府内部治理结构的改革完善，都取决于政府角色的现代化转型（姜爱林等，2008），可以说离开了政府这一中心，各种治理模式的协调是不可能的（李蔚军，2008）。在元治理中，政府是公共事务的主导力量，与权力相对应的责任主要有：（1）在社会治理体系中，政府居于主导地位，承担着制定治理规则的重任；（2）政府与其他组织主体建立合作关系，同样占据主导地位；（3）政府掌控和发布信息；（4）政府具有平衡社会各利益主体利益的作用，能在很大程度上消除社会不同阶层利益不统一问题，从而更好地进行合作治理（德怀特·波金斯等，1998；安塞尔·夏普等，2009；詹姆斯·罗西瑙，2001；蔡昉等，2008；吴狄等，2006；姜爱林等，2008；李蔚军，2008；沈国明，2002）。

在制度上，元治理要求政府提供治理的基本原则，界定政府（包括中央政府和地方政府）与市场和社会的边界，通过调整或修订法律规定的方式划分权利的权限范围，无论是明确界定权利边界、规范问责程序，还是建立完备的约束机制及完备的外部监督和评估制度，从而在各治理体系内部发生冲突时或对治理存在分歧时充当"调解人"，为了系统整合的利益和公共利益而进行平衡。在战略上，元治理理论打破了传统管理所依靠的路径、正式的权威和规章制度，政府在治理时不完全垄断一切合法权利。在多元治理模式下，要正确处理市场与政府之间的关系，对政府来说，不能过多干预企业活动，赋予企业自主处理微观经济事务的职能。当处理社会与政府之间的关系时，政府要大胆放手，由社会第三方机构承担起特定的管理职能（李健，1999）。政府的职能从注重控制转向合作与协调①。政府直接干预市场经济活动，为了激发公民以及社会组织积极参与国家治理的热情，政府可以采用收缩和下放自身权力的手段来进行。

当前中国政府职能转变的取向是大幅减少和下放行政审批事项，但是在向市场、社会放权的过程中还要考虑到市场、社会能否较好地接住政府传过的交接棒（安塞尔·夏普等，2009）。在我国社会经济中，政府一直居于主导地位，而且我国迄今为止尚未建立完善的市场经济体系，社会体系无法承担起培养公民精神的重要职责（周永生，2007），社会体系的发育程度还不足以支撑起社会组织全面承接政府转移职能的能力。因此，要视具体情况和历史传统来建构政府、市场、社会在国家治理体系中的关系结构。

2. 构建法治主导的环境保护市场机制

市场失灵被定义为市场无法引导经济过程走向社会最优化，即无法优化配置各种资源。其中一个主要方面就是不能把外部性反映在产品和服务的成本和价格中，使得那些并不直接参与市场交易或有关活动的当事人不得不承受这些外部性。如果把市场失灵同环境公共物品和服务相联系，则可以认为市场失灵表现在同环境污染、资源开发和生态系统破坏相关的外部性，以及通过市场力量提供作为公共物品的生态环境质量的数量不足。市场失灵是市场在以社会最大利益角度配置资源方面的失灵。在环保领域，由于市场配置资源的条件尚不具备，环境资源产权不存在或不完全，环境资源没有形成市场或市场竞争不足，现行的排污收费政策，征收标准偏低、范围过窄且征收不力，单纯依靠行政干预不足以解决现阶段的污染问题，无法完全依赖市场机制谋求经济发展和环境保护相协调，改为环境税后也没有改变这种局面。

要解决市场失灵所导致的资源配置的低效率状态，关键就在于要使得外部性内在化。政府元治理在环境保护经济手段中的作用是建立完善的市场规则体系，利用市场机制促进政府治理效率的提升，增强国家治理能力。市场负责调解微观层面的资源配置活动，最终提高治理效率。

3. 提高社会参与环境保护机制的制度化水平

国家（政府）拥有的环境公权力是基于社会的信托，国家环境公权力的行使要随时得到公民环境公权力的"监督"，实现环境监管权力的分散

① 习近平在首都各界纪念现行宪法公布施行30周年大会上的讲话［N］. 人民日报，2012－12－05.

与平衡，避免权力过分集中而出现"政府失灵"，此为公民参与维护环境公益的法理依据。公民参与维护环境公益的现实依据是行政资源的有限性，该有限时需要公民参与维护环境公益，环境污染问题涉及无数企业，遍及全国各个角落，单靠环保行政执法机关不可避免出现监管真空。遏制官员的私利和偏见离不开公民对环境公益的参与维护。

国家治理现代化必须通过一系列的政府、市场以及社会的创新活动才能实现，应当建立在社会治理的基础之上，面对信息时代的到来，随着社会治理现代化要求的出现，单独的政府治理很难满足全部要求，"应该支持各个社会治理主体建立合作关系，共同参与社会治理活动，从而从根本上消除多种社会问题"（杜保友，2009）。为此，要培育与壮大社会组织、提高公民参与环境保护的能力与理性、引导社会有序理性参与环境保护，建立"政府主导、社会协同、公众参与"的社会管理格局，这与元治理的指向是一致的。

4. 发挥元治理者主体"最后一招"的作用

元治理概念由两层含义组成：一是指各治理模式之间形成共振，三种治理模式有效结合在一起；二是针对特定治理目标的模式选择。元治理是治理模式选择支持系统，可以在治理模式之间进行选择和切换，防止治理模式失灵（卡伦，2006）。

政府还可以通过一定的制度安排，转变经济增长方式，在高附加值产业增加投入，利用创新技术对传统产业进行改造，鼓励以先进的科学技术对传统产业进行改造，加强投资引导，将循环经济模式应用于不同行业；将生态环境要素纳入国民经济核算体系，构建国民经济绿色核算体系（绿色 GDP）；建立环境问责制度及环境信用制度等发挥政府元治理主体最后一个为治理"兜底"的功能。

2.6.4　元治理中的市场机制

1. 完善激励型环境规制

运用财政、税收手段引导企业开展节约资源和废弃物循环利用，实现资源综合利用和废物有效控制，尽力培养消除环境外部性的治理环境。政府还可以通过一定的制度安排，引导经济增长方式转变。建立生产者责任延伸制度和消费者回收付费制度等，让市场机制在配置环境资源中发挥决定性作用。

2. 健全环境保护税制

重视税收手段在环境保护中的作用，推动现有税制"绿色化"，不断完善环保税种，将破坏生态平衡以及污染环境产生的社会成本内化加入生产成本中，提高产品市场价格，迫使企业重新评估企业的资源配置效率，再通过市场机制对环境资源进行合理化分配，引导企业关注环境保护，采用新的污染治理模式，由过去注重污染后治理转变为注重污染源头控制。

3. 建立明晰的产权制度

针对环境、生态等公共自然资源的过度使用问题，通过对自然资源进行产权界定，建立自然资源资产负债表，将使用自然资源的收益和责任联系在一起，实现主体承担，有利于市场治理效率与治理能力的提升。

4. 完善排污权交易市场

环境税收与创建排污权交易市场之间联系密切，前者体现了国家对环境容量资源和自然资源的权力属性，以及通过税收政策进行收入的再分配。而排污权交易和排污权交易市场的创建，在于促进减排成本的最小化。

5. 建立生态补偿制度

推进产品价格改革，确保产品价格可以体现出资源的稀缺性、环境污染成本以及保护生态环境成本等。在实践中遵循"谁污染、谁付费"的原则，使用资源的同时要付出一定的成本，建立环境损害成本的合理负担机制（定价机制、收费机制和税收机制等），逐步将资源税扩展到占用各种自然生态空间、有利于环境损害成本内化为市场主体的生产成本，从根本上解决"资源低价、环境无价"等价值扭曲导致的资源配置不合理问题，逐步在跨区域的资源共享过程中建立健全生态补偿制度。

6. 建立环境投资与融资体制

目前和今后一段时期内，我国环境保护资金供给不足的局面依然存在，应通过政府和社会资本合作（Public – Private Partnership，PPP）等有关政策促进投资主体的多元化，创建环境保护产业发展的潜在市场，健全绿色信贷政策、深化环境污染责任保险政策、完善绿色证券政策，深化环境金融服务。

2.6.5 元治理中的社会机制

按照确保公民环境权益和生态环保共建共享的理念，积极构建舆情监控回应、开放式执法监管等公众参与体系，提升环境保护的社会影响力与公众参与度。

1. 构建公众参与的法律基础

规定和细化公众的环境参与权、监督权、知情权、表达权，明确参与主体、参与形式、参与范围、参与方法、参与诉讼、参与救济、参与信息获得等内容，激励公众对环境损害行为的监督和制约。

2. 优化环境信息公开制度

一是实施污染源监管和排放信息的系统、完整、及时地公开；二是打造公众参与环境影响评价平台，公开环境影响评价结果；三是提供合理有效的依法申请渠道，明确不在公开范围之内的政府环境信息；四是设立完善的监管政府环境信息的有效机制。

3. 建立环境利益激励制度

环境保护中的公众参与成本既包括显性的人力、物力、信息获取等成本，又包括机会成本、侵害成本等隐性成本。公众参与生态环境保护治理的高成本是限制公众参与的关键原因，要减少公众参与的成本就必须对公众的参与行为予以必要的利益激励，如建立索赔权制度，这也是环境权益的核心部分。

4. 建立非正式环境规制方法

适当减少政府直接操作的环境管理手段，引入信息公开、环境管理认证与审计、环境征信体系、生态标签和环境协议等，以对传统的命令型和激励型规制模式进行补充。

2.6.6 不同层次与不同领域的元治理

1. 环境保护部门内部的元治理

环境监管体制纵向上最突出的问题在于有效性不足，即中央对地方的环境监管缺乏有效约束。要确保中央环境保护行政主管部门在环境保护行政体制的主导地位，完善中央环境保护行政主管部门对全国环境保护统一监督管理职能，保证环境保护治理成效，特别要通过立法加强中央环境保护行政部门对于省级政府及其环境保护主管部门的环境保护职能的监督和指导，建立地方各级政府、地方各级环境保护行政主管部门沟通和协同行政机制，增强环境行政执法能力。

2. 各政府主管部门之间的元治理

我国现有的环境保护行政管理体制基本是多部门行政机构共同管理，环境保护行政主管部门对环境进行统一监督管理，其他部门也负有环境保护监督管理的责任，行政部门之间环境保护职能重叠、交叉，缺乏制度化、程序化、规范化的沟通协调机制，环境问题的整体性与环境管理体制分割存在着矛盾，导致环境监管实际工作中常出现互相推诿或扯皮现象，难以实现有效的统一监管。

应最大限度地统一执法主体，把分散于其他专业管理部门的环保执法权力适当集中到环境保护行政主管部门。部分监督管理权必须由其他相关部门行使时，也应使环境保护行政主管部门能对行使这些权力的相关部门进行有效的协调、监督。统一生态环境执法监察工作正在有序推进之中。

3. 不同层级政府之间的元治理

环境保护行政主管部门要遵循属地管辖原则，地方各级政府对其具有决定作用，而环境保护行政主管部门由于不具备独立性，因此它的职能会受到一定的影响，导致地方各级环境保护行政主管部门弱化。应妥善处理地方政府对辖区生态环境质量改善负责与生态环境部门监管职责之间的关系，突出各级地方政府环境保护行政主管部门的独特主导地位，维护在其辖区内的环境行政职能，如2017年、2018年实证调研了解到，浙江嵊州市公安局局长时任环保局局长，统一财权与司法权，再如深圳市大鹏新区财权与环保权的统一等。基层生态环境监管垂直管理工作也在有序推进之中。

4. 不同治理机制之间的元治理

政府、市场、公众三种治理模式都有一定的局限性，因此三者需要密切合作，从而取得显著的治理效果。

2.7 本 章 小 结

实践证明，政府、市场、公众三大治理主体，以任一主体为主导的单一治理模式都会失灵，从治理到元治理，元治理理念与模式向着国家治理各部门内外渗透，并按照不同层次、不同领域模式，拓展深度与广度，协调政府、市场和公众三方，整合三方优势，进而改善治理效果。

第3章 国内外环境保护治理的演变和中国对元治理模式的需求

从治理到元治理，无论国内还是国外，都经过了长时间的演变过程。元治理虽然起源于西方的政治经济文化语系，但其内涵始终围绕着"环境国家"这个环境问题的主要三方责任主体集合，即政府—市场—公众（社会），研究焦点在于三方的权利博弈以及"超越型"共管共治模式的形成。21世纪生态环境保护治理的主题是"共同关注、合作创新、面向全球"，元治理，在总结国内外单一治理模式失灵和失败案例的基础上，被社会学家们以"再治理""超越式治理""治理的治理"等创新提出，符合新时代的绿色社会建设目标。中国有着五千年的文明史，正以快速的经济崛起被称之为"中国速度"。经济迅猛发展的负面影响呈现为资源环境的高昂代价和公众价值观的"急功近利"。党的十八大以后，我国开始提升生态环境保护和生态文明建设的政治高度，开始构建并逐步引导公众认同社会主义核心价值观。在这样一个新时代、新生态的召唤下，国家环境保护治理体系和治理能力现代化探索应该如何踏上契合世界"元治理"的路径，并且成为世界"元治理"的重要充实例证，需要我们结合中国国情，进行本土化的认真思考。

3.1 国外环境保护治理简介

3.1.1 国外环境保护治理模式演变

1. 国外环境问题的产生与演化

自有文明以来，人类历史几乎就是一部不断征服自然的过程。人类在与自然互动的过程中，运用自身的认识能力和科技理性，不断改造自然、创造新的生存环境。"就整个人类历史而言，最重要的任务就是找到从不同的生态系统中获取的方法，这样就可以得到足够的资源来维持生存——生物、衣物、居所、能源和其他物质资料，但这就不可避免地意味着对自然生态系统的干预"（克莱夫·庞廷，2002）从考古学以及有关文字记载的历史可以得知，自人类进入农业文明以来，由于过度破坏森林从事耕种、持续耕作导致土壤肥力下降、不适当的引水灌溉导致土壤盐碱化等，曾引发区域性的生态危机。正如卡特和汤姆·戴尔在《表土与人类文明》一书中写道，"文明人跨越过地球表面，足迹所过之处留下一片荒漠。"不过，从总体上来看，农业文明所产生的环境问题主要是因局部地区人口膨胀超过自然资源承载力，人类乱采、滥伐、乱捕破坏了局部地区的生物资源而引起生态失衡。解决环境问题的主要方式，要么是人类迁徙，要么是与环境共亡。环境问题真正发展成为涉及全球与全人类生存与持续发展的问题，则是伴随着工业化进程的开始才逐步出现的。

18世纪60年代，英国率先开启了现代工业文明的历史进程，一方面，技术进步推动了人类生产方式的变革，极大限度地消除了自然对人类活动的束缚，人类对自然环境的索取能力达到历史新高；另一方面，工业革命的福利带来人口快速增长，伴随着消费方式、生活方式乃至文化伦理等方面深刻的变化，人口与资源环境之间的矛盾日益加剧，环境问题开始大规模显现。

在生产方式上，机器的大规模使用使人类的能源消耗结构发生了不可逆转的变化。"由太阳能向化石能源体系的过渡是这一时代变革的本质。事实上正是这种过渡所最终构成工业革命的核心。"（约阿西姆·拉德卡，2004）化石燃料的需求量大幅度提高，产生大量二氧化硫、二氧化碳等气体，酸雨、温室效应等问题也迅速出现。工业革命带动了化学工业的发展。近代化学工业是从酸碱工业开始的，主要是为了满足棉纺织品漂白和染色的需求。同时，纺织、肥皂、造纸、玻璃、火药等行业一起推动了制碱工业的进一步发展。化工技术除了为工业生产化学原料，也开始为农业生产化学肥料。19世纪中叶以来，有机化学工业也发展起来了，这一时期产生了以煤为主要原料的煤焦油衍生物工业；在19世纪的最后10年，生产铜、铝、磷、钠、人造石墨等各种材料的电化学工业开始建立；20世纪上半叶，各种人工化学合成材料迅速发展；到20世纪50年代初，合成橡胶、合成纤维、合成树脂三大合成材料开始大规模投入到工业化生产中。

生产方式的转变，一方面导致自然资源被大量破坏，大面积的森林被砍伐、大量的化石能源被开采；另一方面生产过程中产生的大量废气、废水和废渣直接排入大气和水体或者被露天堆放，土壤、江河湖泊和大气遭到污染。在生产方式转变和不正确增长经济学的推动下，一个以"大量生产—大量消费—大量废弃"为特点的消费社会开始形成，社会生产生活的主导动力、目标都是消费。消费社会是以资源的大量消耗和环境污染为代价的。在工业化国家，燃料燃烧释放出了大约全球 3/4 的导致酸雨的硫化物和氮氧化物。世界上绝大多数的有害化学废气是由工业化国家的工厂排放的。大量化学合成物质生产的一次性物品、家用电器、汽车等成为必需消费品，而要生产这些商品都是以破坏环境为代价的，如能源、化学制品、金属和纸的生产对地球都造成了严重的危害。生产方式的变革还加速了城镇化，城市不断扩增，人口增加，水、电、气等消耗加重，各种废弃物、排泄物超出环境承载力和自净能力，城镇环境污染成为工业文明的普遍现象。这个过程中，以刺激消费拉动经济增长的增长经济学主导了主政当局的思维定式，对环境污染和生态破坏客观上起到推波助澜的作用。

在文化伦理上，技术进步以及生产工具的变化，使"人类中心论"超越其他哲学理论主宰了人类对自然的认识与态度，从此人类成了自然的立法者，人类从畏惧自然、崇拜自然转变为无视自然、主宰自然，对自然资源和自然环境采取掠夺性态度。

总之，工业文明是以人类征服自然为主要特征的，以经济增长为价值杠杆的发展观成为了主流思潮。在鼓励经济增长的政策和文化观念中，环境作为一种公共资源，被尽可能地利用甚至滥用来获取个人、企业的利益。同时，由于工业革命过程中新技术发明及推广的动力来自市场竞争压力，追求利润最大化的企业不会去为生态环境保护治理而增加企业的生产成本，生态环境保护治理技术又相对滞后，环境污染与生态破坏也就不可避免地出现了。

2. 国外生态环境保护治理的兴起及其演化

从治理渊源来看，西方生态环境保护治理机制的建立和发展与环境伦理思想理论的发展和演变是密不可分的。国外环境伦理理论的变迁是各国环境观念变迁的缩影，并反过来推动了人们在环境问题上认知与理解的进步，进而形成了不同文化与历史背景下的环境观，并在一定程度上塑造了生态环境保护治理的模式。

在农业社会及工业化早期，污染排放仍在环境系统自净范围之内，生态破坏也仅局限在某个时点和部分区域，环境问题并没有成为影响人们生活和社会发展的普遍问题。人们的环境观念保留着原始朴素的顺应自然、珍惜自然的崇拜与依赖情结，人与自然处于一种相对稳定的平衡状态。

在这种相对稳定的环境秩序之中，人类无需面对环境恶化带来的外部影响，也不必承担基本生活与生产活动所带来的生态环境保护治理责任。在此阶段，国家或个人对环境的保护更多集中在对置于环境之中的资产施以保护和管理，如英国 1215 年的《大宪章》第 33 条保护大西洋三文鱼的法律条款，美国早期资源观主导下的政府土地和矿产管理等。

16 ~ 18 世纪，是欧洲思想激荡、推崇理性、自然科学兴起的伟大时代，脱胎于文艺复兴和启蒙运动的工业文明，在社会方方面面无不展现出崇尚科学理性的烙印。科学技术进步带来的物质财富增长，让国家统治者相信工业文明的发展会带来国力的增强和政治的稳定，并且催生了资本主义的兴起；启蒙理性对自由的追求，让人性在得到空前解放的同时，也导致人与自然思辨关系的扭曲。人与自然在原始状态下的自然平衡很快被彻底打破，技术进步以及由此引起的生产方式和消费方式的转变，使得近代工业生产所需原料投入与产生的废弃物排放量急剧增长，人类环境开始面临前所未有的压力。

在治理理念上，从 1776 年亚当·斯密发表《国富论》直到 1933 年罗斯福新政、1936 年凯恩斯发表《就业、利息和货币通论》，在长达 160 年的时间里，自由竞争、自由放任一直居于主导地位，反对政府干预。人们一度认为只要允许充分的自由竞争，各种资源就会得到有效的配置，企业就"能够对工厂厂址进行正确选择，就能够根据先后次序来进行建设，从而实现经济合理，最终创造出一个紧凑内聚的社会模式。"（刘易斯·芒福德等，1989）可实际情况并非如此，私人企业为了实现最大化的经济效益而随意排放污水废气，因为安装净化设备还需要投入一定的成本；而城市供水和排污管道的改造等相关事情不仅需要花费大量的资金且没有利益可谈，所以没有人管理；企业为工人们所提供的住所可谓是"脏乱差"，但为了能够最大限度地节约成本，企业也不会对这些岌岌可危的住所进行改造。由此，在政府"无为而治"、企业追求利润目标导向下，环境问题日趋严重。英国在率先享受到工业革命带来的繁荣、便利的同时，也首尝生态环境污染带来的苦果。由于大量工业废水和生活污水未经处理流入泰晤士河，使水质严重恶化，到了 19 世纪 50 年代，堆积大量垃圾的泰晤士河成为"排污明沟"。因为该河是伦敦地区主要的水源地，直接影响着当地居民的生命健康。因长期饮用受污染的河水，导致霍乱频发，20 多年间，死亡约 3 万人①。由于大量使用煤炭作为燃料，伦敦雾霾的发生可追溯至 1813 年，随后的 1873 年、1880 年、1882 年、1891 年、1892 年等伦敦又相继发生大气污染事件。长期惨痛的教训并没有唤起人们足够的觉醒，直到 1952 年 12 月爆发 20 世纪八大环境公害事件之一——"伦敦烟雾事件"，4 天时间，死亡 4000 多人②。

不仅是英国，在其他一些后起的工业国家，也先后出现了环境公害事件。1930 年发生在比利时的马斯河谷事件、1943 年发生在美国洛杉矶的光化学烟雾事件、1948 年发生在美国多诺拉镇的烟雾事件、1953~1961 年发生在日本水俣镇的水俣事件、1955 年发生在日本四日市的四日事件、1968 年发生在日本爱知县等 23 个县府的米糠油事件、1931~1975 年发生在日本富士县的富山事件，与伦敦烟雾事件并称为 20 世纪 30 年代~60 年代世界环境污染八大公害事件。

人与自然之间稳定的生态环境秩序不复存在，资源消耗和污染加剧等生态问题日益凸显，环境公害事件密集出现，人们不得不改变对自然环境的依赖和放任的态度，转而思考人类在环境中扮演怎样的角色。自然环境的价值是否完全依赖于人的主观感受？环境的利益是否需要得到道德上的尊重？人与自然的关系本质上是否还是机械式的你予我取？这些问题触及了近代环境伦理的理论基础，环境哲学理论开始探讨人与环境的伦理秩序问题。特别是当环境污染开始逐渐影响人类的健康与日常生活之后，人们开始形成了一种关注生态环境质量、正视环境问题的环境观念，希望通过人的主观能动性积极地干预环境后果，为生产条件与生活质量的提高扫清问题的障碍。与此同时，在方法论领域，西方社会开始从其拥有悠久历史传承的经济学和法学研究中寻找解决环境问题的工具化的指导方案及制度技术路径，催生了西方国际环境政府治理的兴起。

随着民间环保运动的持续和深入，英国政府和议会一改过去自由放任的政策，开始逐渐强化其管理社会和经济的职能，陆续出台了《消除烟尘危害法》（Smoke Hazard Elimination Act）、《住宅与城镇规划诸法》（Housing，Town Planning，etc，Act）、《清洁空气法》（Clean Air Act）等一系列的法规措施整治环境。

美国自 1963 年起就先后出台了一系列联邦法律，如颁布于 1963 年的

① 许建萍，王友列，尹建龙. 英国泰晤士河污染治理的百年历程简论 [J]. 赤峰学院学报（汉文哲学社会科学版），2013（3）.

② 罗杨. 国外雾霾成因、治理经验对我国现阶段严重雾霾污染的启示 [J]. 冶金经济与管理，2017（3）：14 - 17.

《清洁空气法》当中明确规定了联邦政府将专门提供经费用于空气污染治理；从 1967 年开始推行的《空气质量法案》（Air Quality Act）当中则对美国空气污染控制的全国政策目标进行了确定，即对全国空气资源治理进行保护与提高，促进公众健康、福利以及国民生产力的有效提高。由此，空气污染规章政策就不再是州和地方政府的倡议了，而是真正变成了一项国家计划①。日本则从 1967 年开始先后颁布了一系列大气污染防治法等，如 1967 年开始实施的《公害对策基本法》②。德国、法国等其他工业国家在保护和治理生态环境方面所采取的措施和实施路径也采用了和美国、日本、英国相似的措施与手段。综观整个人类历史发展情况可知，工业化国家所提出的环境政府治理理论、环境规制及其所提供的各种环境基本公共服务等，这些与环境相关的理论、规章政策等都是随着环境问题的产生和发展而持续发展变化的③。

与工业国家环境政府治理共同演化、互相推进的是公众环境保护意识的崛起和社会治理的兴起。长期以来，由于西方公民社会对人权的重视和对民主意识的根深蒂固，当人们生活受到日益严重的环境危害、而政府管理环境问题的手段比较单一、环境法律制度呈现碎片化特征、不能从整体上遏制环境状况进一步恶化的趋势时，随着公民环境意识的觉醒，公民环境运动日益增多。1962 年，美国海洋生物学家雷切尔·卡森的著名著作《寂静的春天》（Silent Spring）正式出版，该书具有里程碑意义。在这部著作里，作者以大量的事实指明工业污染所带来的危害，其中包括人类本身在内的生命形式的损害，并对工业技术革命所带来的生态破坏后果进行了陈述，首次就环境问题的严重性向全球敲响警钟。这部书拉开了现代公众参与环境保护的序幕。另外，环境权益理论随着环境危害日渐显现应运而生。环境权益理论旗帜鲜明地突出了环境权益主体的普遍性，认为获得清洁的水、空气等生存所必需的环境要素权利是一项基本人权，任何人的任何行为都不能剥夺他人的环境权利。美国环境权益理论的提出是建立在公共信托理论基础上的，强调的是一种产权权利，公民天然拥有向政府索要环境基本公共服务的权利，并且这种权利是由共有物权利派生的，因而是一视同仁的。日本环境权益理论则站在基本人权的立场上，当环境权益受到侵害，基本人权得不到保障时，政府有责任加以干预或补偿，从而使

①　盛巧燕. 分权框架下的地方政府环境策略选择及治理效应评估［D］. 南京：东南大学，2016.

②③　许文立. 中国财政支出的绿色发展效应研究［D］. 武汉：武汉大学，2017.

每个公民都能够平等地享有赖以生存的环境。

虽然理论基础存在差异，但环境权益理论是公民整个环境法体系的理论基础，是公民向司法部门主张环境权益的自然法依据。发达国家从 20 世纪 70 年代起逐渐兴盛的环境权益宪法化潮流，极大地推动了环境社会治理的发展，体现了生态环境保护治理走向宪政高度的趋势。自此，以环境权为核心的西方生态环境保护治理机制基本成型：环境权是公民维护自身环境权益的法理基础和参与社会治理的主张依据，并成为政府依法设定的一条底线，维系着公民最起码、最基本的环境权益需求。任何突破了这条底线的行为都需要通过国家司法手段得到纠正，并依靠公共部门通过行政干预和市场手段提供环境监管、环境监测、环境规制、环境基础设施等环境基本公共服务。

3.1.2　国外环境保护政府治理机制

1. 环境保护政府治理及主要方式

环境保护成为政府的基本职能。在当地环境运动的早期，北美学者如西伯朗和奥福尔斯主张，环境危机是如此灾难性，没有人能够合理地期待和自愿地接受各种处理应对措施，因此只有强大而权威的政府才会强迫去做。萨瓦德认为，"奥福尔斯代表的是绿色政治理论中权威主义趋势的确信无疑的实例"（安德鲁·多布森，2005）。政府必须要制定一套完善的、全面的产业政策，通过诱导或是直接接入的方式来对社会资源在产业部门之间及产业内部的配置过程进行调节或是干预，这样才能够有效解决现实经济领域存在于市场经济当中的信息性失灵、外部性失灵等各种问题，才能对失败的市场功能进行修正，才能对市场的缺陷进行弥补（陈其林，1999）。

（1）政府生态环境保护治理源于环境污染导致的外部性。

新古典经济学家的代表性人物是马歇尔、庇古等人，他们明确指出，一种经济理论对另一种经济力量的"非市场性"附带影响即为外部性，这属于市场机制的一种障碍。如果某一个体所作出的生产或是消费决策会在无意之间对其他个体的效用或是生产可能性带来影响，且带来影响的个体没有补偿受到影响的其他个体时，那么外部效果就会由此产生，也就是所谓的外部性①。

罗杰·珀曼（2002）把外部性分为私人外部性和公共外部性。城市空

---

① 环境经济学名词。

气污染对每个市民都有影响，市民人数的增加并不会减少一个人受污染的程度，这种污染就具有公共物品属性，与环境有关的外部性一般都是公共物品型。

有学者按照外部性的来源与后果将外部性划分成了四种不同类型①：一是生产者正外部性，比如某企业组织培训员工，不过这些受过培训的员工或许会跳槽到其他组织进行工作；二是生产者负外部性，如工业生产过程中排放有害废物导致其他经济主体的利益受损；三是消费者正外部性，如当某个人对自己的草坪进行修养时，他的邻居也从中得到了不用支付报酬的好处；四是消费者负外部性，如吸烟者在公共场所抽烟的行为使其他人的身体健康受到损害。市场经济条件下，市场无法覆盖经济的外部性，由此就会带来一个问题，即在资源配置当中，市场机制会扭曲，从而导致整个经济的资源配置无法实现帕累托最优状态。如果有正外部性存在，那么某一个体所实施的某一项行动的私人收益就会比社会收益低；负外部性意味着某个人采取某项行动的私人成本小于社会成本。

最先将污染视为外部性来进行系统性分析的经济学家是庇古。他明确指出，社会成本和私人成本不一致的问题始终存在于商品生产的过程中，且无法通过市场来自行消除这一问题②。当出现这种状况时，需要引入政府进行干预。为了让私人成本与社会成本之间的差异得到有效弥补，实现二者的对等，政府须结合污染带来的危害向排污者征收税费。从这一点来看，实现生态环境外部成本内部化，也就是在政府的干预下，使在市场机制下由社会承担的成本改由经济活动主体承担，这就是政府干预的主要目的。政府干预的具体措施主要是征收"庇古税"（排污收费制）。由于环境污染外部性很强，其内部化的困难很大，因而在现行的环境管理中，政府主要通过征收污染税、排污费以及补贴等价格规制政策作为主要手段以实现外部效应的内部化。

（2）政府治理源于环境资源的公共性。

有外部性的存在，与之相适应的公共产品的生产与消费则必不可少。1739年，在《人性论》一书中，作者大卫·休谟率先提出公共产品理论。休谟指出，我们无法通过个人来完成一些对每个个体都有益的事情，该事项的完成必定是集体行动的结果（大卫·休谟，1983）。随后，亚当·斯

---

① ［英］阿瑟·赛西尔·庇古．金镝译．福利经济学［M］．北京：华夏出版社，2017.

② 张艺琼．论"两型社会"背景下环境问题的法律治理——以武汉市为研究基点［D］．武汉：华中科技大学，2012.

密、约翰·穆勒和保罗·萨缪尔森等经济学家从公共产品的类型、提供方式、资金来源和公平性等内容进行了分析。所谓公共产品，是指只具有外部效应的商品，其概念与私人产品相对。就广义层面来说，能够实现单个人独自消费的产品即为私人产品①，是能够分割并具有排他性的；能够被一个以上的消费者共同享用或是消费的产品即为公共产品（许彬，2003）。与私人产品相比，公共产品具有两个明显特征：一是消费的非排他性；二是供给的不可分割性。在环境经济学中，环境产品多属于公共产品，比如干净的水、清洁的空气等环境提供的各种服务都属于公共产品，这体现出了外部效应的内在化，而坏的公共产品指的是外部负效应，比如破坏生态、浪费资源等。

作为环境的公共产品或许会导致三个后果：第一，由于环境公共物品的属性，会产生"搭便车"的情况，因此，公共物品不可能通过私人交易市场来实现其最优配置，也不能由私人提供和生产，而需要公共部门介入。第二，把个人偏好综合为公共偏好，是公共部门在提供环境产品时需要分析考虑的问题。政府决策有可能不是最优选择，或不能代表所有参与者的偏好，这也是发生政府失灵的原因之一。第三，由于消费和收益的非排他性，使得私人企业会缺乏提供环境公共产品的激励，市场配置资源的形式在这里失灵了，需要将新的制度形式引入到其中。庇古指出，应通过政府收费来补偿环境，科斯则认为可将环境产权明确下来，从而构建一个完善的环境产权交易市场。然而，在具体实践当中，主要是由环境问题的特定情况及约束条件来决定到底采用哪一种制度，特殊情况下还需要配合使用多种制度形式方能取得显著效果（樊根耀，2003）。

（3）政府生态环境保护治理源于生态环境保护治理的复杂性。

环境保护这项事业与社会整体利益及长远利益都是密切相关的。然而，经济人追求的是个人利益、短期利益以及局部利益，这些都会对环境保护带来不利影响。这就要求作为社会整体利益与长远利益的代表——政府来对环境进行保护。环境管理是政府的一项基本职能，引导和限制经济活动过程中的环境保护行为。

一个地区的环境问题是由多种因素造成的，治理污染涉及国家发展改革委、农业部、林业部、水利部、生态环境保护部、科研部门，而教育部、文化部、宣传部等多个部门又与人们环境意识的提高直接相关。也就是说环境意识的提高与环境问题的治理涉及多个部门，要想让这些部门实

---

① 蒂布特模型。

现有效协调、密切合作、共同解决问题的话，就必定需要政府出面来进行组织。

综上所述，企业的经营活动会破坏环境，给公众利益带来损害。在缺少政府干预的情况下，企业为追求自身利益的最大化，往往不会主动采取有效措施来防治环境问题，这会导致生态环境遭受严重破坏，极大损害公共利益。为此，国家的一项重要职能就是保护生态环境。1997年，世界银行在其所发布的世界发展报告当中强调①，保护环境与自然资源是每一个政府的核心使命内容之一（世界银行，1997）。这项职能最早可从20世纪80年代至今西方国家公共管理体制改革的经验与进程体现出来。经济合作与发展组织（OCED）34个成员方里有33个国家的环保机构兼为环境部与内阁成员，只有美国除外。当前，环境保护正在慢慢地和社会经济决策相融合，各国政府在推进管理体制的改革过程中也在不断提高生态环保部的地位，扩大其职能范围，负责对污染控制及生态保护工作的统一管理。一种积极的、综合的管理方式正在代替专门的、分部门的环境管理方式②。

西方发达国家建立起来的生态环境保护制度体系及其在生态环境保护方面所做出的努力，实际上都属于环境问题在特定民主制度下政府由被动应对向主动干预转变的过程。公民被动地对环境危机作出反应，政府部门被动地对公民运动进行响应，并在一系列被动应对策略积累的经验中逐步开始尝试主动预防、规制和调节。在这个过程中，环境哲学、环境经济学和环境法学等生态环境保护治理理论成为公民主张权益的有力理论武器，环境社会运动以及公众参与制度向决策层有效地传达了公众的公共服务需求信息，崇尚效率和法制的政府借用财政预算、科技、法律与政策工具的力量实施环境保护政府治理，实行环境公共品政府供给。

2. 生态环境保护治理的政府失败

世界各国政府的管理和服务职能在扩张，生态环境保护治理事务也不例外。许多研究工作者指出③，人民大众在"公地悲剧"里是处于"懵懂无知"的状态，我们不可能借助合作来解决环境问题，大多数人都认为国家或政府掌握的强制权力比较大，成为环境问题解决的关键所在。然而，政府在生态环境保护治理实践中也存在失败现象。

---

① 肖建华，彭芬兰. 试论生态环境治理中政府的角色定位［J］. 中南林业科技大学学报（社会科学版），2007.

②③ 肖建华，邓集文. 生态环境危机与多中心合作治理［C］. "落实科学发展观推进行政管理体制改革"研讨会暨中国行政管理学会2006年年会论文集，2006.

（1）生态环境保护治理中的政府干预不一定比市场更好。

作为政府管理的公共领域，生态环境保护治理在市场当中出现了失灵的现象。然而，这并不代表市场机制无法解决的问题就必定能够通过政府来解决。实际在这些问题上，政府能不能解决尚不可定论，即便解决了，效果也可能会比市场解决的还要差①。

卡鲁瑟等指出，若是开发公共财产资源是经济效率的主要来源，则需要对公共财产资源进行公共控制②。该假设所带来的结果就是大部分自然资源系统都是由中央政府来控制的，且这一现象在第三世界国家更为普遍。然而，哈丁牧人博弈的结局因为一个重要机构而发生了很大变化，一个就牧人而言有着最优效率的均衡开始形成，但这些都需要具备一个前提条件，即公共管理机构必须要能够对信息进行全方位的、准确地掌握，落实监督工作，具备可靠有效的制裁等。如政府为有效控制企业随意排放污水问题制定了一套排污收费标准，然而政府却很难去准确估算环境负载总量，导致其所制定的企业排污标准会脱离实际情况；政府机构在获取信息方面会受到许多因素的制约，导致难以及时发现和制止环境污染、处罚不合理不准确等。如果信息不及时不准确，就可能让中央机构难以对资源负载能力进行科学合理且准确地确定，同时也会做出许多错误的决定，如过高或是过低的罚金等（埃莉诺·奥斯特罗姆，2000）。最终带来的问题就是政府作为管制者与管制对象之间信息难以对称，这会大大增加政府的管制成本乃至于发生管制失效的问题。

从我国及其他国家的计划经济实施结果来看，"公地悲剧"问题并不能通过对市场机制的制约和计划性政府干预措施的引入来解决。从实践来看，计划经济国家的环境污染比市场经济国家要严重，且这些国家并不重视环境保护问题，在较长一段时间里都无法有效治理污染问题。相比较之下，市场经济国家的环境污染事件虽然也很严重，但引起了高度重视，并进行了有效治理，且问题得到了解决③。

（2）政府本身存在的自利性难以有效治理生态环境问题④。

公共选择理论的观点是，政府与市场主体一样同属于经济理性人，也有可能会追求自身效益的最大化，由此带来政府公共性丧失的问题。就国际层面分析可知，资源的产权界定与开发利用都与环境问题密切相关，各

①④　肖建华，邓集文．生态环境治理的困境及其克服［J］．云南行政学院学报，2007（1）.

②　［美］埃莉诺·奥斯特罗姆著，余逊达等译．公共事务的治理之道［M］．上海：上海三联书店，2000.

③　文炳勋．公有物的悲剧［J］．生态经济，2000（1）：4-6.

国政府为实现本国利益最大化通常会自动忽略国际公益性的环境影响。一国政府往往不会将本国所特有的资源消耗方式及排放废弃物方式抛弃掉，如此势必会降低本国的生产水平与消费水平。现如今，生态环境严重恶化，且具备长期性、跨国性以及全球性特征，但通过损害环境的各种活动能够让各国政府获取一定的眼前利益。为此，在国际场所当中对环境问题进行处理时，各国政府的态度或是规避责任或是相互推卸责任，有时候则承诺要做出改变但迟迟没有实际行动。

结合全世界各个国家及地区来看，理论上，对公权进行掌握与运用的政府应当是人民与整个社会利益的代表，然而这种代表并不是完全没有限制的，政府与人民和社会对需要与服务的理解也不一样。国家利益、实力与经济增长通常都是政府议程当中优先考虑的事项，随后才是环境事项，且环境是属于从属性地位的。特殊情况下，国家的这一公权还会被其控制者及掌握者私用。在过去，社会集团和一些人为获取近期利益而以破坏环境为代价，这也就是为什么国家权力与破坏环境二者之间的联系较为紧密的原因。此外，不管是哪一种国体还是政体，政府的任期都不是无限的，为了追求短期利益与政绩，政府很容易做出破坏环境、滥用资源的事情，由此给生态环境带来的损害可能是无法弥补的。现实生活当中经常会见到一些严重污染当地环境的企业却并未受到地方政府的严格管制或是处罚，其原因就在于政府财政收入的主要来源正是这些企业。如果国家或政府过于严格地进行环境治理，那么可能会影响到整个国家或政府的利益。还有的国家或地区之所以会出现环境恶化问题，根源就在于政府本身。

（3）生态环境问题的复杂性使得政府治理的难度大大增加①。

全球环境形势自 20 世纪 80 年代中期以后就变得越来越严峻，环境污染问题极其严重，导致水资源短缺问题发展成为了全球性问题，森林毁灭、臭氧层破坏及全球气候变暖的速度也大幅度提高。但目前人类的科技发展还比较有限，无法有效地、全面地解决人类所面临的生态环境问题，处理难度最大的当属突发性强的生态环境问题。另外，环境权益冲突越来越大，更是加大了政府治理环境问题的难度，尤其是政府在进行环境管理方面所需要承担的边际成本越来越高，而政府的财力又十分有限，甚至让政府无力承担。总之，由于政府内在理性与结构缺陷，在现实中存在政府失败的问题。20 世纪 80 年代以来，世界范围内掀起了一股全球性、持续

---

① 肖建华，邓集文. 生态环境治理的困境及其克服 [J]. 云南行政学院学报，2007（1）.

性的行政改革浪潮，这场改革运动是政府内部体系制度的完善。企业治理工具与市场机制的引入、分权与权力下放以及倡导社会参与，是政府对公共事务的"公共属性"及其治理方式进行的反思和探索。

3.1.3 国外环境保护市场治理机制

1. 环境保护的市场治理机制和手段

生态环境危机的市场机制型解决方案指出，生态环境问题可借助合理价格机制的形成及产权的界定来解决。当前西方主流地位的政治意识形态是自由主义，古典经济学是自由主义的经济理念。古典经济学主张，每一个人都是理性的"经济人"，这是一个十分广泛的概念，从任何经济实体到利益集团都属于"经济人"范畴，且都属于利己主义者。按照趋利避害的原则，"经济人"采取的行为往往是要实现自身利益的最大化。借助市场机制可实现社会资源的最合理配置，增加社会福利，即完全私有化和市场竞争能使整个社会得到最大福祉。

自由主义者认为正是因为有了产权制度与价格机制才能够让市场起到有效保护环境的作用。在这两个制度当中，人们对稀缺资源的保护是通过私有产权制度来促进的，而价格机制能够提供不同环境资源相对稀缺程度的尺度，并从消极层面鼓励人民寻找可替代性资源进行寻找，继而对稀缺程度最高的资源进行节约使用，这会促使人们进行技术创新，对既有的稀缺资源进行有效开发和使用。

自由主义经济理论指出，自私自利就是人的本性，因此人们几乎不会去关心公共的事物。亚里士多德曾说过，人们总是对自己的所有很关心，但对于公共的一切，人们最多就是针对其中与自己有关联的公共事物有所留意，因此，最少受人关注的事物往往是属于最多数人的公共事物（亚里士多德，1983）。实际上，这一点我们也可从诸多理论模型当中窥见一斑，如哈丁的"公地悲剧"、奥尔森的"集体行动的逻辑"等。所以，自由主义认为在界定产权的基础上实现公共物品的私有化，从而对生态环境问题进行有效解决。

新制度经济学派的代表性人物、诺贝尔经济学奖得主罗纳德·科斯提出了一个以产权界定来对生态环境问题进行治理的思路。他在对外部性问题进行研究时主要基于产权、交易成本的视角来进行考虑，认为交易成本为零或是低到可忽略不计，同时交易双方的决策不会受到收入大小的影响时，那么不管怎么样界定产权初始状况，私人之间都能够借助谈判或是协商等途径来对外部性问题进行解决，整个过程都不需要政府的参与，这也就是著名的科斯定律。此外，科斯还指出，外部性问题归根结底就是稀有资源的使用问题，若是能够明晰产权界定，那么损害责任则可确定下来，实现公共物品的私有化及外部性的内在化，让社会成本转化成私人成本，这样才能够对生态环境问题进行有效遏制。所以说，就生态问题而言，在界定产权的基础上能够让共有物得以有效减少，最终对"公地悲剧"发生的广度和深度进行有效抑制，这就是市场机制的核心功能所在（毛寿龙，2001）。

综上所述，市场机制型解决环境问题的方案指出，负外部性问题可通过市场经济体制的完善来解决，人们只要将自然公共物品——生态环境实现私有化，生态环境问题就能够得到缓解。

2. 生态环境保护治理中的市场失灵和表现

从经济学领域进行分析可知，环境资源短缺是环境危机的主要表现。此类短缺问题一方面来源于自然因素的不利变化，比如气候恶劣等，另一方面来源于市场机制的运行失灵，导致人类出现了不当的环境行为。还有一个重要原因是激励不足导致治理者缺乏热情从事生态环境保护治理和改善活动，环境破坏的速度要比环境资源的补偿或是恢复速度快许多。

（1）生态环境保护治理的市场失灵。

和环境恶化的现象相比较起来，经济学对环境恶化原因的关注度要高许多，因此人们在对环境问题进行探讨时会就环境保护的市场机制与市场失灵问题进行分析。经济学家们提出了一个说服力很充足的先验理论对自由放任表示支持：在大量且独立经济主体的努力之下，自由市场可对从各种活动当中获得的、与收益或是成本相关的信息进行有效的收集和处理，基于此来对资源的有效配置进行引导。在对市场结构与行为作出某些假设的情况下，可推导出一个结论，即价格体系可让社会实现最大的经济福利。不过，市场机制只有在相关条件都能够得到满足的情况下，才能有效配置资源，否则就会出现各种问题，市场也就无法实现对资源的有效配置①。

任何商品与服务都是有价格的，这是完全竞争均衡市场框架中的一个关键规则，该规则包含两条前提条件：一是私人产权被赋予了所有商品与服务；二是全部商品或是服务都是在均衡价格的情况下完成交易的。基于该完全竞争均衡所构建起来的市场机制，一旦出现任何偏离规则的现象即为市场失灵。所以，资源只有在私有产权制度十分完善和供求平衡得以实

① 于付秀. 环境外部性问题的政府管制研究［D］. 成都：电子科技大学，2006.

现的价格机制下，才能借助市场机制达到最优化配置资源的目的①。环境资源具备公共物品的属性：从消费方面来看，环境资源具备非排他性特征，环境资源是人类赖以生存和发展的前提条件，具备共享性特征，个体在依赖及享用环境资源的同时，他人也可得到相应的消费，二者互不影响；在消费方面还具备非竞争性特征，每增加一个单位环境资源的供给，其单位成本是不会发生相应变化的。环境资源与其他任何公共物品一样，需要投入很高的交易成本才能将个体的产权明确下来②。

在市场当中，作为理性人的经济主体，其所追求的都是最大化的个人利益及最小化的个人成本。在面对具备公共物品性质的环境资源时，经济主体往往会对其个人成本进行变相节约，比如废气、污水等都是在没有经过任何处理的情况下就排放出去，这部分被转嫁出去的成本因此不会再涵盖到在经济主体最终的生产成本或是消费成本之中。如果缺乏限制，经济主体在该利益机制的推动下会自然而然地将本应该由自己承担的私人成本进行转嫁，使这部分成本成为外部成本，最终让整个社会与之一起承担。此外，市场机制当中并未很好地界定公共物品的产权，如地理位置比较特殊的大气与深海资源，就很难建立私有财产权，因而也就谈不上市场，生物多样性等资源也是如此。总而言之，环境资源因其自身所具备的独特性导致无法在市场上实现最优配置，引发了"市场失灵"问题③。

结合上述分析来看，市场经济机制无法解决环境外部性问题。詹姆斯·米德指出，因个人利益（或私人成本）和社会利益的对立所引发的环境污染等重要社会问题都很难通过市场机制得到有效解决。缺乏完善的市场机制、市场机制发生扭曲或是没有市场可言，是绝大部分环境恶化及低效率使用资源等问题发生的主要原因④。

（2）环境领域市场失灵的表现⑤。

针对环境问题，市场失灵最为严重之时会有以下表现：

第一，没有安全的产权甚至不存在产权之说。主流经济学指出，将全部资源、产品及服务都包含在内的、有着确切的定义、能够转移的、可实施性比较强的、安全的产权是市场机制能够正常发挥作用的前提条件。资源能否得到有效利用、交换、保存以及管理，并对其进行持续性投资的先

———————————

　　① 于付秀. 环境外部性问题的政府管制研究［D］. 成都：电子科技大学，2006.

　　②③④⑤ 陈书全. 环境行政管理体制研究——以我国环境行政管理体制改革为中心［D］. 青岛：中国海洋大学，2008.

决条件是产权。环境经济学家虽然指出了环境与自然资源产权界定的方法及内涵，也让我们能够更好地理解环境性质，然而，就环境资源而言，与全部市场机制正常运行所要求的产权条件并不能一一对应。通常情况下，典型的市场经济需要明确界定产权。不过，就个人都能够无偿享有且每一个人都无法将其私有化的公共物品，比如洁净的水和空气等，是很难激励人们去保护该类资源或是物品的，原因在于，若是有一方主动去保护清新的空气，那么，另外一方就有可能在不花费任何成本与投入的情况下可以坐享保护的成果，导致保护环境的激励消失。

第二，市场竞争不足或是没有市场可言。市场在解决信息与协调问题时，主要借助价格机制，同时，调节又是基于竞争方能实现的。部分环境资源或是缺乏充分的市场竞争，或是尚未有市场形成，或是价格太低甚至没有价格，因此很容易出现过度利用乃至滥用环境资源的问题。

一是，如江河湖泊、空气等提供环境"服务"的生产并未发育起来，这些资源一般都是没有市场可言的，价格也为零，人们不需要投入任何成本就能够对这些资源随意占用，导致大气环境与水环境问题越来越严峻。二是，少部分资源虽然有市场，不过其价格只是对劳动与资本成本的反映，生产过程当中耗费资源的机会成本并未得以反映出来，价格非常低。同时，在薄市场①上，买卖双方的数量都不多，竞争不足，在竞争者比较少的情况下就会出现市场竞争不完全的情况，市场也会失灵。

第三，环境保护当中的外部性，特别是负外部性是不可能通过市场来克服的。以企业发展生产为例，在生产过程中引进了环保设备来对污染问题进行治理，对本企业生产出来的废水废弃物进行净化和妥善处理，那么河岸两边的居民所享受到的水流就是清澈干净的，这属于正外部性，此时的水流属于公益服务的一种，人们也会赞赏企业的这一做法。然而，为最大限度地节约成本，企业一般都不会这样做。最常见的做法就是企业随意排放废水废气，导致环境受到了严重污染与破坏，给周边居民的生活带来了很大影响，河流污染成为了一种公害，这就属于负外部性。对于那些在该生产企业周边生活的居民乃至整个社会来说，这种污染都是一种成本。然而，企业为实现自身利益的最大化很少会去考虑要一边生产一边治理环境的，且企业之间的竞争十分激烈。这种情况下，要想让单一企业来独立承担社会成本是不可能的，该成本需要的是所有企业共同承担，如此，单一企业才不会在激烈的市场竞争当中失去竞争力。此时，生产成本与环境

---

① 一个买家和卖家数量少的市场。

成本都属于成本范畴。不过，现阶段的市场定价并未将外部性考虑在内，因而需要政府的干预，并制定相同的标准与激励机制来管理全部企业，让所有企业对该成本承担共同责任。

第四，需要投入较高的交易成本方能在环境资源领域建立产权。交易过程中因获取信息、相互合作等所产生的费用即为交易成本。比起市场交易所获得的好处来说，交易成本一般都是可以忽略不计的。然而，如果交易成本比市场交易的收益高出许多，或是买卖双方中有一方甚至于双方的数量都非常少的话，那么就很难形成市场。人类需要投入巨额的交易成本才能解决环境问题，特别是全球性的环境问题，这也是我们难以借助市场机制解决环境问题的一个重要原因。此外，产权的建立与执行一样需要投入成本，若是产权带来的收益低于该成本，那么就不会出现产权及与之有关的市场。特殊情况下，我们还需要很高的成本才能找到外部性的来源以及大家所共同认可的解决策略。和市场手段相比起来，政府运用权利实现外部性内化并不需要花费那么高的成本，因而才有了政府存在的必要。

第五，在消除环境外部性的过程中应用到科斯定律，后代人无法被纳入考虑范围。针对现代人破坏生态环境带来的资源损害等问题，后代人是无法与现代人讨价还价的，所以也就无法借助科斯定律来确定和消除。在《环境与发展经济学》一文中，其作者戴星翼强调，我们很难借助产权界定及市场来达到维护整体利益与未来利益的目的，因此更需要协调以达到保护公共用地的目的，且这一协调在未来利益的保护方面意义重大。现实社会当中，从社会各集团之间、各区域之间甚至于各个国家和地区之间都会存在利益的分散性这一特征。下游出现洪水泛滥问题可能是因为上游乱砍滥伐森林资源所致，一个国家的酸雨问题或是因为邻国大气污染问题十分严重所引发的，环境问题因为各种利益冲突而触发，因此，解决这些问题就需要经济学及其他领域的共同努力了（戴星翼，1996）。

从这个角度来看，在市场经济条件下，企业的经营活动会造成环境损害和公共利益损害。如果没有政府干预，企业不会主动采取防范措施，公共利益也不会得到有效保护。因此，各国政府为弥补市场失灵、解决环境问题，纷纷出台了各种政策制度来限制污染与破坏环境的各种活动。

3.1.4 国外环境保护社会治理机制

1. 国外环保社会治理机制与手段

无论是市场机制还是政府干预，其有效区域都不是无限的，且都有可能会失灵。第一，环境保护应尽可能不要出现市场失灵与政府失灵的情况，最大限度地发挥出二者的作用。第二，如果市场失灵与政府失灵的发生避无可避，那么就需要寻求更佳的机制和手段。在这一背景下，环境保护的第三种机制，即社会治理，将成为政府治理和市场治理的必要补充。社会治理机制是指通过非政府非盈利组织，借助社会舆论等各种非行政的、非市场方式来做调整，如借助环保群众运动来对外部性的冲动进行克服等①。

环境保护社会治理表现突出的是亚洲地区的日韩两国，日本比韩国较早进入发达国家，环境问题也暴露得更早。日韩的社会治理，有各自的国家和地域特征。日本社会治理发展路径是从环境运动逐步发展过渡到环境诉讼，而韩国社会治理起步略晚，虽然现代也逐步进入了环境运动与环境诉讼相结合、相辅相成的发展模式，但仍然有以环境运动为特色的社会治理趋势（王灿发，2011）。在 20 世纪 60 年代，环境诉讼真正开展之前，日本的环境公害事件虽然也有"不了了之"或"草草了事"的嫌疑，但仍然可以通过群众运动或抗议舆论等行为，对公害事件的结果与影响进行调控。如 19 世纪末 20 世纪初，渡良濑川流域发生的源于栃木县足尾矿山矿毒严重公害导致的受害事件（日本律师协会，2009）。渡良濑川流出的矿毒造成了水稻的枯萎等重大损害，形成威胁到当地农民生存的重大问题，农民多次掀起了请愿运动，虽然遭到多次冷处理，部分居民也被以暴民聚众惩戒，但最终对事件的走向起到了一定的限制和影响作用。

英国格拉斯哥大学附近的阿伦岛风光旖旎，这里的沿海原是欧洲鱼类最丰富的地区，20 世纪 70 年代，各地钓鱼爱好者齐聚阿伦岛。同时期，当地政府出台政策，允许大型渔船捕鱼，在很短的时间内，海洋生物多样性遭到严重破坏，海床被损坏，沿岸海洋生物和植物受到严重摧残，但当地渔民没有意识到问题严重性，直到鱼类的数量减少明显，影响到了渔民的生计，阿伦岛沿岸海洋环境保护与净化民间环保机构（以下简称"COAST"）因此诞生。这是一个纯粹的民间环保组织，创建于 1990 年，机构成立后，积极宣传生态环境保护知识与理念，公众逐渐意识到海洋是公共财产，大家都享有权利与义务促使政府解决问题，也有责任保护生态

---

① 注：原文称第三种机制为社会调整机制，此处为行文一致表述为"社会治理"，概念相通。李启家，唐忠辉. 论财产权的环境保护功能［J］. 河海大学学报（哲学社会科学版），2007，9（1）：12－17.

环境。1995～2008 年，经过 13 年的努力，当地渔民与 COAST 迫使政府同意划定 2.5 平方千米的禁止捕渔区，再经过 5 年的修复，较好地恢复了鱼类的多样性，海下记录拍摄证明海洋多样性与海床的恢复，都有了明显变化（万加华，2016）。

2. 生态环境保护治理的社会失灵表现

社会治理是一种参与式网络治理模式，与政府治理和市场治理一样，单一的治理体系都会有很大的失灵风险。如荷兰于 1987 年所发生的土壤政策制定案例就表明，社会治理模式并不能解决全部问题。1987 年，荷兰出台了土壤保护法案，并于 1995 年开始采用社会治理模式来对该法案进行评估，却一直都没有形成一般性结论，原因在于其中牵涉到了许多利益相关者，而各方利益都得不到同时、有效地满足，导致治理一直处于无休止的谈判与纠缠状态。这种状态延续到 2003 年，荷兰政府最终通过带有强制性的政策函，终止了“无休止的游戏”。复杂问题用单一的治理模式，极有可能陷入“死循环”，或使该种单一模式的弊病累积爆发，将复杂问题演化为紧急问题。环境问题就是这样的复杂问题，若仅有社会治理主导或参与的治理模式，就会存在极大的综合隐患。

3.1.5　国外治理成效与经验教训

纵观欧洲、美国、日本等发达国家和地区的环境保护治理历程，不难发现，这些国家几乎都是传统工业文明“先污染后治理”道路的典型写照。但是经过几十年的不懈努力，这些发达国家和地区的环境问题基本得到控制，生态环境质量逐步改善，环保观念深入人心，先进的生态环境保护治理技术、科学缜密的法律法规制度与公民的自觉维护相结合，使环境保护工作取得了突出效果。

结合发达国家和地区的环境保护经验教训来看，公众、政府、市场三位一体协同治理是生态环境保护治理的成功模式。其原因在于环境保护是一项系统工程，不仅需要政府履行应尽的职责、充分发挥市场治理机制，更需要全社会的共同参与，否则环境保护就成了无源之水、无本之木。

西方环境保护治理机制成效：开始建立职能互补的治理机制，治理结构网络化，充分认识到参与与合作是生态环境保护治理的基本方式。随着科技进步和人的认识水平的提高，资源环境问题的众多病因逐渐被发现，资源破坏和环境污染的根源在于政府失灵和市场失灵。因此，要促进经济与资源环境的协调发展，仅依靠政府与市场调控是不行的，必须与公众参与的社会治理机制相结合。

西方环境保护治理机制经验教训：政府治理、市场治理和公众社会治理，三者中任何一种模式独大后，都会给经济发展和社会建设带来不良影响。面对生态环境保护和环境污染这样具有特殊性、复杂性的问题，单一的治理模式偶有良好表现，但随着全球化、多元化的推进，需要站在更全面、更高的视角来看待问题和寻找"治病"的良方。

3.2 中国环境保护治理体系（体制机制）演变

3.2.1 体制机制演变进程

环境管理体制是环境保护机构设置、领导隶属关系和环境管理权限划分等方面的体系、制度、方法、形式等的总称。我国自 1949 年中华人民共和国成立以来，受国际环境保护思潮、国内主要环境问题、自身发展理念等多重因素影响，环境保护治理体制机制不断调整和演进，大致可划分为以下五个阶段。

1. 起步建立阶段（1971~1978 年）

1949 年中华人民共和国成立后，当时的主要任务是恢复经济发展，实现对农业、手工业和工商业的社会主义改造。1956 年基本完成新民主主义向社会主义的过渡后，我国在经济上开展了农业合作化运动，并效仿苏联大力发展重化工业，致力于建立自身独立的工业体系。从西方国家的发展历程来看，这一时期正是环境公害事件集中爆发的时期，八大环境公害事件大多发生在 20 世纪五六十年代。

1972 年，世界各国在瑞典的斯德哥尔摩召开了人类环境会议。我国一开始并无参加会议的计划，不过，周恩来总理指示，"要通过这次会议了解世界环境状况和各国环境问题对经济、社会发展的重大影响状况和各国环境问题对经济、社会发展的重大影响，并以此作为镜子，认识中国的环境问题。"① 最终，我国派代表团参加了此次会议。这次会议后不久，国

---

① 刘东. 周恩来关于环境保护的论述与实践 [A]. 中共中央宣传部、中共中央文献研究室、中共中央党史研究室、中共中央党校、中国人民解放军总政治部、中国社会科学院、国家教委. 周恩来百周年纪念－全国周恩来生平和思想研讨会论文集（上）[C]. 中共中央宣传部、中共中央文献研究室、中共中央党史研究室、中共中央党校、中国人民解放军总政治部、中国社会科学院、国家教委：中共中央文献研究室科研管理部，1998：13.

家计划委员会就在国务院的委托下举办了第一次全国环境保护会议，《关于保护和改善环境的若干规定》（以下简称《规定》）这一中华人民共和国成立后的首个环境保护文件在此次会议上通过，《规定》提出32字的环保工作方针，即"全面规划、合理布局，综合利用、化害为利，依靠群众、大家动手，保护环境、造福人民"①。会议还制定了实施32字方针的"三同时制度""防治环境问题的十条政策性措施"，酝酿成立全国环境保护领导管理机构和中国环境科学研究院，并于1973年颁布了《工业"三废"排放试行标准》。国务院环境保护领导小组于1974年10月正式成立，该领导小组下设办公室，由国家建委代管，负责日常工作。之后，全国各地相继建立起了环境保护机构，并制定规章制度，我国的环境保护治理体制开始建立。

2. 集中建设阶段（1979～1992年）

环境公害事件频繁爆发，使西方发达国家从20世纪70年代初进入了环境立法高峰期，大量环境保护制度相继建立，政府治理体制不断完善。作为发展中国家，我国的环境立法进程比西方略晚，大体是从20世纪70年代末期开始的。我国在1979年9月颁布实施《中华人民共和国环境保护法》，其中就对"谁污染、谁治理"原则予以明确，同时还制定了一系列规章制度，包括限期治理、排污收费等，环境保护机构及其职责②。此后，我国又先后出台了《中华人民共和国水污染防治法》《中华人民共和国草原法》《中华人民共和国大气污染防治法》《中华人民共和国水法》③等一系列环境保护领域的专门法，环境立法进入高峰期。第二次全国环境保护会议举行的时间是1983年，此次会议强调了经济发展与环境保护的整体性，指出我国现代化建设的战略任务及基本国策之一包括环境保护在内。国务院于次年5月出台了《关于环境保护工作的决定》，并在国民经济与社会发展计划中正式纳入环境保护。1989年举办的第三次全国环境保护会议则提出八项环境管理制度，包括排放污染物许可证制、集中控制污染、限期整治以及"三同时"制度等。1989年《中华人民共和国环境保护法》正式实施，与其他环境保护专门法一同构成了具有中国特色的环境法规体系，为我国开展生态环境保护治理奠定了法治基础。

在机构建设方面，1982年国务院建立城乡建设环境保护部，内设环境

---

① 关于保护和改善环境的若干规定（试行草案）[J]. 工业用水与废水，1974（2）：38－41.

②③ 蔡守秋，王欢欢. 改革开放30年：中国环境资源法、环境资源法学与环境资源法学教育的发展[J]. 甘肃政法学院学报，2009（3）：1－9.

保护局，该部门是合并原环境保护领导小组办公室、国家基本建设委员会、建工总局以及国家测绘总局、国家城建总局而来。国务院于1984年5月组建环境保护委员会，该委员会的职能由环境保护局所代为履行，办公室设于城乡建设环境保护部。1984年12月，我国设立了国务院环境保护委员会的办事机构——国家环境保护局，这是由之前的环境保护局更名而来。1988年，我国再次实施政府机构改革，从建设部分离出来的国家环保局正式成为国务院的直属机构之一，依法实施环境保护的监督管理是其主要职能之一。国务院赋予国家环保局的基本职能共计12项，由此所分解出来的工作任务共计400多条及职位300多个，同时还成立相关的机构部门。由此可见，我国在政府机构改革过程当中正在不断强化环境保护行政主管机构的管理职能及其地位。与此同时，各级地方政府的环境管理机构也得到进一步加强。

3. 负重前行阶段（1993~2001年）

1992年邓小平南方谈话后，我国拉开了市场经济改革的序幕，工业化与城市化进程由此进入快速发展阶段，但同时也带来了十分严峻的环境污染问题。随着进一步对外开放，国外的环境保护理念和制度也对我国产生了直接影响，我国日益成为国际环境保护大家庭的重要成员，我国的生态环境保护治理也成为全球生态环境保护治理体系的有机组成部分。1992年6月，联合国环境与发展大会在巴西里约热内卢举办，会议提出了可持续发展战略。中共中央与国务院随后不久就出台《中国关于环境与发展问题的十大对策》，并于1994年3月批准了《中国21世纪议程》，把实施可持续发展确立为国家战略。

这一阶段也是我国充分利用政府力量，使用各项环境保护制度来加大力度治理环境问题的重要阶段。国务院于1996年举办第四次全国环境保护会议，此次会议通过《国务院关于环境保护若干问题的决定》，指出我国要全面开展"三河""三湖"水污染防治工作，同时还启动了一系列重大工程以保护生态环境，包括退耕还林、保护天然林等。上述重大治理项目的实施，虽然在短期内难以扭转污染形势，但对于减轻污染、防治污染源仍发挥了重要作用。在机构建设方面，1993年环境保护局升格为副部级直属局，1998年升格为正部级直属局。同年6月，国家环境保护总局设立了一个核安全与辐射环境管理司，将国家核安全局并入其中，由此，生态环境部门的一项重要职能之一就是核与辐射的安全监管。同时，国家环境保护总局还设置相关部际联席会议制度，以确保相关部门之间的工作能够有效协调，共同推进环境保护。全国生态环境建设部际联席会议第一次会议于 2001 年 3 月正式举办，同年 7 月，全国环境保护部际联席会议制度由国家环保总局建立。2002 年 3 月，国家环保总局组建环境应急与事故调查中心，对环境风险事件的处理进行逐步规范。

4. 探索完善阶段（2002～2012 年）

2001 年 12 月，中国加入世界贸易组织（WTO）后再次引发发展高潮，推动中国工业化和城市化进程，生态破坏、环境污染和治理压力也随之而来。中共中央、国务院自党的十六大以来相继提出一系列环境保护的新路径与新思想，如科学发展观、构建社会主义和谐社会等，把节能减排作为经济社会发展规划的约束性指标，进一步加大重点流域区域污染防治。在对目标责任考核进行强化的基础上，注重节能减排工作，包括工程、结构以及管理层面的减排。2012 年，全国城市污水处理率达到了 85%，燃煤电厂脱硫机组比例为 90%，相比较之下，2005 年，前者仅为 52%，后者只有 14%，可见治理效果十分有效。

在机构建设方面，2008 年国家环境保护总局升格为环境保护部，由政府直属机构进入"内阁"序列。环保部的主要职责包括：环境保护规划、政策与标准的拟定和实施；环境功能区划的组织编制；环境污染防治的监督管理；重大环境保护问题方面需要进行有效协调和解决等，使环境保护部门参与宏观决策的能力得到了显著加强。从我国环境保护政府治理体制的演变历程来看，政府发挥主导作用，市场机制和社会机制发育不足始终是一个突出问题。特别是 1992 年以前，计划体制一直是我国各级政府安排社会、经济活动的主要体制，在环境保护领域也同样以政府制定计划、筹集资金、安排重大项目治理重大污染源为主。1992 年后，我国市场经济体制改革逐步深化，在资源配置方面市场的基础性作用得以逐步发挥出来。另外，社会利益主体的多元化、思想价值观念的多样化、信息交流网络化等因素，使得过去政府主导的治理模式日益难以满足环境管理的需要。在此背景下，市场机制、社会机制的重要性日益凸显。2003 年，我国环境保护社会治理机制取得重大突破，具体表现在《中华人民共和国环境影响评价法》，首次以法律形式确定了环境影响评价中的公众参与主体、时机、方式等。不过，我国的环保民间组织不发达，社会公众的参与意识不强、参与能力不高，环境保护公众参与机制还需进一步完善。与社会机制相比，环境保护中的市场治理机制虽然已探索多年，但尚未上升到法规层面，排污收费、排污权交易等仅有的几项经济手段还不完善。总体而言，既要与我国的传统文化和政治体制相适应，又要探索政府主导，还要发挥社会机制和市场机制的作用，三者相得益彰的多元治理体制，无疑是我国今后环境保护管理体制的改革方向。

5. 理念升华（生态文明）阶段（2012 年至今）

2012 年召开的党的十八大会议，正式将中国特色社会主义事业"五位一体"总布局纳入生态文明建设工作中，经济建设、政治建设、社会建设、文化建设的各个方面及整个过程都要求要融入生态文明建设工作中，致力于美丽中国的建设，实现中华民族永续发展，标志着我国要从建设生态文明的战略高度来认识和解决环境问题。2017 年，党的十九大报告强调必须树立和践行绿水青山就是金山银山的理念，建设美丽新中国，为全球生态安全做出贡献。2018 年是中国生态环境保护事业发展史上具有重要里程碑意义的一年。当年，我国召开全国生态环境保护大会，在这次会议上，习近平总书记对全面加强生态环境保护，坚决打好污染防治攻坚战，作出了系统部署和安排，"习近平生态文明思想"这一重大理论成果由此确立。"绿水青山就是金山银山""环境就是民生，环境就是生产力""守住生态与发展两条底线""走生态优先、绿色发展之路""科学规划，一张蓝图绘到底"等重要思想视角，体现新时代生态文明建设与经济建设内在融合；"促进人与自然的和谐共生"，融合经济、文化和生态文明，培育和弘扬社会主义核心价值的生态文明观，建设生态文明。

3.2.2　中国环境保护政府治理机制

我国的政府治理模式具有法律基础，建立时间较长，对生态环境保护治理发挥了重要作用的环境保护制度主要包括如下制度：环境影响评价制度、"三同时"制度以及城市环境综合整治定量考核制度、污染集中控制制度等①。其中，比较规范并覆盖了各级地方政府的制度有下列几项：总量控制制度、环境规划制度以及环境影响评价制度、建设项目环境保护"三同时"制度，这是环境保护政府治理机制的主体。

1. 环境影响评价制度

（1）制度简介。该项制度是 1969 年由美国通过《国家环境政策法》创立的一项环境保护制度，包括针对建设项目的环境影响评价（environmental impact assessment）和针对政策、规划、计划等高层次决策的战略环境评价（strategic environmental assessment），实际可划分为两个体系。我国早在 1973 年便引入了环境影响评价的概念，并于 1979 年将建设项目环境影响评价制度通过法律形式确立下来。从 1993 年起，我国开始推动针

---

① 王丽萍. 中国环境管理的理论与实践研究［M］. 北京：中国纺织出版社，2018.

对开发区的环境影响评价，可以看作是战略环评的起步。经过近十年的探索，在 2002 年颁布的《中华人民共和国环境影响评价法》中，在法定的环境影响评价范围当中纳入"一地、三域、十个专项"规划，包括工业、农业、林业、畜牧业以及水利、交通、旅游、能源和自然资源的开发、城市建设的相关专项规划［以下简称规划环评（plan SEA）］①，为了与国际接轨，也称"战略环评"，事实上属于战略环评中的较低层次。因此，我国的环境影响评价制度由建设项目环境影响评价和规划环境影响评价两部分组成，基本上是两套体系。《中华人民共和国环境影响评价法》指出，分析、预测及评估规划与建设项目实施后可能会带来的环境影响，提出有效措施来预防或是降低不良环境影响，进行跟踪监测的方法和制度即为环境影响评价制度。

（2）制度成效。自项目环境影响评价制度建立四十多年来，对于促进节能减排、保护生态环境、防范环境风险等均发挥了巨大作用。在节能减排方面，通过"上大压小""以新带老"等手段，推动区域综合治理，有效削减了污染物总量。"十一五"期间仅环境保护部验收的 1473 个建设项目就累计实现削减化学需氧量 13.22 万吨/年、二氧化硫 125.49 万吨/年②。同时，对涉及"两高一资"的 822 个项目环评作出的决定或是不予受理或是不予审批等，共计 3.18 万亿元资金牵涉其中③。在生态保护方面，主要是通过项目选址论证和规划协调性分析来规避重要生态功能区。据不完全统计，在"十一五"期间环保部审批的项目中，57 个公路项目涉及自然保护区 63 个、饮用水源保护区 73 个，72 个铁路项目涉及自然保护区 136 个、饮用水源保护区 133 个。通过建设项目环境影响评价，均对项目选址提出了调整建议。在环境风险防范方面，环保部"十一五"期间对总投资近 10152 亿元的 7555 个化工石化建设项目采取"回头看"式的环境风险排查，促使有关项目新增环境风险投资 140.5 亿元。

规划环评制度对于促进规划布局、规模和结构的优化调整，从决策源头防范布局性环境风险、构建循环经济产业链等均发挥了重要作用，特别是对于规避环境敏感区域的作用尤为突出。例如：经粗略统计，"十一五"期间仅在国家层面的煤炭矿区、开发区、轨道交通、港口四个领域，通过规划环评共规避自然保护区 96 个、风景名胜区 131 个，文物古迹 360 个，

---

① 王丽萍. 中国环境管理的理论与实践研究［M］. 北京：中国纺织出版社，2018.

②③ 吴晓青. 依法开展环境影响评价　加快转变经济发展方式［J］. 求是，2011（18）：49－51.

森林公园 75 个，地质公园 11 个，饮用水源地 253 个。此外，港口规划还避让海洋特别保护区 10 个，水产种质资源保护区 5 个，渔业资源保护区 37 个，优化缩减岸线 19.9 千米，优化或取消港区 19 个。在法定的规划环评之上，环境保护部自 2009 年以来还持续开展了一系列大区域战略环境评价，被纳入第一批评价范畴内的是我国五大区域重点产业，包括环渤海沿海地区、海峡西岸经济区、北部湾经济区沿海、成渝经济区和黄河中上游能源化工区，之后西部大开发战略环境评价和中部地区战略环境评价等环境影响评价工作也被陆续推进。区域战略环境评价成果被相关省、市、区广泛采用，并纳入了相关规划编制和政策制定中，发挥了较好的作用。

（3）我国环境影响评价制度存在的主要问题。我国的环境影响评价制度虽然卓有成效，但也存在较多问题，主要表现在以下几个方面：一是评价对象尚未延伸到决策链前端。我国目前法定的环境影响评价对象主要是对环境有影响的建设项目和"一地三域""十个专项"规划，尚未涉及对资源环境影响更为深远的政策、法规和战略层面的重大决策。环境保护部虽然组织开展了一些大区域战略环评项目，但此类工作并未纳入国家法律要求，目前仍带有试点和研究的性质。二是缺少替代方案。国外无论是建设项目环境影响评价还是战略环境评价，均把替代方案作为重点评价内容，以求在达致同一目标的前提下资源环境代价最小。对多个方案进行比选，可以说是国际公认的环境影响评价的精髓，而我国无论是建设项目环境影响评价还是规划环境影响评价，都普遍缺少替代方案，且无相应的法规要求。三是公众参与不足，目前环境影响评价中的公众参与一般都是由企业开展，企业为了尽快推进项目实施，在公众参与环节往往避重就轻，无论座谈还是问卷调查，均存在严重的信息不对称问题，并且一般均会在信息披露上回避敏感环境问题，突出项目建设的社会、经济贡献。通过对信息的"过滤"和诱导，在形式上获取公众支持。四是环境影响评价制度承担了很多不该由自身承担的功能。建设项目环境影响评价的核心职能是环境准入，但从目前来看，却把政策符合性分析、规划符合性分析，以及水资源论证、移民搬迁安置、土地复垦等本应由其他部门承担的工作纳入了自己的工作范围，甚至因此冲淡了环境影响预测、环境保护措施的技术经济论证等"分内"工作。五是制度的执行率不高。由于地方政府主导经济发展，导致环境影响评价常常要为项目实施让路。除了环评的通过率很高外，很多项目存在"先上车、后补票"的现象，市县一级环评执行率普遍不超过 50%。六是委托代理关系不顺，环评造假问题突出。环境影响评价工作是由企业委托评价机构开展，企业为了确保能够顺利通过环评，往往会将经费的支付与能否拿到环评批文挂钩，导致环评单位的评价工作很难客观进行，环评造假问题屡见不鲜。

（4）我国环境影响评价制度改革情况。新组建的生态环境部于 2018 年 9 月 3 日出台《关于生态环境领域进一步深化"放管服"改革，推动经济高质量发展的指导意见》，其中就指出要对审批制度进行深化改革，尤其是要注重环评制度的改革，推进政府职能的转变，为实体经济所服务，促进其发展活力和动力的有效激发。在对环评过程当中的"慢、难、繁"等问题进行解决时，须注意下列几点：首先，尽可能压缩环评编制时间，结合实际情况动态调整和修订《建设项目环境影响评价分类管理名录》，对环评分类进行优化，促进环评技术导则体系的进一步完善，环评文件的编制工作要实现规范化，努力将新修订的《环境影响评价公众参与办法》全面落实到位，注意公众参与程序及形式的优化调整。其次，注重环评审批制度的规范化发展，主要行业的环评审批原则、准入条件及重大变动清单一定要完善并严格落实到位，环评管理过程当中所涉及的自由裁量权应尽可能压缩，包括行业预审等在内的环评审批前置条件等都禁止私自设立并执行。最后，注意对不必要的环评内容进行简化，将环评过程当中无关紧要的事项剔除掉，规划环评和项目环评联动的管理要求应当进一步细化和完善，以免出现重复评价问题。

就如何促进环评审批效率的提高问题，本书认为可从下列几个方面实施：首先，注重提前指导，各级生态环境部门应主动向相关机构进行重大项目调度，拉条挂账形成清单，环评工作开展要尽早，报批时间要能合理安排。其次，针对重大基础设施、重大产业布局及民生工程项目应能够做到即到即受理，即受理即评估，同步开展评估和审查工作，开通绿色通道，尽可能缩短其办理时间，最少是法定审批时限的一半。最后，与生态环境保护要求相符的项目审批速度应尽可能加快；输气管线等线性项目若是涉及相关法定保护区及生态保护红线，则应当督促项目尽可能对其选线进行优化调整，做到主动避让，如果没有其他途径可行，一定要经过这些区域的，那么建设单位所选择的穿越方式应当是无害化的（如隧道或是桥梁等），或是根据相关法律规定来履行相关责任（如做出补偿等），且这些项目的实施都需要通过相关部门的审批之后方能进行。

2. 建设项目环境保护"三同时"制度

（1）环境保护"三同时"制度简介。建设项目环境保护"三同时"制度是我国最早建立的环境保护制度，旨在保证环境影响评价报告中的环保措施能够得到监督、落实。"工厂建设与三废利用工程要同时设计、同时施工、同时投产"这一要求最早出现在国务院 1972 年 6 月份批准的《国家计委、国家建委关于官厅水库污染情况和解决意见的报告》当中。1973 年,《关于保护和改善环境的若干规定(试行草案)》(以下简称《规定》)于第一次全国环境保护会议上正式通过,该《规定》规定"为防止工业废水、废气、废渣对环境的危害,规定一切新建、扩建和改建企业的主体工程与环境保护设施要同时设计,同时施工,同时投产"。随后,1979 年《中华人民共和国环境保护法(试行)》也规定,防止污染与其他公害的设施从设计到施工再到投产都要和主体工程同时进行。《建设项目环境保护管理条例》于 1998 年正式出台,强调环境保护设施需要和主体工程一起同时进行竣工验收工作。建设项目在正式投入生产或是使用之前,必须要确保其配套建设的环境保护设施是经过验收且结果合格的。其他环境保护专项法也基本上全部提出了实施建设项目环境保护"三同时"制度的要求。2014 年,我国出台了经过重新修订以后的《中华人民共和国环境保护法》,其中的第四十一条就指出,建设项目当中的防治污染设施,设计、施工与投产使用都要和主体工程同时进步,并且要能够达到经批准的环境影响评价文件的标准,未经批准禁止私自拆除或是闲置不用。总体而言,建设项目环境保护"三同时"制度在我国具有广泛和扎实的法律基础。

(2)环境保护"三同时"制度的成效。建设项目环境保护"三同时"制度是我国独创的一项环境保护制度,它是环境影响评价制度的延伸,也是"预防为主"环保方针的具体化和制度化,可以敦促企业落实环境影响评价阶段提出的各项环境保护措施。我国的环保"三同时"制度不仅针对新建项目,也适用于改建和扩建项目;不仅有利于防治新污染源,也有利于治理老污染源。环保"三同时"制度的实施具有以下几个方面的现实意义:一是提出了落实环境影响评价成果的制度安排。试想,如果没有环境保护"三同时"制度,在我国目前的诚信状态下,环境影响评价阶段提出的措施又有多少能够真正落实?2006 年原环境保护总局(以下简称"原环保总局")对 2000~2005 年审批的建设项目环境管理情况进行了核查,在已建成的 802 个项目中,经省级生态环境部门同意试生产但尚未向环保总局提交验收申请的项目为 173 个,向总局提交验收申请仍处于验收阶段的项目为 235 个,已完成验收审批的项目为 304 个,未经验收擅自投运的违规项目为 90 个,占比超过 11%。如果没有环境保护"三同时"制度,当初提出的环保措施就更加难以落实。二是发挥了"事中"监管的作用。

"重审批、轻监管"一直是我国环境管理中存在的突出问题，环保"三同时"制度将环境保护部门、建设单位及主管部门的职责进一步区分明确，这对于监督执法及实际管理工作的开展具有积极影响，起到了加强过程控制的作用。

（3）环境保护"三同时"制度的不足之处。一是与环评审批之间没有建立起有效的联动机制。我国对建设项目实行分级审批、分级管理。对于国家和省级生态环境部门审批的建设项目，地方生态环境部门看得见但管不着，而管得着的上级生态环境部门却看不见，一些建设项目即使没有很好地落实环保"三同时"制度也得不到有效监管。2006年原环保总局对2000～2005年间审批环评文件的2462个建设项目进行了核查，发现国家和省级生态环境部门未掌握建设进展情况的多达331个。二是监管无力导致制度执行情况不理想。从生态环境部门审批环评文件到项目竣工环保验收，基本上属于环境监管的真空期，导致环保"三同时"执行不力。在2007年环保部验收的148家火电厂中，环评批复要求采用中水①作为循环水补充水源的有37家，但验收时发现，中水回用系统与主体工程同时建成投运的仅12家。此外，在污染防治设施不到位的情况下，擅自投入生产，形成污染事实，边生产边整改，以及试生产严重超过期限，仍不主动申请验收，造成久拖不验，长期试生产等现象普遍存在。三是在技术上不能覆盖长期累积影响。对于以生态影响为主的建设项目，在项目投产运行之时影响往往还没有表现出来或者表现得不充分，"三同时"制度根本监管不到。四是项目变更对制度实施造成较大困扰。按照《建设项目环境管理条例》，在建设项目可行性研究阶段内，建设单位须报批环境影响评价文件，但设计审查的整个过程并没有生态环境部门所参与其中。一般情况下，工程的设计阶段、招投标和施工阶段发生变更的现象十分常见，如实际工作中经常会遇到公路、铁路、输变电项目线路改动导致敏感点的变化问题，给管理工作造成很大困难。此外，地方政府或相关部门对项目建设的一些承诺没有兑现，部门内部、部门之间、中央和地方政策调整、衔接等出现问题也会影响"三同时"制度的执行。2017年，《建设项目环境管理条例》修订，自2018年1月1开始，企业的"三同时"验收由环保部门组织验收改为企业自主验收。验收的项目主要包括四个方面：废水处理

---

① 中水是对应给水、排水的内涵而得名，翻译过来的名词有再生水、中水道、回用水、杂用水等，我们称"中水"（reclaimedwater），是对建筑物、建筑小区的配套设施而言，又称为中水设施。中水利用也称作污水回用。

设施建设、运行情况，排放是否达标；废气处理设施建设、运行情况及废气排放情况；噪声防治设施的落实情况；固体废物储存场所是否规范，处置是否符合规定等。企业在取得环评报告和生态环境部门的环评审批意见后，要对照结合本企业实际做好污染防治措施，逐条对照环评报告和审批意见进行建设和整改。

3. 污染物总量控制制度

（1）污染物总量控制制度简介。总量控制是污染物排放总量控制的简称，指综合考虑社会、经济、技术等因素，对某一区域或某一企业在生产过程中产生的污染物最终排入环境的数量进行限制，以保护或改善区域生态环境质量，主要涉及下列几部分内容：污染物排放总量、污染物排放的时间跨度以及污染物排放总量的地域范围。根据总量控制目标的确定方式，可将其划分成两种①：一是目标总量控制，指国家按照经济社会发展阶段特征及环境管理要求，主观确定全国乃至各地区污染物排放总量控制指标的总量控制方法，一般通过指令性指标来实施，如在国民经济与社会发展五年规划的约束性指标当中纳入污染物总量控制指标等。二是容量总量控制，该方法主要是结合地方实际的环境容量来将污染物排放总量控制指标明确下来，也就是总量控制指标须按照环境容量来进行确定②。我国从"九五"开始实施目标总量控制制度，在区域上分解到县一级行政单位，在时间上以年为管理单位。根据《"九五"期间全国主要污染物排放总量控制实施方案（试行）》，共包含了十二项指标，包括烟尘、工业粉尘、二氧化硫以及化学需氧量、石油类、氰化物等，"十五"期间缩减二氧化硫、尘、化学需氧量以及氨氮、工业固体废物这 5 种，"十一五"缩减为 2 种③：二氧化硫和化学需氧量，"十二五"又增加为 4 种：二氧化硫、氮氧化物、化学需氧量、氨氮。总量控制制度的实施程序如下：①国家环境管理机关在各省、自治区、直辖市申报的基础上，经全国综合平衡，编制全国污染物排放总量控制计划，在各省、自治区和直辖市内逐层分解主要污染物排放量，这就是国家控制计划指标。②各省、自治区、直辖市把省级控制计划指标分解下达，逐级实施总量控制计划管理，一般下达到县一级行政单元。③各地区编制年度污染物削减计划。④年度检查、考核。《环境保护法》于 2014 年进行重新修订，其中第四十四条明确指出：我国将推行重点污染物排放总量控制制度，由国务院下达至省、自治

---

①②③ 刘旭，秦南茜．我国污染防治法中的总量控制制度概述［J］．法制与社会，2011（2）．

区、直辖市人民政府分别落实重点污染物排放总量控制指标。企事业单位一方面要对国家及地方污染物排放标准进行规范化执行，另一方面还应当遵守分解落实到本单位的污染物排放总量控制指标。如果某一地区在该指标方面的排放总量超出了国家规定，那么该地区所报送的新增重点污染物排放总量的建设项目环境影响评价文件就应当暂停审批。该规定大大提升了总量控制制度的法律地位。

（2）污染物总量控制制度的成效。我国的污染物总量控制制度建立以来，国家的减排力度不断加大，为这项制度的实施提供了较好的政治环境。从目前来看，我国污染物总量控制制度成效卓著，主要表现在以下几个方面：一是将污染减排纳入政府绩效考核，成为各级政府的重要工作内容。从"十五"开始，我国把主要污染物总量减排正式纳入各级政府的国民经济和社会发展规划，作为对政府绩效考核的重要指标。与 2005 年相比，2012 年的全国化学需氧量降低了 12.45%，二氧化硫排放总量降低了14.29%，超额完成减排任务①。目前总量控制制度已经成为我国点源排放污染的控制龙头，成为政府环境目标责任的载体。二是强化对重点地区的总量控制，对于改善重污染地区生态环境质量发挥了重要作用。从"九五"开始，我国的污染物总量控制与减排的主要区域依然是酸雨控制区及二氧化硫控制区，重点控制区域包括巢湖流域、辽河流域、淮河、海河以及太湖、滇池，这些管控措施对于重污染区域的生态环境质量改善发挥了重要作用。经过几十年的持续治理，目前我国重点流域的水质已经明显改善。三是有助于优化产业结构和产业布局。通过污染物总量控制，起到了抑制"两高一资"产业，鼓励高新技术产业发展，促进产业结构优化调整的作用。如对于钢铁、水泥等产能过剩行业，通过严控总量指标，淘汰落后产能的效果非常显著。同时，我国的总量控制制度在地域上也坚持了区别对待原则，即总量指标的分配考虑了不同地区的经济与环境现状，并适当照顾地区差别。东部地区主要是削减，促进产业结构升级，中西部地区则根据具体情况部分指标适当放宽，有利于承接东部地区的转移产业。与产业政策、环境准入政策等相配合，总量控制制度起到了优化全国产业布局的作用。

（3）污染物总量控制制度存在的问题。一是总量指标并未与环境容量

---

① 《环境空气气态污染物（SO_2、NO_2、O_3、CO）连续自动监测系统运行与质控技术规范》编制组.《环境空气气态污染（SO_2、NO_2、O_3、CO）连续自动监测系统运行与质控技术规范》（征求意见稿）［R］. 2015.

直接挂钩。我国实行的是目标总量管理，分配给各地的总量指标没有与当地的环境容量直接挂钩，并未明确指向与群众生活息息相关的城市水体和空气质量。导致"十一五"期间虽然各省份大多完成了减排指标，但群众并未感受到生态环境质量的改善。二是缺乏具体实施细则，可操作性不强。如环境纳污能力的确定和总量控制指标的分配均缺乏明确、具体的规定。监督与保障总量控制的实施步骤，查处违规行为的法律责任也不明确。三是配套制度不完善。总量控制制度需要排污许可证制度的配合，也就是通过行政许可的方式确定污染源排放的总量是多少。然而，由于配套制度不健全，生态环境部门又没有强制执行权，所以排污许可证制度一直没有全面建立起来。此外，总量控制制度还需要和环境影响评价制度、环境保护"三同时"制度相衔接，而目前由于没有系统、及时的统计数据，制度之间的衔接还存在较多问题。四是没有形成有效的部门联动机制。"十二五"以来，农业面源和机动车尾气污染物的排放也被纳入总量控制工作中，但是相关基础数据掌握在农业畜牧部门和公安部门。这两个部门的数据统计与报送机制都是独立的，因此和环境保护主管部门的总量控制工作难以实现有效衔接。再加上没有明确的制度对这些部门的日常工作进行约束，最终导致对总量控制的监管渠道不畅。五是惩罚机制和力度不足。无论是对于企业还是地方政府部门，一旦出现污染物排放超过总量指标，往往是避重就轻地进行行政处罚了事，罚款的数额也较低，难以形成震慑作用。六是污染物总量控制制度的覆盖范围已经难以扩展，制度潜力有限。污染物总量控制制度实施以来，对于重点污染物减排发挥了巨大作用。然而，随着大气污染物防治领域脱硫、脱硝措施的日趋严格，以及水污染控制领域污水处理厂的大范围兴建，总量控制制度对于减排的作用已经减弱。对于散烧煤、农村面源污染等问题，由于难以纳入统计体系，总量控制制度基本上鞭长莫及。

4. 环境规划制度

1989 年通过并开始实施的《中华人民共和国环境保护法》确立了环境规划制度，随后环保领域的单行法也提出了编制环境保护规划的要求。如 1996 年《中华人民共和国水污染防治法》第十条规定，应根据流域或是区域来统一规划防治水污染问题。由国务院环境保护部门与计划主管部门等相关机构以及有关省、自治区、直辖市人民政府共同编制国家确定的重要江河流域水污染防治规划工作，报国务院批准。1999 年颁布实施的《中华人民共和国海洋环境保护法》规定"国家根据海洋功能区划制定全国海洋环境保护规划和重点海域区域性海洋环境保护规划。"2014 年修订的《中华人民共和国环境保护法》全面加强了环境规划要求，其中第十三条规定，国务院环境保护主管部门与相关部门机构相互配合，按照国民经济与社会发展规划来对国家环境保护规划进行编制并报批国务院，经国务院审核批准之后方可对外公布并实施。而各行政区域的环境保护规划则由县级以上地方人民政府环境保护主管部门与各相关部门一起，结合国家环境保护规划的要求来进行编制，所公布实施的规划须经过同级人民政府的审核批准。生态保护与污染防治的目标、保障措施等内容应涵盖在环境保护规划内容中，且要能够和主体功能区规划等规划实现有效衔接。

（1）环境规划制度的成效。第一次全国环境保护会议于1973年召开，此次会议提出了环境保护工作32字方针，即"全面规划、合理布局、综合利用、化害为利、依靠群众、大家动手、保护环境、造福人民"，至此，环境规划成为我国规划体系中的重要组成部分，并发挥着越来越重要的作用。迄今我国已经形成了在行政层级上纵贯国家、省、市、县四级政府，类别上包括总体规划、专项规划和区域规划的完整环境规划体系，对于防治环境污染和保护生态环境发挥了重要作用。具体而言，主要体现在以下几个方面：一是环境保护规划在国民经济与社会发展规划当中所占据的地位越来越重要。我国改革开放后制定的首个国民经济和社会发展计划——《中华人民共和国国民经济和社会发展第六个五年计划（1981～1985）》以列出专章的方式提出了环境保护的目标和任务，此后国民经济和社会发展规划（计划）中论述环境保护的篇幅越来越大。二是环境保护规划在促进国土空间开发秩序的规范化方面所发挥的作用越来越突出。国务院于2000年出台《全国生态环境保护纲要》，其中明确指出，生态环境保护战略的推进要根据生态功能特征做到全面规划、分区推进及分类指导。2008年由国务院制定颁发的《全国生态功能区划》中对各区域的生态功能进行了确定，这为区域生态保护、产业布局、资源开发利用等活动提供了基本依据。国务院于2010年实施的《全国主体功能区规划》把国土空间划分成了四大类主体功能区，包括优化开发区域、限制开发区域以及重点开发区域、禁止开发区域，并将其上升为我国国土空间开发的约束性、战略性及基础性规划，对于规范国土空间开发秩序至关重要。三是环境保护规划对于治理环境污染严重区域发挥了重要作用。国务院于1996年通过《国家环境保护"九五"计划和2010年远景目标》，确定将"三河"（淮河、海河、辽河），"三湖"（太湖、巢湖、滇池）、"两区"（酸雨控制区和二氧化硫控制区）设为治理重点，制定了针对上述污染重点治理地区的生态环境保护治理规划，投入专项资金，并统筹国家发展改革委、农业部等部门协同作战，迄今上述区域生态环境质量已经得到显著改善。四是环境保护规划对于治理主要污染物发挥了重要作用。近年来我国陆续制定了《全国主要行业持久性有机污染物污染防治"十二五"规划》《重金属污染综合防治"十二五"规划》《重点区域大气污染防治"十二五"规划》等，对于治理农村面源污染、重金属污染等发挥了重要作用。

（2）环境规划制度存在的问题。环境规划目前已经成为我国规划体系中的重要组成部分，也是具有法律依据并在各个行政层级都需要编制的重点规划。然而，由于环境保护工作涉及的领域较多，制约环境目标实现的因素也很多，环境规划能够发挥的作用还非常有限。总体而言，我国环境规划制度主要存在以下几个方面的突出问题：一是规划目标不够清晰。例如，日本《琵琶湖综合保护规划》提出的保护目标之一是"琵琶湖水质清澈丰沛、掬水可饮"，而国内的环境规划在目标描述明显不足，经常使用"水质有所改善""水质明显改善"等说法。二是重规划编制，轻规划实施。各级政府和生态环境部门的工作重点主要局限在规划的制定上，对于怎样促使规划实施、用什么手段实施，往往考虑不足，环境保护规划目标很难全部实现。三是环境保护规划与其他发展规划不协调。例如《全国主体功能区规划》与国家大型煤炭基地规划存在众多不协调之处，其中鲁西基地、两淮基地、河南基地大部分面积均位于《全国主体功能区规划》提出的"七区二十三带"中的黄淮海平原粮食主产区内，煤炭开发与耕地保护矛盾尖锐。晋中基地、陕北基地、黄陇基地与"两屏三带"生态安全战略格局中的黄土高原—川滇生态屏障也存在明显冲突。四是规划过程中的公众参与不足。我国环境规划从立项到执行管理，基本上全部都由政府操作，公众的参与和监督很少，目前的法律法规对公众参与的程序、范围、方式等也没有明文规定。五是环境规划的评估和监测机制不健全。对于规划实施过程中存在哪些问题，出现了什么非预期影响等，目前缺乏规范的监测和评估机制。六是体制僵化，地方的主动性和积极性没有完全发挥出来。目前的环境规划体制是上级部门定指标、定框架、定格局，下级部门填充数据和落实要求，下级规划部门要首先考虑完成上级部门下达的规划任务，其主动性和积极性就难以充分发挥。对于同类规划，下级部门往往简单照搬上级部门的规划编制模式，地区特点难以全面反映。

（3）"多规合一"替代环境规划制度的探索发展。近年来，规划类型越来越多、规划数量越来越大，一些地方试图应对"多规"重叠矛盾、影响效率的不利局面，组织开展了不同形式的"多规融合"或"多规合一"探索，出现包括"两规合一""三规合一""四规合一""五规合一"等在内的大量案例。这些地方的探索实践有一个共同特点，即都未经国家授权，属于自行组织，以"多规"合作或融合为主，侧重规划衔接协调，即在不取代任何一个法定规划的前提下，尝试建立一套规划协调机制，来弥补现行规划体系的不足。针对上述情况，2013 年，中央城镇化工作会议提出"建立空间规划体系，推进规划体制改革，加快规划立法工作"，《国家新型城镇化规划（2014～2020 年）》提出推动有条件地区的经济社会发展总体规划、城市规划、土地利用规划等"多规合一"①。2014 年，中央全面深化改革工作部署中，对各市县开展"多规合一"试点工作提出明确要求，其中"多规"包括土地利用规划、城乡发展规划等；同年 8 月，国家发展改革委、国土资源部、环境保护部、住房城乡建设部联合下发通知，确定 28 个"多规合一"市县试点。2015 年 9 月，中共中央、国务院发布《生态文明体制改革总体方案》，要求整合目前各部门分头编制的各类空间性规划，编制统一的空间规划，实现规划全覆盖②。然而，对于以何种规划为统领，《生态文明体制改革总体方案》和国家四部委通知中并未予以明确，从中可见这一问题的复杂性和敏感性。"多规"分久必合，已是大势所趋，但各部门对"多规合一"全面形成共识仍有待时日。总体上看，"多规合一"前期探索在优化用地结构和布局、提高规划管理效率、提升政府空间治理效能等方面发挥了一定作用，取得了有益经验，促进了现行规划编制体系的完善、规划协调技术路径的优化、规划组织协调机制的创新和规划实施运行机制的完善等。根据中央部署要求，2015 年完成市县"多规合一"试点，2016 年开展省级空间规划试点。2019 年 5 月，中共中央、国务院印发《关于建立国土空间规划体系并监督实施的若干意见》，标志着我国国土空间规划体系顶层设计和"四梁八柱"基本形成。

3.2.3 政府治理机制评述

经过改革开放后 40 多年的法规建设和体制机制建设，我国已形成了统一监督管理与分级、分部门监督管理相结合、以政府为主导的生态环境保护治理体制。尽管为适应市场经济体制的需要，开始由过去单一的命令控制型环境政策手段向多种环境管理政策手段综合并用转变，也建立了一些环境保护市场机制和社会参与机制，但执行情况都不尽理想，政府主导仍是当前环境保护治理体制的主要特点。

---

①② 韩青等. 青岛市国土空间规划工作整备——从"多规合一"到"大部制"改革 [J]. 城市与区域规划研究，2018，10（3）.

1. 我国环境保护政府治理机制的总体成效

自 1971 年国家计委成立环境保护办公室以来，我国的环境保护立法、制度建设、重点污染源治理等各项工作均带有鲜明的政府主导色彩。迄今为止，执行率较高、执行情况较好的环境保护制度都是政府主导的制度，如环境影响评价制度、建设项目环境保护"三同时"制度、总量控制制度、环境规划制度等。这些制度要么与生态环境部门的审批权挂钩，要么由政府部门亲自执行。因此，以政府为主导的环境保护治理体制，在根本上是由我国的政治体制决定的，在过去也基本上与我国社会经济发展所处的历史阶段相适应。总体来看，我国以政府为主导的环境保护治理体制具有以下几个方面的优势：一是能够集中力量办大事。"三河""三湖"水污染防治，退耕还林、退耕还草、保护天然林等重大污染防治和生态保护工程，涉及面广、投入大，没有强有力的政府推动根本不可能完成。事实证明，针对重点区域和主要环境问题进行专门整治是短期内改善生态环境质量行之有效的方式。在研究领域，国家设立的《水体污染控制与治理科技重大专项》（以下简称"水专项"）总经费概算三百多亿元，只有在政府的主导下才有可能实施如此浩大的工程。二是能够快速应对环境危机。2010 年 7 月 28 日松花江水污染事件发生后，吉林省快速组建了 8 道防线拦截打捞浮桶，生态环境部门迅速沿江布设了 7 个监测段面对松花江水质进行全面监测。如果没有政府部门强大的动员力量，在短期内是不可能实施如此严密的防范措施的。三是有利于协调环境保护与社会、经济发展之间的关系。我国涵盖四级政府部门的环境规划制度，能够将国家的环境保护意图层层传递到各级政府部门，纳入国民经济和社会发展规划。特别是主要污染物减排要求，已经纳入政府绩效考核机制，成为地方政府部门安排社会、经济活动时必须认真考虑的重大问题。

2. 我国环境保护政府治理机制存在的共性问题

我国以政府为主导的环境保护治理体制对于促进环境保护与经济、社会协调发展曾经发挥了较大作用，但随着经济社会转型，一些深层次的弊端也日益凸现。一是，"条块分割"的管理体制难以约束地方投资冲动。我国的环境保护体制在纵向上实行分级管理，上级生态环境部门对下级生态环境部门发挥业务指导作用。同时，各级地方政府所辖区域内的环境管理工作由该地区所设置的环境保护行政主管机构负责，而扯皮、争权、推诿等问题发生的重要原因之一就是"条块分割"的管理体制。由于生态环境部门的人事、经费等均受制于同级政府，导致中央的环境保护意志难以不折不扣地得到执行。过去建设项目环境影响评价制度和"三同时"制度之所以执行率不高，一个重要原因就是地方政府部门的干预，在本质上是环境保护让位于经济增长的外在表现。在以 GDP 为导向的地方政府政绩考核机制下，环境保护部门成了可有可无的弱势部门。二是多头管理导致责权分散，难以形成合力。在很多西方国家，自然资源与环境通常归属同一部门管理，但在我国，管理权限分散在多个部门，环境保护行政主管部门事实上真正能够管理到的只有污染源。水资源由水利部管辖，土地、矿产由国土资源部管辖，森林归林业部管辖，草地归农业部管辖，节能减排工作归发展改革委管辖，城市污水处理归城乡建设部管辖。环境保护政策制定同样是政出多门。管理权限的分散，不仅导致各部门的管理要求难以协调，也浪费了行政资源，降低了工作效率。一旦出现问题，责任的归属也很难厘清。例如，建设项目环境影响评价中有水土保持章节和生态建设内容，但此项工作与水利部主导的水土保持方案存在明显冲突。目前实施的主要污染物总量控制制度涉及农业面源污染和机动车尾气排放，但相关数据却掌握在农业部和公安部手里，而环保部和这几个部委之间并没有建立起有效的联动机制。三是环境保护政府治理机制之间缺乏有效联动。如前文所述，建设项目环境影响评价制度、"三同时"制度、总量控制制度之间一直存在连接不畅的情况。既有数据库不统一的问题，也有机构之间缺乏沟通联系的问题。事实上，以上三种制度与环境规划制度之间也存在联动不足的问题，环境规划往往沦为摆设这一现象就是最好的证明。

3. 我国环境保护政府治理机制的改进方向

党的十八届三中全会强调要对社会治理体制进行创新，加快实现现代化的国家治理体系和治理能力，并指出当前我国亟需要解决的一个重要问题及全面深化改革的一项重要任务就是生态文明制度建设。所以，环境管理思路需要尽快创新与完善，以促进科学有效的环境保护政府治理体制的尽快形成。针对环境保护政府治理体制存在的问题，今后应从以下几个方面入手进行改进：一是理顺环境行政治理中的"条、块"关系。制度改进的总体方向是要在体制机制上做到中央和地方诉求一致，便于国家环境保护战略的落实。其中，要重点处理好中央与地方、环境保护部门与地方政府之间的关系。地方环保局不宜过多依赖地方政府，上、下级生态环境部门之间的垂直领导关系要进一步强化，要求在地方政府政绩考核当中纳入环境保护内容，构建完善的一票否决制度，同时要求各级政府要真正能够对本地区生态环境质量负责。二是提高环境管理部门的资源环境统筹能力。为有效解决职能交叉、多头管理等问题，需要将有着相近职能与业务范围的环境管理事项都交由生态环境部门来统一管理，以促进行政效率的有效提高和行政成本的节约。从远期来看，应效仿瑞典、澳大利亚、加拿大等国，建立统一的资源环境部，或者提升环境保护部的级别，提高其环境管理统筹能力。三是整合现有的环境管理制度。应通过统一的资源环境数据库建设，协调共享环境管理制度数据。通过内部机构改革，减少制度执行中的重复和重叠。四是环境保护的管理模式应注重新的治理理念的吸收，逐步改变过去以政府为主导的管制模式。就当前而言，政府应该引导鼓励公众参与环境保护事业，推动发展非政府组织，强化监督机制和环境管理的参与力度。五是尽快完善环境保护市场机制。党的十八届三中全会提出市场经济体制的改革方向是让市场在资源配置中发挥决定性作用，与此相适应，环境保护中的市场机制也应发挥更大作用。从目前来看，资源价格扭曲、环境违法成本低等问题是我国资源环境恶化的重要原因，要从根本上改变这一局面，必须建立健全环境保护市场机制。对于政府部门来说，应该为市场机制的发挥提供良好的法制基础和运行环境。

3.2.4 中国环境保护市场治理机制

解决中国各种环境问题，实现各项既定环境目标，环境保护治理体系需要与市场经济的要求相适应，有效转变现阶段以命令—控制型政策为主的政策体系，将经济政策的行为激励功能及资源配置功能有效发挥出来。从改变成本和效益入手，改变经济当事人的行为选择，通过行为人自身选择校正经济系统对环境的影响，从而实现改善生态环境质量和持续利用自然资源的目标。

1. 环境保护市场治理机制理论基础

政策工具的实施是有着一定的实践需求与理论依据的。环境政策市场化工具应用的基本理论有两个：即以市场为基础，探讨解决外部性问题的庇古理论和科斯定理。庇古理论提出，为达到优化配置资源的目的，应在生产者的成本当中借助税收的方式将外部不经济内化其中，这也被称为"庇古税"。科斯则提出了损失的相互性，指出外部性的内化可通过产权的明确来实现，这就是"产权"路径①。

（1）庇古理论。在经济活动中，外部不经济是普遍存在的，市场失灵现象的发生是因存在外部性而引起的。针对资源配置当中市场所表现出来的失灵问题，庇古所提出的解决策略如下：将政府的适度干预机制引入其

---

① 崔先维. 中国环境政策中的市场化工具问题研究［D］. 长春：吉林大学，2010.

中，通过政府把外部性所带来的损失内化成企业的生产成本。具体措施如下：针对有外部不经济效应的企业征收税费，此时，企业的边际私人成本比边际社会成本要低；针对存在外部经济效应的企业予以一定的补贴，此时边际社会收益高于边际私人收益。该理论认为，为实现环境外部性内化，在企业的生产经营中纳入企业对环境污染的成本，政府可借助干预手段来对污染环境实施课税，而对存在外部效应的企业则予以补贴，以此来约束污染者的环境行为。环境政策市场化工具中的环境税和环境收费等理论依据正是来源于庇古理论[1]。

（2）科斯定理。科斯认为，外部性影响是相互的，他将庇古外部性的单向影响转变为影响的相互性。科斯定理由三项组成：首先，当交易费用为零时，当事人之间的谈判都会带来资源配置的帕雷托最优结果，这与权利的初始配置情况无关。就环境外部性影响来说，如果市场交易费用为零的话，则失去征收庇古税的必要性，原因在于当事人可借助谈判的方式来实现最优化资源配置的目的，且与产权最初是怎么样配置的并无关系。其次，当交易费用不是零的时候，权利界定不一样，则所产生的资源配置效率也是有差异的。市场交易过程中必定会有相应的费用产生，这是不可避免的。那么，在这种情况下要怎么样才能让资源实现优化配置？产权制度不一样，所产生的资源配置效率也有差异。所以，当交易成本大于零时，污染企业与居民之间存在相互影响的关系，减排设施的费用应当由企业还是居民来承担？庇古税也不一定是有效率的。最后，权利界定与分配不一样，那么在存在交易费用的情况下资源配置效益也是不一样的，要实现资源的优化配置就先要合理设置产权制度，人们在从事交易活动的过程当中若是所处的产权制度不一样，那么成本也会有差异。科斯定理认为，将产权明确下来是解决外部性问题的主要途径。不过，该思路并非简单地向政府干预求助，实际上还是以市场为出发点来对市场失灵问题予以解决[2]。

上述两种理论都认为经济手段是十分重要的，且都在环境政策的实践方面得到了有效运用，不过二者所构建起来的市场化工具是有着不同的形态的。科斯手段在借助市场来实现环境资源的优化配置方面更占优势，在资金筹集方面，庇古手段优势更突出。总的来说，庇古手段适用于交易成本高但管理成本低的情况，科斯手段则适用于管理成本高但交易成本低的情况[3]。

---

①②③　崔先维.中国环境政策中的市场化工具问题研究［D］.长春：吉林大学，2010.

2. 我国主要的环境保护市场治理机制

庇古理论和科斯手段都主张从影响成本—收益入手，引导经济当事人的行为选择，解决环境的外部性问题。由于科斯与庇古在外部性控制策略方面的意见并不一致，所实施的环境经济手段也有一定差异，庇古手段主要有押金—退款、补贴以及税收（收费），更倾向于政府干预，而资源协商、排污权交易制度则是科斯手段的主要内容，倾向于市场机制的作用①。

就现代污染控制工作来说，无论是科斯手段的排污权交易还是庇古手段的排污收费、环境保护税都是十分突出的，两者都是通过价格机制实现对污染排放者的减排激励②。

由于我国第一部推进生态文明建设的单行税法——《中华人民共和国环境保护税法》已于 2018 年 1 月 1 日起开始施行，施行了近 40 年的排污收费制度已废止，本书不再赘述。

（1）环境保护税制度。我国环境管理一项新建立的基本制度，是促进污染源头防治的又一项重要经济政策和法律保障，需要财政部、国家税务总局和环保部门多部门协调配合推进执行。实施三年来，通过税收杠杆，引导排污单位转变生产理念，促进高质量发展、减少污染物排放，在提高国家生态环境保护治理能力方面逐步发挥出重要作用。该项制度的环保意义大于财政收入意义。

环境保护税与排污费存在一定共性，两者目的都在于推进环保、减少污染，遵循"谁排污，谁付费"的机制。两者的不同主要体现在执行机构、执行力度以及执行效果等方面。排污费与环境保护税最本质的区别在于，由行政收费转变为依法征税，排污费属于行政部门执行的行政收费范畴，而后者则是具有法律效力和法律依据征税范畴的内容。排污费与环境保护税两者具体执行过程区别也较大，环境保护税对排污行为的监管更加规范、严谨，促使暴露细节问题，不断解决相应问题，促进污染防控行为更加有效。税务部门具有更刚性的征税能力和执行力度，污染行为由税收的手段进行规范、防控，更加科学、严谨、规范，执行效果也会有所强化，更有利于节能减排、有效防控污染目标的实现。

我国环境保护税制度存在的主要问题有：全国大多数地区环境压力大，制定的税额上浮，北京、河北等地区环境保护税额上浮幅度较大。从目前实施效果来看，该项制度仍处于过渡时期，效果尚不明显，后续需要

---

①②　刘颖宇. 我国环境保护经济手段的应用绩效研究［D］. 青岛：中国海洋大学，2007.

根据实际情况调整，不断推进，促进生态环境保护目标的实现。

（2）排污权交易制度。我国的排污许可证制度从 20 世纪 80 年代开始试行，排污权交易也在部分地区实施，但直到现在，我国还未制定有一部全国性的排污权交易法规①。

制度简介：在尝试多种生态环境保护治理手段后，我国才出现了排污权交易这一创新型环境经济手段。该项措施基本内容是，政府以科学计算的环境容量为基准，根据相关国家、地方生态环境质量标准，核算一定区域内的富余环境容量，并根据一定区域内环境功能定位确定容许的污染物排放量，在此基础上制定出各排污企业容许的最大污染物排放量，按照一定的分配原则、规则分配给相应的排污企业，并允许和鼓励将多余排放量按照市场规则进行交易。相较于传统排污收费、收税等手段，排污权交易的优势在于运用国家权力和环境规律，使环境容量成为稀缺商品，在市场规律的作用下，促使排污主体由被动转为主动寻求多种途径减少排污，并通过在市场上交易环境容量而获得经济上的补偿和收益，最终实现经济效益与环境效益的双赢。

自 1991 年起，国家环保部门就很支持排污交易制度试点工作的开展，我国先后实施排污权交易的试点城市就有 16 座。1996 年，政府环境保护绩效的考核目标中也正式纳入了污染物的排污权交易总量这一项内容。随后，对污染物排放总量进行重点控制开始成为我国环保部门的主要工作内容之一，为了达到这一目标，国家环保部门开始实施排污权交易制度，但前提条件是要与经济发展需求相适应。二氧化硫排污总量控制的试点工作于 2002 年开始在全国范围内进行，这次实践工作为我国广泛普及污染物总量控制工作积攒了宝贵经验，奠定了基础。与此同时，国家环境保护部门还十分重视水资源排污交易试点工作的研究与论证，我国不少城市先后实施了水资源排污交易，排污权交易市场先后被建立和完善起来，可见排污权交易在控制污染物总量方面意义重大②。

制度成效：我国多个地区政府都专门针对排污权交易制定了一系列法律政策，排污权交易平台也逐步建立起来，排污权交易制度的合理性获得了法律层面的论证。湖北省于 2007 年 4 月 29 日率先实施了二氧化硫排污权交易的试点工作；同年 12 月，关于二氧化硫排污权交易的试点工作也

---

① 许士春. 市场型环境政策工具对碳减排的影响机理及其优化研究［D］. 徐州：中国矿业大学，2012.

②②④ 常利娟. 我国排污权交易制度问题研究［D］. 西安：西北大学，2009.

在浙、沪、苏三地得到了联合实践。武汉光谷排污权交易所于 2008 年 3 月搭建起了一个关于排污权交易的平台，这是国内首次在市场中应用排污权交易，该平台借助市场机制的作用实现化学污染物（如二氧化硫等）实现在各个企业之间合理自由的流动，在交易市场上，企业可借助竞拍的方式来实现排污权的自由买卖。天津排污权交易所也于 2008 年 5 月正式挂牌成立，其中所涉及的污染物标的均为经济指标及标准化商品。上述一系列实践指出，排污权交易制度在我国的环境政策体系中的重要性[②]。

制度问题：20 世纪 80 年代我国就已开展了排污权交易试点的实践工作，奠定了进一步推进排污权有偿使用与交易的工作基础，但也使问题越积越多，最终造成排污权交易无法具备形成有效市场体系的条件[③]。

第一，缺乏法制保障。法律是维护排污权交易不可缺少的必要条件。相对于其他发达国家，我国相关方面的律法建设比较落后，虽然有《大气污染防治法》《水污染防治法》等现行法律涉及排污总量控制及排污许可证制度，但并没有关于排污权交易的全国性法律法规。另外，各地也非常欠缺能够对排污指标有偿使用和排污权交易的实践予以支撑的法规条文[④]。

第二，环境容量难以量化，限制了总量控制等相关制度的实施。排污权交易以总量控制为出发点和目标，如何确定环境容量总量既是重点，也是难点。环境容量总量的确定是一种技术要求高、计算和操作相当复杂且难度很大的问题。目前科技水平发展有限，再加之行政管理体制存在问题，使得排污权交易很难实行。

第三，排污权初始分配存在问题。政府透过发放排污许可证可使容量资源使用权得到更有效的分配，实现容量资源产权的初始配置。在实践中，容量资源产权的法律性质饱受争议，有些经济学家提出应保护这样的"产权"，环境学界则表示环境作为一种公共资源被当成"私人财产"并不合适。更何况当前对于排污权有偿使用的定价还缺乏有效的依据及方法，公开公正的排污权初始分配机制的形成条件还未具备，地方政府对排污权总量控制较为宽松、排污权指标分配有失规范化的问题依然严峻[④]。

第四，交易市场存在不足。排污权有效交易的前提和基础就是排污权交易市场，市场的缺陷造成了我国排污权交易制度发展缓慢的局面。这种

③ 崔莹，钱青静. 我国排污权交易市场的发展情况、问题和政策建议［R］. 中央财经大学绿色金融国际研究院，2018.

④ 常利娟. 我国排污权交易制度问题研究［D］. 西安：西北大学，2009.

缺陷表现在市场的不活跃、"无供给"现象严重，存在较为严重的"灰色交易"，这些表现非常不利于排污权交易市场的健康发展。

第五，价格机制不完善。就理论层面来说，排污权交易不但能够让企业实现利益的最大化，而且还可选择是购买排污权还是减少排放。各企业的这种行为都能够促进排污权交易市场均衡价格的形成，而实现资源优化配置的关键就在于价格。实际上却并非如此，因为当前主要由政府对各地一级市场上的排污权交易进行定价，一级市场定价机制欠缺，二级市场的定价机制比之更甚，所以合理的定价机制一直尚未面世①。

第六，排污权交易监督、调控机制缺乏。目前我国的监督管理机制还不完善，法律体系和信用体制尚不健全，排污权登记总结制度等程序性制度仍不规范，缺乏事前审核及事后监督机制。我国的排污权交易发展并不成熟，交易过程中的主导力量依旧是行政力量，政府在其中扮演的是推动者的角色，所采用的引导手段并非经济手段，更多的是命令—控制政策手段，这对排污权市场机制功能的发挥会产生非常不利的影响②。

上述因素都是造成排污权交易市场发展缓慢的因素。2014年8月25日国务院出台了《关于进一步推进排污权有偿使用和交易试点工作的指导意见》，指明为了对排污指标加强控制，培育和活跃二级市场，排污权有偿使用和交易制度的建立十分必要，另外对一些细节方面如排污权交易范围等也做出了明确规定，目的是使交易行为愈加规范化。

（3）绿色信贷制度（绿色金融、绿色采购）。依照我国金融业分业经营的现状，逐步建立了包括银行、保险、证券三大类别的环境金融制度体系。为了落实简政放权和行政审批制度改革，生态环境部门取消上市环保核查，相关工作全部交由市场主体负责，同时由于我国的间接融资性质，我国经济发展受信贷资金的影响很大，于是，环境金融的核心就落在了绿色信贷上③。

我国绿色信贷制度也称绿色信贷政策，是以银行信贷为操作手段，以节能减排为控制目标的一系列环保政策的统称。绿色信贷指的是为了让环境污染和生态破坏得到有效遏制，环境管理部门和货币监管部门以信贷为主要方式对环境污染主体的信贷供给和资金价格进行适当调控，并提供信贷支持和价格优惠以达到发展清洁能源技术和节省及降低消耗的目的，是一种以金融杠杆为工具实现环保调控的信贷策略。目的是为给节能环保企

①② 常利娟．我国排污权交易制度问题研究［D］．西安：西北大学，2009.

③ 陈好孟．基于环境保护的我国绿色信贷制度研究［D］．青岛：中国海洋大学，2010.

业和机构融合更多的资金，使破坏、污染环境的企业和项目失去资金支持，最终实现节能减排、转变增长方式的目标①。

中国人民银行和国家环保总局曾先后颁发了《中国人民银行关于贯彻信贷政策与加强环境保护工作有关问题的通知》和《国家环境保护局关于运用信贷政策促进环境保护工作的通知》。两个文件都强调要进一步加强环保投资力度，但并未涉及银行的信用手段及其他金融手段能有效促进环境的可持续发展等问题。2007 年 4 月 1 日之后，中国人民银行在征信管理系统中添加了环境执法信息管理，意味着银行正式从抗拒环境问题阶段进入到规避环境风险阶段。信贷控制对象为环境违法的企业和项目，同时也表明绿色信贷制度将作为治污减排的主力干将，通过绿色信贷机制阻止高耗能、高污染产业的扩张。文件对各金融机构作出明确指示，务必要做好企业环保守法这项审批贷款必备条件的审批工作，一定不能以任何形式对没有通过环评审批的新建项目予以授信支持；同时，严格控制未取得许可证排污或未完成限期治理任务等已建项目的流动资金贷款申请。总的来说，中国政府发起的绿色信贷政策是"节污减排"制度的贯彻与执行，尽管制定方包含了国家环保总局、中国人民银行、中国银保监会三方中央部门，却仍算不上市场化主导行为，但并不影响其发挥应有的作用②。

当前我国绿色信贷制度虽然取得了一定成效，但是绿色信贷的实践却相对滞后。2007 年，国家银监员会对银行金融机构提出了要求，银行金融机构需与生态环境部门配合，严格贯彻国家控制"两高"项目的产业政策和准入条件，以环境受借款项目影响的程度为基础，结合 ABC 三类进行分类管理。除此之外，国家环保总局通过 3 万余条企业环境违法信息为中国人民银行征信管理局做出停贷或限贷处理提供了重要参考依据③。

在绿色信贷意见以及监管部门出台有关政策的指导下，国有银行相继制定了内部绿色信贷制度。2007 年，第一条相关政策《关于推进"绿色信贷"建设的意见》由中国工商银行出台，该意见明确指出"环保一票否决制"正式启用，意味着与环保政策不符合的项目不能获得工商银行的贷款，被列入"区域限批""流域限批"地区的企业和项目在限制解除之前也得不到工商银行的信贷支持。此外，"环保信息标示"成为了工行内部信贷管理系统给予客户的一项服务，即将用于客户环保风险数据库的组建。农业银行也对信贷结构做出了重大调整，开放"三绿"贷款以支持绿

①②③　陈好孟. 基于环境保护的我国绿色信贷制度研究［D］. 青岛：中国海洋大学，2010.

色产业。中国银行则通过"绿色心益通"账户方便客户将活期储蓄存款利息捐赠给国家环保事业；中国建设银行设置了环保评估的信贷评审办法，明确环评不通过，信贷审批结果只能是一票否决①。

政策性银行国家开发银行通过《国家开发银行污染减排贷款工作方案》《关于落实节能减排目标项目贷款评审的指导意见》等政策加强了对高耗能、高污染企业的贷款控制，同时还推出了"节能减排"专项贷款，主要针对燃煤电厂二氧化硫治理等环境质量工程项目及企业。2007年末统计得出890亿元国家开发银行环保贷款余额，与同期相比增长了34%，其中，无锡等地的45亿元太湖污染治理投资计划是国家开发银行江苏分行与江苏省政府合作的成果②。

节能减排的环保信贷政策得到兴业银行、招商银行及其他地方性银行的广泛推行。与此同时，银行还需要加强国际间合作，共同致力于环境风险管理的探索③。

我国绿色信贷制度存在的主要问题：一是对银行约束与激励机制不完善。在外部政策法律环境不完善的情况下，没有外在约束银行落实绿色信贷，缺乏鼓励商业银行推行绿色信贷的激励机制。二是环保信息披露沟通机制不健全。当前我国还未建立起完善的环保信息披露制度，并没有要求银行对贷款企业的环保信息进行披露。同时，在银行与生态环境部门之间没有很好的信息沟通机制，银行了解贷款企业的环保信息时存在交易成本与低效率，给绿色信贷推行造成了阻碍。三是绿色金融支撑体系尚不健全。绿色金融相关的配套政策、环境信息评估技术、专业人才等支撑体系尚不健全，成为绿色信贷推行的瓶颈。

3.2.5 市场治理机制问题

我国的环境市场机制正被越来越广泛地应用，发挥着越来越大的作用，如今已成为中国环境政策体系的基本组成部分，并逐渐被纳入中国宏观经济政策、产业政策和部门政策体系，对于污染控制、自然保护和自然资源合理利用产生了重大促进作用。通过环境市场机制的实施，为我国环境保护事业的建立和发展筹集了关键的资金，并普及了环境价值和自然资源有偿使用的观念，提高了三大治理主体的环境保护意识。但在取得这些成就的同时，我国环境保护市场机制的应用还存在其他一些

①②③　陈好孟. 基于环境保护的我国绿色信贷制度研究［D］. 青岛：中国海洋大学，2010.

重要问题。

1. 生态环境保护治理政策市场机制发育不足

当前我国正处于全面深化改革的关键阶段，构建服务型政府的进程也在持续开展。伴随着体制改革的逐步深入，在政府部门的领导下，保护及治理生态环境的工作也得以快速推进。由于我国采取的是以生产资料公有制为主体的分配方式，所以自然资源及自然环境的保护及监管工作从根本上取决于政府部门工作效率的高低。作为生态环境保护和治理工作的主体，政府部门所指定的法律政策对环境行为的开展起着重要的影响作用。而纵观我国当前施行的法律规范，多呈现出强制性特征，缺乏一定的激励机制。虽然采取强制性的法规或命令可以引导社会团体等开展生态环境保护治理工作，但也存在一定的弊端，如难以有效符合市场规律等。出现这种情况的原因是政府强制性的行政命令难以从根本上实现市场调节，因此在调动市场资源治理环境的过程中呈现出一定的困境，未能充分发挥企事业单位环境保护主体的作用。

2. 环境保护市场体系不健全

我国整体的环境保护市场体系还不是很完善，处于发展水平较低、结构不合理、创新能力不强、市场不规范、服务体系不健全的阶段。在这种市场条件下实施环境市场机制，可能面临的风险和问题将主要体现在：政策对象对价格信号以及行为激励机制不敏感，导致经济政策的作用无法有效发挥；政府的过多或不恰当干预使得环境市场机制的推行过程遇到不应有的障碍；政策对象可能会具有规避政策行为；由于对违规行为处罚不力或没有处罚，导致经济政策效应下降。

3. 环境资源产权不明晰

从根本上实现自发配置自然资源的理论层面探究可发现，应将明晰环境资源产权作为发挥市场机制这一过程的前提条件。所谓环境资源产权明晰，指的是应明确地划分好自然生态资源所属的各项权利，如占有、使用、收益和处置等。其中从环境产权的财产权方面来看，涵盖了环境容量资源商品的上述四种权利，使用权则包括固体废弃物的弃置权、排污权等[①]。环境资源相关权利的界定、转让、交易等都与环境资源的产权结构有关。

我国的环境资源属于国家和集体，受当前资源产权理论运用呈现空白状态的影响，当前有一些资源的产权并不明晰，如使用权不明确等，因此

---

① 乔立群. 环境产权论 [J]. 环境，2011（S2）：33 – 37.

出现了一定的监管机制匮乏的情况。这不仅会对科学配置自然资源造成阻碍，还会因缺乏政府监管而造成部分产权纠纷。我国当前的环境资源产权相关规范中并未对资源使用者和利用者的权利机制及义务范围进行细致的划分。在缺乏细致法律规范监管的前提下，损害国家自然资源所有权或集体所有权的现象时有发生①。

4. 环境资源价格形成机制不完善

定价是市场在环境资源配置中起决定性作用的关键。利用定价让自然资源在市场机制的影响下实现其应有价值从而形成固定的资产形式，可以对保护生态环境和治理自然环境起到良好的推动作用。从市场理论来看，可以将环境容量资源视为一种能够流通的商品，通过市场自发调节实现其价值②。

从体制方面分析，部分政府部门或行政人员由于掌控着较大配置权，所以对部分自然资源进行分配时出现了一定的主观因素影响，一些自然资源的价格可能在政府的干预下被扭曲了，出现腐败寻租行为，自然资源价格没有真实反映资源的市场需求情况，也没有体现出准确的供求程度，因而对环境资源价格的制定造成了较大阻碍。

环境容量的资源价格通过排放权交易价格反映，我国排放权交易大部分在政府的主导下完成，并且还没有大规模开展，所以交易价格既没有充分体现资源的稀缺程度，也没有很好的协调经济发展和生态环境质量之间的矛盾，以使两者达到一种最优平衡状态。

5. 制度原因导致市场机制扭曲

在生态环境保护治理中，制度原因可能扭曲市场实际运行模式，导致在这过程中无法发挥市场自发调节的作用。

从横向权力划分层面探究发现，环保机构的权力设置相较其他同级部门，呈现出一定的等级弱化及权力弱化现象。而且无论是权力配置还是工作内容，都表现出了较大的模糊性，所以在开展环保工作时，通常会激发出一些工作问题，如环保部门难以与其他责任机构形成高效配合来治理生态问题等。在实际工作过程中，一些机构极易出现拒不执行环保部提出的整治要求等情况。对政府工作模式进行纵向分析可发现，相对于经济因素，部分地方政府部门并未对环保问题加以重视，在经济利益的驱动下，环保部门制定的环境政策难以得到有效施行。除此之外，由于在当前政府机构运行的绩效考核机制中，缺乏对环保绩效的相关规定，而且在部分政

---

①② 乔立群. 环境产权论 [J]. 环境，2011 (S2)：33－37.

府部门中，负责治理生态环境的工作机构通常会在行政能力和资金保障等方面呈现出一定的弱势，因此在环境治理过程中难以达到既定的治理目标①。

在我国当前的政府工作人员考核体系中，多倾向于考核包含发展经济等因素在内的多种硬指标，而环保等软指标由于其不具备直观量化特征所以容易被忽视。这会导致一些地方政府工作部门基于追求直观业绩结果而忽略了环境保护相关工作，更有甚者为完成经济发展指标不惜以破坏环境作为代价②，忽视环境保护，甚至纵容某些企业的环境污染行为，中央环境政策的执行在这种考核制度安排下不断被扭曲。当然随着"党政同责"等干部生态环境保护责任的落实和考核机制的跟进，这种局面已经有了极大改善。

财政分权改革让地方政府经济发展独立性有所提升，但随之而来的是当地财政部门面临的经济压力持续走高，激发其大力发展经济的行为。而且由于地方政府在执行国家环保政策的过程中具备一定的可操作空间，所以在发展经济的进程内，通常会造成辖区内生态资源遭受破坏等情况，不仅环保政策难以得到严格施行，甚至还可能出现大肆破坏环境获取经济利益的现象，环保工作呈现出缺失状态③。

我国大部分地区的政府部门都未设立专职环保人员或专项环保资金，因此在执行国家制定的环保政策时，出现了一定的滞后性。尤其是在缺乏环保资金的前提下，环保部门通常需要借助向造成环境污染的企业收取罚金等方式来获取环保资金，对污染企业形成负激励作用，阻碍了积极的环境保护行动，导致环保目标与经济利益之间发生冲突④。

此外在当前的多项环境保护相关法律政策中，都未对污染企业制定较高的处罚标准，所以企业在追求利益过程中，通常会以缴纳违法罚金牺牲环境来获取经济利益作为发展手段。久而久之，过低的违法成本促使企业与地方政府达成排污协议，这从根本上背离了中央关于生态环境保护和治理的出发点⑤。

3.2.6 中国环境保护社会治理机制

环境保护社会治理机制的逻辑起点，是尊重和保障公众的环境知情权、参与权、表达权和监督权，积极构建全民参与环境保护的社会行动体

---

①②③④⑤ 任丙强. 社会学新制度主义述评——政治学研究的社会学新途径 [J]. 社会科学家，2003（7）.

系，广泛动员社会力量保护环境。生态环境质量是公众可以亲身感受的，公众对环境恶化有改善生态环境质量，公众也是直接受益者。因此，环保过程应对公众力量加以衡量。

作为环保社会治理体系的根本策略，公众参与不仅是环境社会治理最主要的形式，还能够保障社会居民对环保工作提供建议、参与制定决策和及时监管等。这一方式得以实行的前提是知情权得到保障，在环境污染破坏造成损失的情况下，可以通过环境诉讼保障公民环境权益。因此可以认为，在充分引入公众参与的过程中，应将公开环保信息作为基础，与此同时，也应将环境诉讼作为社会居民参与环境保护、保障公众环境权益的一项重要手段。环境信息公开制度、环境诉讼制度可视为辅助性的、为环境保护公众参与制度提供必要条件和辅助手段的制度。而环境教育，作为提高全民环境意识、使环境保护得到公众理解、配合、参与和支持的重要保障手段，也是与环境保护社会治理机制息息相关的重要内容。

环境社会治理是生态环境保护治理体系中有关社会要素的总和，同环境保护中政府管制和市场调节相并列，既相互补充又相互交叉影响；环境社会治理又是社会治理体系中有关环境要素的总和，同教育、医疗等领域的社会治理相并列。

所谓社会治理，指的是基于最大程度实现公共利益的目标，政府部门与社会团体或个人之间构建起平等合作的关系，以相互配合的方式来共同进行社会治理和监管社会活动的行为。

也可以从不同社会群体相互合作的角度上来理解社会治理的相关理论，社会治理的核心包括两个方面：一是妥善处理政府部门与各社会组织（企业）或社会个体之间的合作关系，二是对社会组织之间呈现出的利益冲突加以解决。

社会治理这一概念的流行始于 20 世纪七八十年代的西方社会，多见于政治学和社会学方面的文献，多数理论是基于社会主体互相配合的观点来建立的，体现的是社会治理和监管主体的多样化紧密联系特征。

生态环境保护与管理是指政府机构、公民社会和企业通过正式或非正式的机制管理和保护自然资源，控制污染、解决环境纠纷。传统的生态环境保护与治理是指 20 世纪下半叶以来我们对环境污染和生态系统破坏所进行的"三废"治理、草地生态恢复治理等末端治理或源头治理。现代生态环境保护和管理意味着可持续利用的自然资源和环境，利益相关者决定谁将进行环境决策，如何做决定，谁来行使权力并承担相应的责任，可以达到一定的环境绩效、经济绩效、社会绩效，且追求效能的最大化和可持续发展。与环境管理不同，生态环境保护治理是对环境管理的改进和创新，突出表现在生态环境保护治理的主体、结构、机制和实施方式等方面。例如，在实施方式上，生态环境保护治理更讲究多元化，实施方式多样化，包括合作与参与、合作式参与和参与式合作等。

在保护和治理生态环境的过程中，应将社会治理作为核心治理途径之一。社会治理应在保护自然环境的过程中发挥出主体作用，将环保治理作为社会治理的重要组成部分来对待，进一步解决社会问题、缓解社会矛盾等。环境社会治理是社会治理和生态环境保护治理的交叉领域，是生态环境保护治理和社会治理的有机结合。

1. 环境保护公众参与制度渐成体系

所谓环境保护的公众参与，指的是社会公众在环境治理领域中，为达到公共利益最大化的目的而发挥出主体监管作用的社会行为，体现出的是社会团体或个人在环保过程中的作用，在当前学术界并未界定出清晰的概念。在界定相关定义时，吕忠梅认为，"在环境资源保护中，任何单位和个人都享有保护环境资源的权利，同时也负有保护环境资源的义务，都有平等的参与环境资源保护事业、参与环境资源决策的权利"①。陈建新表明，在环境保护过程中，社会公众应依法提供自身建议和策略，为政府环保部门制定环保法规提供良好的基础，并充分发挥出自身的监管作用和保护环境的主体作用②。由上述理论可知，所谓环境保护公众参与，指的是在符合法律规范的前提下，社会各组织、团体或个人以平等互利的方式参与环境保护的社会行为。在环境保护工作中充分发挥社会公众的力量，不仅可以推动该项事业的发展，还具有能够为我国环保立法工作提供极大借鉴的重要意义。

所谓公众参与原则，指的是在环境保护立法层面上，社会个体或组织依法参与环境立法、制定环保决策和监管环境治理的过程。在这一环节中体现出的是平等性和资源型特征。作为我国环境法的基本原则之一，该原则细致地体现出了我国民主、法治和正义的国情，可以对政府部门的执法工作提供借鉴或者监管，因此具备很大的现实作用。自1970年以后，大部分国家都在本国的环境法律规范中强化了公众参与的作用。以美国为例，该国在出台的法律条例中对公众参与原则进行了细致的解释。联合国召开环境与发展大会时，针对"全民参与"的主要制度，在《里约环境

---

① 吕忠梅. 环境法新视野［M］. 北京：中国政法大学出版社，2000.
② 陈建新，谢兰兰. 试论环境保护民主原则及其贯彻［J］. 南方经济，2003（9）：17–19.

与发展宣言》中进行了细致规定，即在保护和治理生态环境过程中，应充分发挥全员的作用，政府部门应针对处于不同环境的居民相应地开展信息公开工作。任何公民都有权利明晰自身所处环境中具备的环境问题，并拥有建言献策的途径，世界各国都应采取多种方式来引导公众提升参与环境治理的积极性①。

公众参与最早在政治学范畴得到普遍使用，在法学层面上，公众参与指的是社会公众（组织、企业、团体、个人）等在符合法律规范的前提下享受权利或履行义务的社会活动。

可以从下面几个层面上来界定公众参与的概念：第一，公众参与具备明显的主体间交互联系特征。作为环境治理的主体，政府部门和社会公众之间可以持续地相互交流信息。第二，政府部门可以借助特定方式向公众披露环境保护项目、保护规划内容或制定的法律规范等。第三，政府部门在制定环保决策、采用自然资源、拟定管理策略等工作前，应充分征求并听取公众的建议，通过信息交换等方式提升公众的参与度。

作为具备计划性特点的社会行为，公众参与体现的是政府与社会公众之间的交互过程，不仅能够为政府机构制定相应环境决策提供理论基础，还能够降低环境问题引发社会矛盾的概率。

针对公众参与的概念和涵盖的要素，俞可平（2001）表明，公众参与体现的是社会公众基于实现公共利益的目的来参与社会治理活动，在广义上涵盖了下列行为：宣传、竞选、结社、集会、投票、公决、请愿、抗议、动员、示威、上访、游说、协商、辩论、串联、对话、游行、反抗、检举、听证等②。蔡定剑教授表明，公众参与是一项民主制度，体现的是公众对公共权利的应用，在开展公共治理行为或制定公共管理策略的过程中起着关键的作用。政府部门在进行社会管理时，应对公众的建议进行集中整合，经过有效剖析后，构建公开、透明、互动性强的反馈机制，以加强权力机构与群众之间的联系。公众也可以借助该机制及时提交并反馈治理建议。这一机制体现的是政府与社会公众之间的互动，应基于平等公开、尊重民意、包容开放的原则持续优化。综上所述，本书中的公众参与因具备互动决策等特征，所以不涵盖申诉、信访、游行、维权、罢工和示威等行为③。

我国由于地域广阔，地区发展差距大，兼具工业化与后工业化的混合

---

① 刘学松. 论环境法中的公众参与原则［D］. 济南：山东大学，2010.
②③ 蔡定剑. 公众参与与政府决策［J］. 三月风，2011（1）：50.

进程，问题也更为复杂多变。沿海地区民众的参与意识强于西部与内陆地区。总体而言，由于我国城市化进程压缩式急速推进，公众参与意识并未牢固，远远弱于西方民众。受历史因素和当前社会日新月异发展背景的影响，我国以政府宏观调控为主的社会治理方式变革缓慢，公民参与社会治理的意识相对较弱。政府作用逐年凸显，公众参与的主动性难以显著提高，从而构成了"锁入效应"，难从根本上推动环保进程。

通过对世界各国环保工作开展情况进行探究发现，在环保进程中纳入公众力量具备极大的现实意义。以我国为例，提升公众参与程度不仅可以对政府宏观调控策略加以补充，还能及时发现市场自身调节过程中呈现出的不足之处，便于在各领域开展环保行为，减少纠纷的发生概率，提升环境保护效率，更重要的是可以有效保障公共环境权益不受侵害①。

剖析我国环保工作发展历程进行，结果表明，在 20 世纪 70 年代，我国政府制定的环保策略就开始涉及了"公众参与"层面的内容，并在第一次全国环境保护会议上提出了初步要求。

首先明确了保护环境是为了造福人民。环境保护需要公众参与，"依靠群众、大家动手"；需要优化决策，"全面规划、合理布局"，公众参与规划布局是保证其合理性的一个重要手段；需要全过程控制，"综合利用、化害为利"。环境保护仅靠生态环境部门孤军奋战是远远不够的，需要发动公众参与环境保护，实现社会共治。政府对于企业自上而下的监督，也要逐步演变成政府主导、全社会共同监督的机制，生态环境部门才不会捉襟见肘、顾此失彼、孤军奋战。

综上所述，我国在开展生态环境保护和治理活动的进程中呈现出了政府和市场两个层面都"失灵"的弊端。为改变这一现状，政府应从立法等层面上引导公众参与环境保护和生态治理。

其次从公众参与环境保护的机制上来看，我国相关工作始于环境影响评价，相对制度化的要求始于国际金融组织贷款项目环境影响评价，可参见国家环保局、国家计委、财政部、中国人民银行《关于加强国际金融组织贷款建设项目环境影响评价管理工作的通知》。近年来，其他领域和地方也逐渐开展了公众参与，例如，北京市"十三五"规划编制领导小组邀

① 李喜燕. 论环境保护中的公众参与制度［A］. 中国法学会环境资源法学研究会（China Law Society Association of Environment and Resources Law, CLS - AERL）、昆明理工大学. 生态文明与环境资源法——2009 年全国环境资源法学研讨会（年会）论文集［C］. 中国法学会环境资源法学研究会（China Law Society Association of Environment and Resources Law, CLS - AERL）、昆明理工大学：中国法学会环境资源法学研究会，2009：6.

请公众参与规划编制；合肥市规定重大事项决策须经公众参与，决策失误终身追责。

目前，环评领域的信息公开主要包括环评工作开展公示、环境影响报告书简本的公示、审批结果公示等，公示方法也主要是网站、媒体的临时性公告及问卷调查，受影响公众难以及时获取全面的环评决策相关信息，对于项目建设、运营、废弃各阶段的环境保护情况更难以获得信息。即使部分公众得到环境影响报告书简本，也很难准确理解项目对于自身的影响和环保措施的有效性，只能凭直觉和经验感知。环评之后也缺乏一个公众表达意见以及监督企业、政府环境行为的平台，所以即使环评过程中公众参与支持率为100%，仍然会有人心存疑虑。环境影响报告书本应是业主对于公众和社会的环境承诺，也理应接受公众和社会监督，否则就会沦为项目审批的敲门砖。

我国环境保护和生态治理公众参与程度在近年来得到了有效提升，具体表现为：

第一，我国政府在立法层面上加强了对公众参与环境保护机制的保障力度，不仅在宪法和环境保护法中对公众参与提供了良好的法律保障，还逐步出台了包括《环境影响评价公众参与暂行办法》《中华人民共和国固体废物污染环境防治法》《国务院关于环境保护若干问题的决定》等法规，以此引导社会团体或个体参与环境治理。

第二，符合公众参与需求的生态环境信息平台得以构建并持续优化。伴随着社会的稳定发展和互联网信息技术及政府工作水平的逐年提升，政府部门在开展工作过程中，强化了政务公开，搭建了包括环境治理在内的多种信息平台，这为公众参与社会治理提供了良好的基础。除此之外，政府还借助公示信息、构建信访投诉机制等方式来引导公众提升参与治理的自主性[1]。

第三，我国环境保护与治理的公众参与程度得到显著提高。伴随着我国环保事业的逐步推进和环保形式的逐年增多，公众参与的活动内容日益丰富。公众在参与环境治理和生态保护的过程中不仅为政府部门提出了诸多建议，还从社会生活和文化生活两个层面上宣传和丰富了环保事业[2]。

第四，设定了一系列具备较大影响力、鼓励公众参与环境治理的奖励形式，如"大学生环保志愿者小额资助基金""地球奖""福特汽车环保奖"及"丰田杯中国青年环保奖"等专业奖项，从而提升了公众参与环

---

①② 李澄．元治理理论综述［J］．前沿，2013，11．

境治理的积极性①。

第五，随着人们环保意识的日益提升，在社会层面上出现了越来越多的民间环保组织，如地球村、自然之友等。除此之外，也有越来越多的志愿者投身于环保事业中，借助媒体等手段向公众普及环保相关理论。

2. 我国环境保护公众参与处于快速发展阶段

动员社会力量参与生态环境保护治理已有一定的发展。2006 年发布的《环境影响评价公众参与暂行办法》以及 2007 年颁布的《企业事业单位环境信息公开办法》都起到了正向的引导作用，一些地区先后出台了各地环境信息公示以及公众参与环境保护的具体方法，这些措施都极大地调动了广大公众参与环境保护的主动性和积极性。

2008 年，国务院发布《中华人民共和国政府信息公开条例》后，由政府制定的《环境信息公开办法（试行）》出台并开始实施，这是关于信息公开的首个规范性条例。最新版本的《中华人民共和国环境保护法》第五条进一步明确了社会公众参与环境保护应遵循的原则，并专门设置了有关"信息公开与公众参与"专题讲解。其中，公众在环境保护参与的过程中享有四项基本权利，即知情权、建议发言权、救济权、充分考虑意见权。国家环保部在 2014 年发布指导意见，具体指出了公众参与环境保护的内容范围，即法律法规、公开信息、动员宣传、公众表达、社会组织等方面。这是目前我国有关公众参与环保工作比较全面和系统的权威文件②。

3. 环境信息公开制度

（1）环境信息公开制度简介。环境信息公开，是政府、企业或其他行为主体建立在公众知情权基础上，主动向外界公开自己在环保方面的基本情况，从而便于社会力量和公众进行监督。通常来说，环境信息公开一方面要向外界公布目前生态环境的质量情况，另一方面也要向外界公布政府、企业及其他行为主体的环境行为，便于公众进一步掌握环境保护的基本信息，继而进行有效监督。这一制度使政府、企业和公众建立了一定的联系，三方可以通过积极的沟通交流、有效协商、互相监督，进一步加强合作，共同维护和保持良好的生态环境。

政府实行环境信息公开制度，一方面切实保证了公众参与政府决策的基本权利，另一方面也确保了公众能够有效地进行环境影响评价。因此，要使公众真正获得知情权，政府就有义务将相关信息公开。公众只有充分

---

①② 李澄. 元治理理论综述［J］. 前沿，2013，11.

获得了知情权，才能更好地参与其中。真正有效地参与需要建立在对相关情况全面深入的了解基础上，并且做好与决策者进行充分沟通的准备工作。因此，社会公众首先必须要深入了解政府的相关政策法规，全面掌握项目的有关信息，才有可能提出自己独到的见解和积极的建议，真正有效地参与其中。

联合国环境与发展大会在1992年发布了《里约环境与发展宣言》，其中第十条指出：各地区的环境问题需要社会公众的广泛参与才会获得最好的解决。各个国家应该积极发起号召，组织和动员公众积极了解并参与进来。同时建议公众最好正确使用行政和司法程序，以及补救和补偿程序。《二十一世纪议程》中"可持续发展计划"也规定了"个人、团体与组织应获得政府所有的关于环境发展的数据信息，主要针对那些正在或者潜在威胁生态环境的生产活动及应对办法方面的信息。"

（2）信息公开中存在的问题。有关机构提供的信息过于狭窄，提供的时间过于迟缓，提供的信息过于复杂。为了解决这个问题，1996年美国国家环保局许可程序改革小组公布了一份《环境许可与当前面临任务的概念书》（*Concept Paper on Environmental Permitting and Task force Recommendation*）提出了环境影响评价程序中信息公开的三个基本原则。第一，有效地（efficiently）公开。信息的公开方式应面向更广泛的社会公众，而不能仅限于某些领域或某些人群。第二，向社会公开的信息应通俗易懂。由于环境问题研究的专业性和技术性比较强，因此在相关信息披露过程中会用到许多晦涩难懂的专业术语，这就要求在公开信息内容的时候尽可能采取一定方法使公众能够充分理解相关内容；环境影响评价文件（Environmental Impact Assessment，EIA）也应尽可能避免使用太多的专业术语，力求通俗易懂，便于公众理解并有效地参与进来。第三，及时向社会公开信息。一般来说，政府及时地向社会公众公开信息，更有利于公众积极有效地参与到环保活动中来。信息公开还应当遵循以下两条基本原则。一是从信息内容角度。公开的信息必须确保正确、完整、全面，切忌虚假信息扰乱公众视听，这对于任何信息的公开来讲，都是必须恪守的一条基本原则。二是从信息交换方式角度。公开信息是两方面的，一方面是政府及有关部门向外界社会公开信息，另一方面是社会公众向政府及相关部门反馈信息，提出意见和建议。政府公开信息的出发点就是为了使公众充分享有知情权，便于公众更好更有效地参与进来。政府不能只局限于履行信息公开的义务，同时更应当对公众提供的相关信息进行考虑，作一个好的"接收者（receiver）"，而不是一个单纯的信息发布者。这种双向的信息沟通有利于政府知悉公众的倾向，对公众的意见进行反馈，在相互交流的基础上达到信息公开的目的。对于单方面的信息公开来讲，公众被动接收信息的方式并不能使公众意见很好地得到考虑，无法实现公众与政府间的交流反馈。

政府、企业及其他行为主体向外界社会公开环境信息，主要通过向外界公开其掌握的基本环境情况及企业在相关生产活动或经营过程中产生环境影响的各方面信息。目前，大多数企事业单位主要以《中华人民共和国清洁生产促进法》中的第十七条和第三十六条为依据向外界公开环境信息。《企业事业单位环境信息公开办法》专门设置了关于企业公开环境信息的章节，倡导企业主动公开环境信息，很少被动强迫，针对污染物排放超标或者排放总量严重超标造成重大环境污染的企业，国家和地方政府会强制要求其公开环境信息，公开的信息需要体现企业名称、法人代表、厂址、污染物种类、排放形式、排放总量、排放浓度、超标情况、环保设施建设运行状况、污染事故应对方案等多个方面。另外，《国家重点监控企业自行监测及信息公开办法》进一步规定了企业进行自我监测的标准、频率、解决方案、公开信息等内容。现阶段，我国有九成以上的国家重点监控企业已经公开了四种主要污染物的自行监测情况，有三成以上企业公开了所有指标监测情况。

尽管一些企事业单位在公开环境信息方面获得了一定成绩，但是在具体操作中仍面临着一系列困难。一方面我国现有的法律法规还不完善，例如《中华人民共和国清洁生产促进法》只规定"双超"企业必须对外公开环境信息，而对没有据实公开排污数据的非"双超"但仍属于重点排污的单位，缺少必要的法律强制措施；另一方面，我国现有的信用体系仍需健全，由于环境信用体系建设才刚刚开始，一些企事业单位对外公开信息时存在着信息不完整等现象，造成环境信息披露不够及时准确，目前对类似行为仍缺少必要的监管措施。

根据最新的《中华人民共和国环境保护法》第五十五条和第六十二条规定，要求重点排污单位必须对外公开相关环境信息及责任范围，并指出要进一步加大信息公开和公众参与的力度。另外，《企业事业单位环境信息公开办法》的颁布，切实保证了企事业单位更加公开透明地向外界发布环境信息。第一，落实新《中华人民共和国环境保护法》等法律法规及政策的相关规定。第二，切实保证公众在环境信息方面的知情权和参与权。第三，倡导鼓励企业采取合理的措施有效提升环保指数。第四，进一步完善健全环境保护信用体系。

2015 年 4 月 21 日，国务院办公厅发布《关于印发 2015 年政府信息公开工作要点的通知》（以下简称《要点》），重点推进信息公开的领域包括环境保护、公共服务、行政权力、财政资金、公共资源配置、重大建设项目、国有企业、食品药品安全、社会组织及中介机构九大领域。《要点》要求相关环境保护部门负责全面深入落实环境信息公开政策，不断加强和提高水资源质量、空气质量、污染物排放、项目环境评价等方面信息披露的公开度和透明度，对重点环境监管对象做好统计，及时公开地区生态环境质量相关信息。进一步公开环境部门执法的具体依据、主要内容、监测标准、相关流程及执法结果等信息。同时对于公众监督和举报的环境问题，要及时予以信息反馈，及时向外界通报对涉事违规企业及相关法人代表的处理情况。另外，对于环境问题的突发事件，更要第一时间发布信息及有关调查处理结果。切实保证核辐射等环境安全信息的公开，尤其是核电厂核和辐射安全相关审核情况及环境质量等方面的信息。

2014 年《企业事业单位环境信息公开办法》出台，同年，国家又相继提出加快构建社会信用系统，打造良好诚信的社会氛围。关于构建环保和节约能源信用体系，国务院发布《社会信用体系建设规划纲要（2014～2020 年）》进一步提出，要全面加强环境监测、环境信息整合工作，强化环保信用信息的收集和统计工作，不断完善环境信息数据，实现资源共享，推进环保工作顺利开展。同时，实行环境监测信息与管理的政务公开，成立了专门的环境评价部门，构建环境评估人员及专家队伍的档案系统，进一步监督和管理评估人员及专家的信用考核及分类。

4. 环境诉讼制度

环境诉讼制度是解决环境问题，保护国家、社会环境公共利益和人类环境利益而采取的一项司法救济措施，在国外已被广泛接受并形成较为成熟的体系。

当公众对政府决策不满意或者认为其侵害了公众的环境权益时，公众可以通过司法手段寻求法律的救济。20 世纪 70 年代以后，在美国诉讼类型中有一个非常突出的改变，就是公众环境诉讼的兴起，它是以原告诉讼资格扩大为特征而形成的一种新兴环境诉讼形态。

据最高法院中国应用法学研究所的统计，截至 2014 年 7 月 15 日，全国中级人民法院设立专门环保法庭的有 35 个，高级法院有 9 个。

环境公益诉讼与私益诉讼在诉讼目的、诉讼请求上有差别，同时又在审理对象、案件事实认定等方面存在紧密联系。公益性诉求与私益性诉求互相包容，是环境案件的一个显著特征。两者包容的主要含义是：环境公益保护的受益主体，包括实际受到环境损害影响的具体人（包括受害人和致害人），私益诉求的环境良好状态并非私人专有，同样惠顾他人。这种包容性的特征，会促使人们加深对环境民事公益诉讼概念的认知。但是，保护环境公益能够进入诉讼程序，应当严格把握一个原则：即实质意义上的环境公益诉讼应当禁止掺杂私益诉讼的诉求，但不禁止私益诉讼中包括对环境公益保护的诉求。

3.2.7　社会治理机制存在的突出问题

我国环境保护社会治理机制总体上初见成效，但社会治理发育不全与泛化异化共生。

社会治理发育不足主要表现在：（1）在当前环境保护相关法律体系中，并未明晰公众参与的范围和责任，公众参与生态环境保护治理方面的法律和规章制度零散模糊，缺少专门、统一的法律规定，难以保障公众参与的实体性权利。（2）公众参与呈现"认知参与"同"实践参与"失调的矛盾。公众对环境问题的关注度高，但还只是停留在边缘参与、末端参与层面。（3）公众参与的权利仍是在政府倡导下进行的，并非公众的自觉行为，表现为"权威—依附"型合作，公众参与形式主义严重、参与效果差。（4）对于知情权的保障不够，政府环境信息公开往往流于形式，企业为获取更多利益，在披露环保信息时，通常会选择一些包括企业及时履行社会责任等内容在内的良性信息，而不披露与公众健康生活相关的环境信息，如其污染排放总量、污染物超标的因素和数量以及污染物的位置等信息不对称使得环境公众参与权难以实现。（5）民间环境保护组织数量、规模、资金、影响仍然非常有限。（6）社会组织受自发性、无组织计划性、分散性、所代表利益缺乏全面性等因素的制约，降低了自身组织在环保过程中的效力。

随着环保进程的推进，公众参与社会动员水平高涨与规范社会参与环境保护机制的制度化水平较低之间矛盾突出，一方面参与不足，另一方面又突出表现为参与的"泛化异化"。我国当前处于生态环境质量改善的拐点期，长期积累的环境问题尚未得到根本解决，环境风险仍然很高，环境纠纷、环境事故仍然很多，公众对生态环境质量改善的期望越来越高，环境诉求迅速升温，"邻避"运动兴起。很多突发性群体事件都以环境污染为导火索和触发点，环保成为社会上发泄各种不满情绪的"出气筒"，社会矛盾纠纷呈现"泛环保化"倾向。环境教育不到位，也是环境群体性事件多发的教训之一。

存在的突出问题具体如下：

1. "叶公好龙"心理——亟须公众支持又担心群体性事件

公众积极参与环境保护从某种程度上说是环境问题的双刃剑。一方面，公众积极参与到环境保护活动中，可以有效缓解政府在环境治理过程中的压力，弥补政府人力资源上的不足，同时也能大大降低地方利益影响环境执法等现象的发生；另一方面，公众充分参与到环保活动中，也无形给政府工作造成了一定的压力，尤其是一些负面环保信息的披露，很可能会产生一定的社会影响，如果处理不当甚至会发生一些群体事件，基于种种顾虑，政府在全面放开公众参与权方面始终比较慎重，严格把握尺度。随着社会改革的不断深入，在积极构建法治社会的背景下，我们应该立足全新的角度来对待公众参与环境保护的问题，客观分析公众在环境保护过程中的积极作用，随着国家治理能力的不断提升，应该将公众参与作为环保的重要力量，重新构建新时期的环保体系，即社会制衡型生态环保治理体系①。

公众参与既充分尊重了个体的基本权利，也提升了公众的环保意识。中国是人民当家做主的国家，公众有权知道政府的环境决策并参与决策过程，了解地方政府、有关部门和企业的环境承诺，从而进一步明确周边生产建设会产生哪些环境问题，同时也可以发表自己的意见和建议，参与政府的决策。因此很有必要搭建一个平台来使公众更好地知情和参与环境决策，随时发表自己的建议。听取受影响者的意见并不意味着完全被这种意见左右，而是让决策者更全面地体会受众的感受和切身利益，全面衡量得失，有效化解矛盾，解决后顾之忧，并且积极探究更合理的解决方案，因此，积极听取受众的意见和建议有利于政府更好地制定决策。同时，公众的积极参与能够有效降低各种成本，能够科学预判某些问题，有助于与公众建立友好关系以便更加妥善地处理危机，增强公众的责任感和环境意识，促进可持续发展。

2. 环境保护公众参与法律法规体系不健全

目前，我国对于公众参与生态环境保护治理的立法规定过于分散和抽象，环境保护公众参与法律法规体系不健全，存在公众参与方式较为单一、程序和要求不够规范、公众参与监督政府、企业环境行为的法律保障机制缺失等问题。

我国在 20 世纪 70 年代左右，相继颁布了有关公众参与环保的系列法律法规。1979 年颁布的《中华人民共和国环境保护法》指出了公民参与环保的必要性；1996 年《中华人民共和国水污染防治法》的最新修订中

---

① 夏光. 着力构建新型环境治理模式 [J]. 中国环境报，2014 (8).

增加在环境影响报告中必须体现建设项目附近单位和民众的意见；2002 年颁布《中华人民共和国环境影响评价法》中指出，国家积极倡导公众及相关机构采取合理的方式进行环境影响评价，同时还指出了公众参与环境评价的活动范围、参与形式、相关流程、公众活动组织者、公众参与意见、公众意见反馈等具体内容；2006 年通过的《环境影响评价公众参与暂行办法》为公众参与环境保护在法律层面上予以保障。除了上述法律法规外，《中华人民共和国环境噪声污染防治法》《中华人民共和国海洋环境保护法》《中华人民共和国大气污染防治法》等法律法规中关于公众参与环保问题都有具体的规定①。

综合分析以上环保治理公众参与的各项法律法规，尽管我国有许多环保领域内的法律法规都从不同角度规定了公众参与环保的具体活动，但是比较分散或者界定得不够清晰，缺乏系统性和统一性，在法律层面鼓励倡导公众参与环境治理的目的不够明确，不能从根本上充分保证公众的参与权。从立法原则角度出发，我国有关环保现有的法律法规中，对于公众参与的许多方面有重复规定的情况。根据不同种类的环境污染现象，国家先后出台了针对性较强的环境单行法律法规，如《中华人民共和国大气污染防治法》《中华人民共和国海洋环境保护法》就是分别针对大气污染和海洋污染的法律法规。这种单行法律中尽管也明确规定了公众参与的诸多方面，但是针对性不够强，通常只是套用了已有的环境基本法律法规中的相关规定。仔细分析现有的部分环境法律法规，发现许多关于公众参与的内容都比较抽象和教条，操作性不强②。现有法律法规中，只有《环境影响评价公众参与暂行办法》具体明确地规定了公众参与的范围、参与方式、相关流程等，而其他多数法律法规只是简单地做了一些原则性的要求，关于公众参与的方式及具体流程等都没有详细说明，大大降低了公众的参与程度。

3. 公众不能及时获得完整的环境信息

公众对环境信息的知情权是其参与和监督环保治理的基础和前提条件，公众如果不能掌握相关的环境信息，环境参与就会大打折扣。当前，环境信息公开渠道仍不畅通。尽管《企业事业单位环境信息公开办法》明确了关于政府环境信息和企业环境信息的公开规定，但至今环境信息公开状况仍不尽如人意，信息平台建设不足、环境信息管理人员技术水平不

---

① ②　魏娜. 环境治理中公众参与模式的战略性认知与建构 [J]. 陕西行政学院学报，2015，29（1）：16－22.

高、信息公开监督机制不健全等问题，造成了公众在申请环境信息公开过程中遭遇拒绝、回避、遮掩等问题。信息公开渠道的不通畅甚至造成了一些较为严重的环境群体性事件，成为影响社会稳定的负面因素。

我国环境领域的公众参与缺乏全面、准确信息的及时公开和告知，公众参与的形式主义和环境信息表达形式的"专家化"使得一般公众难以理解①。

2008 年，《中华人民共和国政府信息公开条例》和《环境信息公开办法（试行）》两部法规出台，体现了我国在环境信息公开方面的巨大进步。环境信息公开主要包括两个方面：一方面是政府向外界社会公布环境信息，这些信息主要来源于环保部门在进行环境保护过程中收集和整理的内容，并将其通过某种特定形式向外部加以公开；另一方面是企业向外界社会公布环境信息，主要是指企业将其生产活动或者经营过程中产生的环境影响通过某种形式向外部加以公开。政府和企业对外进行环境信息公开的出发点更多的是出于政府、企业和公众在获得环境信息方面的不均衡性。社会公众及公众组织相比于政府与企业，在了解和掌握环境信息方面始终处于弱势。一般来说，政府往往能够通过自身的权力及资源轻松取得环境信息，企业作为环境污染主体也很容易掌握相关环境信息，然而两者在一定程度上都倾向于封锁某些环境信息。因此，要求政府和企业将环境信息向外界公开，在某种程度上可以平衡政府、企业和公众获取信息的不对称性，降低公众获取信息的被动性。尽管两部法规在很大程度上推动了我国环境信息公开的进步，但是公众想要获取真实的环境信息数据依然有很大阻力。一方面，从政府角度，环境信息公开往往是迫于规定不得不公开，更多的还是形式主义，还有一些地方政府为了维护区域经济的发展及社会稳定，在环境信息公开方面大做文章，煞费苦心，真正有价值的信息也不会完全公开；另一方面，由于现有环境法律法规对企业的要求不够明确，加上一些环保部门执法不严，致使一些企业不能及时全面地公开环境信息②。

根据新华网的调查数据，对于相关部门垄断行政决策，不能及时公开事关民众切身利益消息的现象，群众意见最大③。一些庞大的项目工程，既没有信息通报，也没有听证环节，甚至周边的居民都不清楚情况，直到

①③　刘文婷，王利涛．重大工程上马前应做好民意风险评估［EB/OL］．新华网，2012 - 10 - 31.

②　魏娜．环境治理中公众参与模式的战略性认知与建构［J］．陕西行政学院学报，2015，2.

突然出现在民众眼前。网络舆情的发酵最终导致一些地方准备开工的重大工程项目遭到公众抵制，在一片反对声中被迫停止，既造成了国家的重大经济损失，也让政府部门公信力和公共形象大打折扣。

4. 社会组织发育不全，环境保护公众参与能力不足

环境保护部门单枪匹马，能力有限。环境非政府组织（NGO）是公众参与生态环境保护治理的重要组织载体，也是确保公众参与连续性的重要保障。环境 NGO 的公益性、专业性、非政府性等基本特征使其在参与生态环境保护过程中的广泛性得到提升。同时，该组织还是公众参与生态保护管理的基本要件，在促进广大民众与政府、企业之间的联系方面发挥了纽带作用。随着时代的发展，我国环境 NGO 模式已经从早期的单人组织演变为互助联合形态。同时，其活动领域也在不断拓展加深，逐步向着维护公共环境权益、为国家环境事业献策、开展社会监督等方面延伸①。

（1）社会组织现状。截至 2015 年，我国民政部门登记备案的全国社会组织总计数量为 56.9 万个；其中生态环保性质的社会组织超过 7000 个，符合《中华人民共和国环境保护法》及司法解释 700 余个②。符合规定的社会组织分布于野生动植物保护水资源保护、沙漠化治理、环境污染治理等领域。

不过，从整体形势而言，我国环境 NGO 至今在生态环境保护体制建设方面未发挥应有的社会效应。原因主要在于：其一，我国环境 NGO 组织类别十分复杂，在体制内职责配合缺乏良性互通和交流。比如，负有草地保护 NGO 的职责权限仅在于维护草地植被方面，涉及湿地和林地领域则不予考虑。致力于湖泊环保管控的 NGO 职责仅限于湖泊这一单一领域，而一旦涉及海洋或河流方面则同样关注甚少。其二，我国环境 NGO 在先天发育过程中存在诸多不利因素，在后期发展中也未实现协调发展目标，同时该类组织形式多以官办为主，民间组织类型极少，独立性有待考证。其三，受到经费技术现实条件的限制，我国环境 NGO 系统内生态环保的专业技术人才和设备十分匮乏，尤其是随着当下国际环保形式的日益严峻，未来环保工作将面临来自不同方面的压力。就国际生态环境保护治理中公众参与的发展趋势而言，环境 NGO 在未来生态环境保护治理中将发挥重要的推动作用。我国环境 NGO 的发展必须设法突破各种条件限制，

---

① 魏娜. 环境治理中公众参与模式的战略性认知与建构 [J]. 陕西行政学院学报，2015，2.

② 颜斐. 社会组织可提起环境污染诉讼 [J]. 北京晨报，2015.

并持续加强生态环境保护治理中公众参与的成分。首先，可通过以下几种方式保证目标的实现：政府层面需正确把控与环境 NGO 之间关系的"度"。一方面，政府应出台相关政策保障环境 NGO 发展的合法性和体系化；另一方面，持续加强同环境保护相关部门在环境 NGO 方面的常态化沟通，设法为其创造有效地沟通条件。例如，政府可以建立与环境 NGO 交流平台，经常性地与环境 NGO 展开交流和座谈会议活动，切实掌握环境 NGO 的参与诉求和实际运行期间相应的问题处置措施。除此之外，政府也能够通过与环境 NGO 之间建立信息共享的机制，为环境 NGO 收集多维环境污染治理信息提供数据来源。针对专业技术知识层面较弱的环境 NGO，政府可以通过开展公益活动方式进行有关生态环境保护的知识培训业务。其次，政府不可插足环境 NGO 内部管理工作，尤其是有关人事组织调整和选拔，这样才能保证其独立运行基本职责。从环境 NGO 自身层面出发，需持续加强生态环境保护治理能力，创新生态环境保护治理的方式技术。另外，还需积极建立与其他环境 NGO 组织之间的沟通和联系，实现信息资源的共享运用。环境 NGO 还应当拓宽与高校和研究机构的合作渠道，构建多维培训框架，保证环境 NGO 治污能力与协调能力统筹发展。在国际业务合作方面，我国的环境 NGO 要加强同国际环境 NGO 的沟通合作，深刻学习和引荐国外的先进知识技术，包括"环境与知识产权""环境与投资""环境与贸易"等，以此为发展契机，调整和完善自身结构，促使内部管理水平稳步提升。环境 NGO 也可以通过与企业建立合作方式，促成新兴环保技术的互利共赢，如环保产品的生产、研发、消费、流通等①。

（2）当下民间环保组织所处的现状。鉴于当下国内未形成一套完善的环境公益投诉社会体制，各种突发意外事件时有发生，尤其是在实践运行过程中，由于受到能力和不确定性因素的影响，经常会面临一些来自资金、技术、律师等不同方面的问题，最终制约其功能的发挥。

环境污染证据的收集技术性极强，必须依靠强大而先进的检测技术。当下，尽管我国民间成立了许多环保组织机构，但多数都处于新创阶段，在专业技术人才配置方面存在较大差距，表现在实践方面就是环保污染证据收集和法律诉讼能力偏低，绝大多数的环保公益诉讼案件往往只能依靠公益律师开展和推进。

---

① 魏娜. 环境治理中公众参与模式的战略性认知与建构 [J]. 陕西行政学院学报，2015，2.

5. 环境保护社会治理激励不足

在我国环境保护法律体系中，有关政府管理权限设立层级较高，但对于社会权利的分配存在认知偏差，尤其是在利益激励方面更是匮乏。假如社会公众力量不能在环境保护层级上发挥监督效应，环保执法不严的现状从根本上无法扭转。

一旦在社会中出现环境问题，通常表现为各类的环境权益冲突情形，不能完全依靠政府的行政职能来解决，需要环境权益各方之间相互作用。此时，政府身份已发生根本性转变，即从直接管理者向辅助中间者变换，这也体现了社会制衡型生态环境保护模式的核心思想价值。

一般而言，公众在参与生态环境保护工作时需要付出相应的成本：第一种为显性成本，即公众参与可能发生的所有成本，包括物力成本、时间成本、人力成本，以及在收集环境信息时发生的成本内容等。第二种为隐性成本，即公众参与过程中可能造成的侵害成本和机会成本。前者一般包括公众参与的结果，将使得某些利益主体遭受侵害，特别是在相关处罚制裁法律缺位的情形下，很有可能发生利益相关方对公众参与者实施报复行为。后者表示公众由于参与了某项生态环境保护治理活动，而必须牺牲其他收益机会所要付出的成本损失。

公众在参与生态环境保护治理中充当了理性"经纪人"的角色，因此必然要对参与受益人和成本之间加以平衡，公众的参与成本高于收益时，则判定其参与行为属于"不经济"行为，在经过理性选择后，通常会做出低度参与或是不参与的选择。若公众对于生态环境保护治理方面认为成本并不高，同时又能够产生良好的收益，那么参与的积极性相对较高。因此，针对公众在利益方面进行激励，能够与公众参与的成本在一定程度上形成抵消，同时还能使公众感受到政府对待生态保护与治理的态度和决心。不过，从当前我国生态环境保护治理的实践角度出发，后者是以环境参与的立法层面为着眼点，其中针对公众参与进行激励所涉及的内容与法律条文都是比较少的。若对公众的参与不进行激励，就无法表现出对公众参与的鼓励，这将导致一种荒谬的刺激产生，导致生态环境保护治理在公众参与方面的情况不断恶化①。

6. 公众参与是在政府主导之下的边缘性参与

从公众参与生态环境保护治理的形式来看，欧美等国在公众的推动形式方面选择的是"由下而上"，我国则强调的是政府主导，所形成的推动

---

① 魏娜. 环境治理中公众参与模式的战略性认知与建构 [J]. 陕西行政学院学报, 2015, 2.

方式是"由上而下"的，公众参与无论是广度还是深度，与行政部门的态度及偏好均存在很大关联。若是主管部门对公众参与生态环境保护治理在认知方面比较深入，并能够为其提供有力的支持，那么公众参与所取得的效果将会更好。反之，若主管部门在态度上是漠视的、冷淡的，甚至是反对的，则公众参与的效果也必然不理想，通常会形成一种"走形式、走过场"的情况。政府主导下的公众边缘性参与，会对公众参与生态环境保护治理形成限制，尤其对公众参与的积极性会形成明显的抑制。若政府主导非常强势，公众在不牵涉到自身利益的情况下，通常也不会将自身的真实想法表达出来，或者在表达方面也只是人云亦云、敷衍了事，公众参与生态环境保护治理显然是无法取得实效的。不过，若无法从真正意义上实现参与，公众针对政府的监督效力将会大打折扣，同时也无法将公众对政府在环境保护方面的协助作用充分展现出来。尽管近些年，我国针对公众参与生态环境保护治理在立法方面有所加强，并且不断强化宣传和教育工作，不过公众在生态环境保护治理方面始终没有从根本上得到改善，尤其是在制度设计方面，公众参与甚少，若能够适当扭转上述情况，将更有利于公众表达真实需求和偏好，并且能够针对存在的问题进行磋商、形成共识，相应减少执行成本①。

7. 公众参与过程大部分属于末端参与

分析不同国家公民参与以及制度演进的情况，谢尔·奥斯汀提出了一个新的理论，即"公民参与阶梯论"。该理论将公民参的演化划分为三个阶段，涵盖八种具体形式。第一阶段，政府占据主导地位，这种主导地位是绝对的，公民基本上都是处于一种无参与的状态；第二阶段，公民能够从中得到相应的参与机会，不过这一阶段公民参与的积极性相对偏低；第三阶段，公民在参与的过程中，享有实体性的权利以及程序权力，这些权利都是合理合法的。基于当前我国在环境方面的公民参与状况，公民参与所处的是"象征性参与"的阶段，并非是"完全参与"，也不是"不参与"。针对这种所谓的"象征性参与"，有一个非常重要的表现，即公众参与生态环境保护治理始终都是在末端进行的，也就是说除了针对环保所形成的评价进行参与之外，其他的参与基本都是在环境生态损害出现后公众才参与进来，如通过检举、诉讼等途径。近几年，我国政府在政策和法律的层面对公众参与生态环境保护治理加以改进和完善，但实际取得的效果也并不理想。公众的末端参与实质也是公众在对自身的合法权益进行维

———————————

① 魏娜. 环境治理中公众参与模式的战略性认知与建构［J］. 陕西行政学院学报，2015，2.

护，但环境问题所导致的危害是非常明显的，并且具有广延性、复杂性等特点，在治理方面的难度非常大，若公众参与保护治理时始终都处于末端，而并非是事前参与或者事中参与，则公众参与的时效性显然是存在缺失的，并且也无法取得或者分享其中的红利①。

美国在公众参与生态环境保护治理方面是从整个过程出发的，对于项目建设的整个周期都有所涉及，社会对环境问题的重视程度也普遍较高，在立法方面也做出了相应的规定与要求。比如美国 POWDER 河流域，其中有一个油气开发的项目，该项目在其环境影响报告书中就有相当大的篇幅（包括附件）是关于公众参与的，该报告书初稿中对公众意见所进行的回答累计达到 484 页。统计回收的 17940 份意见中，大部分都是源自美国的，另有少数部分来自其他 44 个国家。关于美国的部分，政府机构、州政府机构、地方政府机构、企事业单位、教育机构、非政府组织与社区（包括其他成员）、个人分别有 16 份、3 份、3 份、860 份、6 份、14283 份和 2769 份，仅在初稿意见中所涉及的问题就多达 596 个②。最终版报告书对所涉及的 596 个问题都进行了作答，同时对于相关问题以及所提出的意见也都给予了相应的编号。

8. 公众参与的影响力十分有限

造成生态环境保护治理过程中公众参与社会影响力限制的因素诸多，但主要是由于公众参与形式的边缘化和参与过程的末端化导致。分析环境 NGO 组织化数据，截至 2012 年末，国内环境 NGO 总数量超过 8000 个，相较于 2007 年而言，增长幅度超过 41%。③ 通过对环境 NGO 活动范畴研究发现，其主要活动形式是环保宣传和多规模环保活动，并辅以一些跨区域的公民环境权益维护、社会监督、政策建议等。然而在实践情形中，由于受多方因素影响，如组织、设备、资源、技术等缺失，环境 NGO 在有关生态环境保护治理中的组织能力、企业号召力、污染主体的制约力等方面的影响程度严重受限。这种外在表现与西方国家的环境 NGO 形成鲜明对比。以德国、日本、英国环境 NGO 为例，这些组织处于政府组织和私人组织之间，在有关立法建议、社会调研、政策监督等方面都呈现出一些积极效应。同时，西方发达国家的民众参与效力远远高出我国环境 NGO。

① 魏娜. 环境治理中公众参与模式的战略性认知与建构 [J]. 陕西行政学院学报, 2015, 2.

② 张辉. 可持续发展观与中国环境影响评价的发展方向研究 [D]. 北京：北京大学, 2003.

③ 曾玲, 韦艳莎. 从"中外对话"看环境新闻报道的特点 [J]. 传播与版权, 2017（7）：8 – 11.

掌控组织整合优势的环境 NGO 影响力尚且不足，而作为个体公众参与生态环境保护治理的程度更是十分有限。

9. 环境诉讼立案、证据收集、判决执行难

一是立案受理难。数据显示，2000～2013 年，我国环境公益诉讼案件累计仅有 50 余起。从起诉主体的角度分析，大部分诉讼主体都是行政机关、公诉机关、地方检察院等，而环保组织专门针对某一环保事件发起的诉讼数量非常少，个人诉讼更是屈指可数。二是证据收集难。从环境污染受害者的角度出发，对证据进行搜集的难度极大，甚至可以说这是"一项不可能完成的任务"。若地方政府为了谋求经济发展，对污染企业予以纵容，那么地方环保部门根本不会向组织或者个人提供与企业污染有关的数据信息。另外，如果原告在诉讼中发起赔偿请求，其中一个环节是需要鉴定单位提供相应的鉴定报告，并以此确定损失额，但是这种要求通常会吃"闭门羹"，由于无法获得相关的数据信息，评估依据不充分，导致原告最终败诉。三是判决执行难。部分基层环保工作者表示，环保公益诉讼能够立案的数量是非常少，并且在立案后胜诉的概率也非常低，即便最终胜诉，根据诉讼判决按照规定的期限执行也存在很大的困难和阻力。部分企业会以自身亏损为借口，对赔偿义务拒绝执行，存在相当一部分与环保有关的官司已经超过十年却仍然没有得到执行，正是这种一拖再拖的现象，导致很多环境违法行为最终都没有获得应有的处罚，这也是导致我国生态环境整体上不断恶化的一个重要原因。对于环境公益诉讼，虽然已经有了相应的法律依据，但从司法实践方面看，环境公益诉讼的数量仍然非常少。首先，由于国家在此方面并未制定与之配套的支持性政策，特别是政府购买社会组织服务缺乏政策方面的支持与保障；其次，社会筹资渠道较窄，尤其是良性渠道数量较少，这对自负盈亏的环境保护组织形成非常明显的制约，从而使之陷入一种"叫好不叫座"的尴尬境地。

另外，地方保护主义盛行，对环境组织的维权也会形成一定的制约。某些违法行为恶劣且环境污染非常严重事件的责任主体是企业，而这些企业是政府通过招商引资等活动引进的，是地方政府的纳税大户，政府本身对这些企业就是给予扶持的，因而在实施监管的过程中会选择性"失明"，即便是进行了监督与查办，但处罚力度非常轻微，而且司法部门在地方保护主义的影响下也以其与立案条件不符为由，建议采取庭外和解的方式加以解决，这也使这些污染较重的企业更加肆无忌惮，陷入"屡罚屡犯、屡犯屡查"的循环，环境案件久拖未决，最终只能不了了之①。

10. 环境类群体事件频发

关于环境污染的问题，社会各界均表示不满，这会造成政府的公信力降低，甚至导致社会恐慌，对社会稳定造成影响，最终酿成群体性事件。近些年，对于与环境污染或是和环境有关的项目所导致的群体性事件增速已经达到29%，相较于其他类型的群体性事件，其对抗程度也要更为激烈②。

因环境问题导致暴力型群体事件时常见诸报端，并且在全国各地都有类似事件发生。究其原因，一是从体制内的角度看，只以投诉、信访等途径获取公众意见收效甚微，因而很多人选择用暴力抗争的方式，以期能够通过极端方式引发社会普遍关注，并使自身处于更为有利的位置。二是环境风险型群体事件也在不断增加，尽管在这类事件中污染尚未出现，只是存在一定的风险，但也可能会引发群体性事件。如PX项目、核泄漏、垃圾焚烧等，最终都导致社会秩序受到影响③。

第一，风险感知和风险放大是环境类群体性事件出现的主要诱因。我国国内发生的环境类群体事件与政府和社会的各个方面都存在密切的关系，需要从政治学、社会学、经济学、心理学、环境学等多个方面展开综合分析，以此为着眼点对环境事件进行深入细致的研究。不过，从国内外的研究看，多数研究都更加侧重于针对某一案例展开，相关理论的细化程度不足，尤其是针对环境保护有关的项目风险感知与放大研究更少，即便有一定的研究也是停留在相对浅显的层面，并未形成系统化。

第二，暴力抗争严谨机制亟待梳理。一些和集体行为与邻避冲突相关的文献和理论，与环境类群体性事件存在一定的关联，包括环境类群体事件的表达方式、影响因素、网络动员等，不过文献基本上并未对暴力抗争的演变机制给出非常明确的解释和阐述，并未将暴力抗争的发生以及演化的内在逻辑客观准确地揭示出来。

第三，破解环境类项目发展困局的紧迫性和必要性。基于近些年出现的群体性事件分析，存在"不闹不解决，小闹小解决，大闹大解决"的现象，甚至这已经演化成为我国在处理环境类群体性事件的一种固有模式。怎样能够打破环境类项目发展的困局，有必要对此展开更为深入的思考④。

① 刘松柏. 环境公益诉讼前路坎坷［N］. 经济日报，2015－3－31.

②③④ 汪伟全. 风险放大、集体行动和政策博弈——环境类群体事件暴力抗争的演化路径研究［J］. 公共管理学报，2015，1.

加强生态文明建设是我国当前的一项国策，要结合我国在环境保护方面的发展实际，对生态环境保护治理模式实施科学的调整，并在经济增长方式、消费模式等方面进行优化与创新，这是党的十七大提出的重要战略任务，是实现全面建设小康社会奋斗目标的新要求。党的十八届三中全会指出，全面深化改革的总目标是不断深化和完善具有中国特色社会主义的社会制度，加强国家治理体系的进一步完善，不断提升治理能力，并努力实现现代化。环境保护治理的现代化是我国推进环境保护制度建设的重要环节，而生态环境保护治理体系和治理能力现代化建设对于解决我国目前面临严峻的生态环境问题、在更高层次上实现经济社会科学发展、提升国家治理现代化水平具有极为重大的意义。

3.2.8　中国生态环境保护治理成效与经验教训①

为贯彻落实环保部"深化环保领域改革，着力理顺政府与市场、国家与社会的关系，形成政府主导、市场激励、社会动员的生态环保治理体系"工作方针，2014年环境保护部环境工程评估中心成立了国家生态环境保护治理体系和治理能力现代化项目课题组，研究表明，目前我国环境保护治理体系在绩效以及治理能力方面所暴露出的问题仍然较多，对这些问题展开相对更为深入的研究，有利于促进我国环境保护治理体系和治理能力的现代化建设。课题组采用问卷调查的形式开展了国家环境保护治理体系现代化现状研究，就国家环境保护及治理现状设计了调查问卷，问卷正文共分为3个部分：环境问题成因及环境保护治理绩效分析、环境保护治理体系评价、环境保护治理体系建设。问卷面向除中国港澳台地区外的31个省、自治区、直辖市的环保工作人员，调查共收到有效问卷1897份。调查结果有助于认识和理解当前国家生态环境保护治理现状与未来走向，为探索国家生态环境保护治理现代化的总体设计与制度安排提供理论与实践支撑。

1. 环境问题成因及环境保护治理绩效

（1）绝大部分受访者对当前的生态环境质量及变化趋势持悲观态度。

问卷请受访者对所居住地区目前的生态环境质量进行评价，主要涉及空气、饮用水、地表水、声环境、生物多样性、土壤、地下水、光环境、绿化以及环境整体等（见表3-1）。受访者对各环境因子的感受基本一致，约四成受访者认为其所居住地区生态环境质量为一般，三成受访者认

---

① 本章节数据均来自问卷调查结果。

为环境等级为差，两成受访者认为良好，极差和很好这 2 个等级的比例均值不足一成。

表 3 - 1　　　　　受访者对所居住地区目前的环境质量评价　　　　单位：%

类别	很好	良好	一般	差	极差
空气	5.11	21.09	34.48	28.10	11.23
饮用水	6.96	30.57	42.96	15.87	3.64
地表水	4.96	21.09	37.01	28.84	8.12
声环境	5.54	31.42	40.17	19.45	3.43
生物多样性	6.43	23.30	42.17	22.14	5.96
土壤	4.80	26.78	47.23	17.50	3.69
地下水	5.90	26.25	43.23	19.61	5.01
光环境	7.91	36.95	39.38	13.34	2.42
绿化	12.07	37.32	37.80	10.60	2.21
环境整体	4.90	27.52	46.18	18.34	3.06

此外，76.68% 的受访者对居住地区的环境质量变化趋势持悲观态度。其中，49.03% 的受访者认为所在地区的生态环境呈现部分有所改善，但整体仍呈现恶化趋势；27.65% 的受访者认为其所在地区的生态环境恶化严重，环境问题短期已无法解决。只有 18.23% 的受访者认为其所在地区的生态环境恶化的趋势已得到根本遏制，总体趋向好转。

（2）环境问题居民生之首，要在保护生态环境的前提下发展经济。

对就业、收入、住房、医疗、教育、社会治安以及环保等 7 个民生问题，分别有 34.63%、12.65%、18.29% 的受访者将环保问题排在民生问题中第一、第二、第三的重要位置，即近七成受访者认为环保问题在 7 个所列的民生问题中的重要性位居前三位。因此，高达 73.67% 的受访者认为应在保护生态环境的前提下发展经济（见图 3 - 1）。

（3）环境问题成因复杂，经济发展方式落后及治理能力不力是主因。

环境问题成因复杂，对造成环境问题的原因，受访者在认识上并不统一。17.20% 的受访者认为是生态环境保护治理体系存在缺陷，16.92% 的受访者认为是政府失灵，16.25% 的受访者认为是环保教育存在问题、公众环保参与度低，15.28% 的受访者认为是经济发展方式落后，14.27% 的受访者认为企业主体作用没有体现。

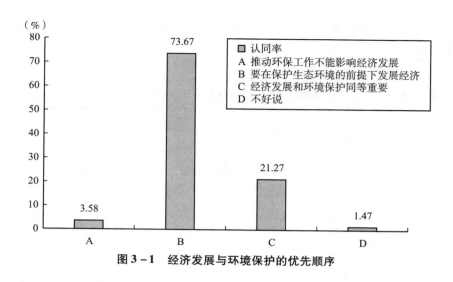

图3-1 经济发展与环境保护的优先顺序

虽然环境问题成因复杂，但受访者对于造成当前环境形势最重要原因的认识基本一致，42.12%的受访者认为是经济发展方式落后造成的，37.59%的受访者认为是政府生态环境保护治理能力不力造成的。

为此，73.72%的受访者认为，改善当前的环境，应改革生态环境保护治理体系，优化经济结构（见图3-2）。

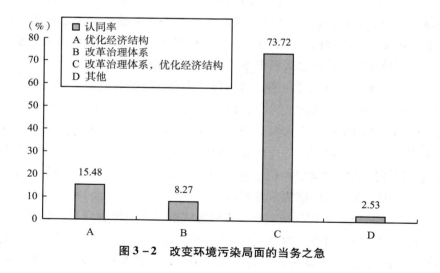

图3-2 改变环境污染局面的当务之急

2. 环境保护治理体系评价

（1）环境保护治理制度建设不健全，社会机制制度建设最为薄弱。

在生态环境保护治理体系制度建设上，三成左右的受访者认为行政管理机制相对较为健全，而对市场机制、社会机制，只有一成左右受访者认为比较健全。总体而言，六成以上的受访者认为三大治理机制在制度建设上不太健全或不健全。受访者认为社会机制、市场机制与行政管理机制相比，制度建设更为不健全（见表3-2）。

表3-2　　生态环境保护治理的政府、市场、社会机制制度建设评价　　单位：%

类别	很健全	比较健全	不太健全	不健全	不了解
行政管理机制	3.11	31.47	37.16	25.46	2.79
市场机制	1.69	11.33	44.02	38.80	4.16
社会机制	1.21	9.01	40.27	44.44	5.06

与此同时，多数受访者认为社会手段在环境保护治理中的作用很重要或比较重要（见表3-3）。其中，高达95%的受访者认为开展全民环保教育对环境保护很重要或比较重要；认为建立环境征信体系对环境保护很重要或比较重要的占90%。

表3-3　　　　　　环境保护治理社会机制重要性评价　　单位：%

类别	很重要	比较重要	不太重要	不重要	不知道
信息公开制度	58.62	32.63	5.54	1.63	1.58
专题听证制度	40.96	42.70	10.33	3.48	2.53
环境信访体系	43.60	43.17	7.80	3.00	2.42
环保社团建设	37.59	43.33	14.02	2.74	2.32
全民环保教育	70.01	25.09	3.27	0.53	1.11
环境征信体系	59.09	30.63	5.22	1.37	3.69
基层对话机制	49.50	38.11	7.85	1.74	2.79

（2）三大机制在生态环境保护治理上取得了一定成效，仍有较大的改善空间。

在生态环境保护治理上，所列出的10项管制性环境政策中（见表3-4），近6成受访者认为环境影响评价制度、"三同时"制度是比较成功和很成功的，但除此之外的其他措施在环境保护治理的成效上，仍有较大的改善空间。在所列出的8项市场管理手段，受访者认为比较成功和很成功的都不超过半数（见表3-5）。

表 3 – 4　　　　　管制性环境政策生态环境保护治理成效评价　　　　　单位：%

类别	很成功	比较成功	不太成功	不成功	不知道
环境影响评价制度	12.44	45.70	27.04	11.39	3.43
"三同时"制度	10.75	40.06	31.37	9.44	8.38
排污收费制度	8.80	40.96	33.26	12.07	4.90
污染物总量控制制度	8.12	37.74	32.53	17.08	4.53
突发环境事件应急机制	7.38	41.59	33.05	12.49	5.48
排污许可证制度	8.17	40.33	31.84	14.34	5.32
环境污染强制责任保险	5.06	28.31	34.95	15.87	15.81
环境保护目标责任制	6.91	34.69	34.37	16.34	7.70
城市环境综合整治定量考核制度	5.69	30.89	35.64	17.34	10.44
环境规划制度	5.59	30.31	38.48	18.08	7.54

表 3 – 5　　　　　　市场手段环境保护治理成效评价　　　　　单位：%

类别	很成功	比较成功	不太成功	不成功	不知道
改革资源定价机制	2.90	28.20	37.74	16.18	14.97
引入"绿色金融"制度	3.48	31.52	32.89	14.07	18.03
征收资源税	3.48	26.04	36.11	19.56	14.81
发展清洁能源	5.69	43.91	35.32	11.07	4.01
排污权交易	4.11	28.31	37.01	19.61	10.96
征收排污费	5.96	37.59	34.90	16.50	5.06
倡导绿色消费	4.96	33.16	41.70	15.76	4.43
征收环境税	4.22	23.14	35.64	20.03	16.97

3. 环境保护治理体系建设

（1）生态环境保护治理保护体系和治理能力现代化，政府、市场、公众是共同责任主体。

推进国家环境保护治理体系和治理能力现代化，57.67%的受访者认为，生态环境保护治理主体应为政府、企业和公众（包括 NGO），只有 4.74%的受访者认为治理主体应为政府，认为治理主体是企业、公众的比例分别有 7.38%、3.32%，认为企业 + 政府、企业 + 公众、政府 + 公众为治理主体的比例分别为 17.29%、4.48%、4.69%。

（2）准确定位国家环境保护主管部门职责，改善政府环境管理职能。

虽然受访者认为生态环境保护治理主体并非政府单一主体，治理主体应为政府、企业和公众（包括 NGO），但 44.97% 的受访者认为，一旦出现较大的环境事故，环保部门要为所在地区的环境监管不力被追责。只有 23.04% 的受访者认为环保部门在 GDP 至上的政治环境下，无法正常履职，不应被追责。当然，目前的 GDP 考核存在种种争议，就是否赞同采用绿色 GDP 核算的调查结果表明，68% 的受访者认为绿色 GDP 很重要，但方法上还不成熟，应先进行绿色 GDP 试点，再逐步推行绿色 GDP 核算。

为此，政府层面应当在如下几个方面改善管理职能。

一是要厘清生态环境部门的职责。从决策、执行、监督三分法的角度，63.42% 的受访者认为生态环境部门只负责环境保护重大决策、中华人民共和国环境保护法律法规执行情况及环境质量改善的监督考核，具体执行由各级政府和各行各业主管部门负责。当然，仍有 33.32% 的受访者认为环保部门应该对决策、执行、监督全过程负责。

对于政府环境保护主管部门应监管环境的哪些方面，90.2% 的受访者认为应对环境质量进行统一监管，分别有 77.91%、60.89%、48.71% 的受访者认为应对生态保护、资源环境效率及法律法规生态化进行统一监管。

群众对环境感受与官方公布的污染物减排成绩不一致的调查也表明，政府目前的生态环境保护治理体系存在软肋。虽然受访者在目标考核方面主张发挥政府的管理职能，但 30.47% 的受访者认为污染减排数据跟环境质量的关联度不高，应重在公开环境质量数据；另有 23.72% 的受访者主张应加强监测网络和监测能力建设，使数据更加全面。但有 27.36% 的受访者就认为政府应把监测交给第三方，政府向第三方购买数据服务。

二是要明确环境保护主管部门的纵向、横向职责。在纵向职责上，分别有 76.44%、68.48%、64.26%、63.37% 的受访者认为中央环境保护主管部门分别应负责制度供给、执法监察、源头预防及目标考核。认为中央环境保护主管部门应负责污染减排、环保行政审批、污染防治等责任的受访者人数均不足半数。在污染减排上，51.29% 的受访者认为中央环境保护主管部门需继续强化国家和省一级污染减排总量控制（"十三五"规划继续作为约束性指标）。

在与政府其他业务主管部门之间的横向环境保护责任区分上，77.7% 的受访者认为政府其他行业主管部门应负责执行本行业相关的环境政策（见表 3 - 6）。

表 3 – 6 　　　　　　政府其他行业主管部门应负责的环境事务职责

环境事务职责	认同率（%）
参与制定环境法律法规	62.41
负责执行本行业相关的环境政策	77.70
制定本行业环境规划	62.52
负责本行业内突发性、突出性环境问题	66.63
其他	3.48

就如何推动区域、流域的生态环境保护治理工作，69.3%的受访者认为应着力推动大区域内产业转型升级，从源头上预防污染，需要紧密加强与政府其他业务部门的联系。49.79 的受访者认为应对环境质量超标的区域、流域实施限批。另有 49.68% 的受访者认为应主要从政府执行能力着手，加强环境质量的预警会商、重污染日应急联动。

三是优化生态环境保护治理体系，改革环境评价制度。优化生态环境保护治理体系，一方面，70.74% 的受访者认为应扩大社会公众参与、市场资源配置作用，政府只在市场机制和社会机制失灵的领域发挥作用，同时设计适合国情的治理体系。另一方面，受访者认为，国家环境保护治理体系和治理能力现代化建设在加强市场手段（86.66%）及社会参与手段（89.14%）的同时，也应继续加强政府职能（69.48%）（见表 3 – 7）。

表 3 – 7 　　政府、市场、社会三大生态环境保护治理机制发展趋势　　单位：%

类别	加强	不变	弱化	不知道
行政管理手段	69.48	12.86	15.50	2.16
市场调节手段	86.66	8.38	2.69	2.27
社会参与手段	89.14	6.06	2.69	2.11

针对环境评价制度的调查数据表明，61.62% 的受访者认为应改革目前的环境评价制度，在强化政策环评、规划环评的同时，还应简化项目环评、强化项目环评后续全过程监管。

（3）完善公众参与机制。

未来生态环境保护治理体系中如何发挥公众作用的调查表明，73.38% 的受访者认为公众参与是与政府行政管理、市场激励机制同等重要的治理手段。

随着公众环保知识的增加，参与的深度也越来越广，但也存在参与的非理性，产生"不要建在我家后院"的邻避效应。为此，70.95%的受访者认为应充分公开信息、过程透明，让社会公众参与决策；60.46%的受访者认为应建立相关各方利益协商和合理补偿机制（包括迎臂设施）。另有48.23%的受访者认为应发挥政府行政效率优势，引导公众理性维权。44.54%的受访者认为应向利益相关方提供充分表达自己关切的渠道。

对于公民环境权益受到的损害，六成受访者认为公众应选择司法诉讼进行环保维权，仅有10.86%的受访者认为应选择政府信访体系进行环保维权，这与目前的环保维权现状不相符合。未来应进一步完善环境维权体系建设，方便公众环保维权。

（4）发挥企业的主体作用。

虽然70.74%的受访者认为扩大社会公众参与、市场资源配置作用，政府只在市场机制和社会机制失灵的领域发挥作用。57.67%的受访者也认为，生态环境保护治理主体应为政府、企业和公众（包括NGO）。但企业的主体作用发挥存在着体制授权不足、市场失灵等障碍因素。

如关于环保新技术进入实际应用障碍的调查表明，41.17%的受访者认为新技术成本较高，企业不愿意升级改造环保技术；39.43%的受访者认为地方政府、企业和行业组织在环保技术上存在利益链，环保新技术无法推行。

（5）多措并举，提升环境保护治理能力。

关于如何改革生态环境保护治理体系提升生态环境保护治理能力的调查结果显示（见表3-8），需在政府、市场和社会三大机制上多措并举，并指出了三大机制改革的重点。

表3-8 生态环境保护治理体系改革指标

指标	回应率（%）	指标类别
加大对污染制造者的惩罚力度	83.55	政府机制
把环境质量改善和官员的升迁挂钩	68.79	
健全法律法规	68.42	
对污染企业进行引导，鼓励产业升级	67.00	
政府、金融机构通过经济杠杆促进环境保护，如环境税、绿色信贷等	61.31	
强化政府的行政命令及相关职权，如区域限批	46.71	

指标	回应率（%）	指标类别
转变经济发展方式，发展绿色经济	72.80	市场机制
大力发展与环保相关的科学技术，发展清洁能源和可再生能源	69.64	
改变消费模式，发展绿色消费	59.25	
加大环保教育，普及公民的环保意识	74.54	社会机制
鼓励 NGO 规范参与环境保护工作	48.18	
其他	4.85	其他

一是在政府管理机制上，83.55%的受访者认为应加大污染者的处罚力度，68.79%的受访者认为应把生态环境保护治理改善与官员的升迁挂钩。其他指标的回应率如表3-8所示。局限于受访者对环保规律的认识，从受访者的回应来看，大部分受访者倾向于采用惩罚、追责等末端治理手段强化政府管理职能。当然，受访者一方面也感受到了当前施行的区域限批政策的局限性（只有不到五成左右的受访者主张强化区域限批），另一方面受访者也对鼓励产业升级、征收环境税、开展绿色信贷等此类管理手段充满期待（见表3-8）。

二是在市场调节机制上，72.8%的受访者主张应转变经济发展方式，发展绿色经济，这与42.12%的受访者认为环境问题是经济发展方式落后造成的，37.59%的受访者认为是政府生态环境保护治理能力不力造成的相呼应。受访者对发展环保技术、改变消费方式也充满高度期待。

三是在社会参与机制上，74.54%的受访者认为应加大环保教育，普及公民的环保意识，另有48.18%的受访者认为应鼓励 NGO 规范参与环境保护工作，调查结果与目前我国环境保护社会参与机制落后、公众环保意识低、NGO 力量薄弱的现况相符合。

3.3 中国政治经济文化特点及其对元治理模式的需求

3.3.1 中国环境保护治理模式现代化探索的设计原则

1. 尊重历史与立足现实的统一

今天的中国特色社会主义道路及其治理体系是其内生性演化的结果，

我们必须尊重历史发展轨迹中形成的传统和文化，特别是相应的治理体系及经验。中国的环境问题呈现出爆发型、压缩型、复合型等特点，这需要我国在考虑发展路径的必然性的同时，还应立足现实，设计出适合我国发展阶段、技术经济水平和特点的国家生态环境保护治理体系。

2. 适度超前与循序渐进的统一

众所周知，上层建筑取决于经济基础，而根据我国当前的发展状况，我们能够对发展道路与发展阶段能够形成一种新的认识也正是由于这种认识的不断深入，才使生态环境保护治理体系能够逐渐趋于健全和完善，并实现阶段性的目标。按照亨廷顿的政治稳定理论，政治稳定从根本上依赖于政治参与程度和政治制度化程度之间的相互关系，实现政治稳定的根本途径在于提高政治（治理）体系的制度化水平，以确保公民的有序政治参与。因此，我们在设计国家生态环境保护治理体系时要遵循适度超前与循序渐进相统一的原则。

3. 借鉴与消化吸收再创新的统一

结合我国的具体国情，学习借鉴国外政府生态环境保护治理的先进经验。改革开放以来，我们在建立现代国家生态环境保护治理体系方面的许多进步和成就，其实也得益于向外国的先进生态环境保护治理经验学习。元治理（meta governance）是基于治理失灵实践发展演进出的新的治理理论，它是一种产生一定程度的协调治理的手段，通过设计和管理政府、市场、社会治理的稳健组合，达到从对公共部门组织的绩效负责的角度（公共管理者作为元治理者）来说最好的可能结果。元治理中政府应当扮演"同辈中的长者"而不是全能型政府中的"父亲"角色，承担起指导责任、确立行为准则和依据变化了的国情设计治理体系及培育提升治理能力的责任，但不具有绝对的权威。这个理论非常契合三中全会《中共中央关于全面深化改革若干重大问题的决定》关于发挥市场在资源配置中的决定性作用和更好地发挥政府作用的精神。

3.3.2 中国政治经济文化特点

对于一个国家来讲，其对治理体系的选择取决于历史传承、文化传统、社会经济发展水平等诸多方面，而归根结底取决于一个国家的人民。当前，我国治理体系的形成与发展，也同样与这些因素相关，是基于此循序渐进所形成的，是一个长期的过程，是一个内生性演化的结果。中国政经文化历史悠久，国家治理思想经过古代几千年的积累发展，有相当的连贯性和连续性，形成了不同于西方的鲜明特色。古代中国的治理思想大致分为两个阶段，殷商秦汉时期的前段和此后延续至明清终结的王朝历史时期后段。多数学者认为，汉代以后的治国思想少有突破，基本是对殷商秦汉时期前段国家治理思想基本观点的再解读，而前段有两件大事标志着皇帝制度（君主集权或专制）及其法定意识形态的确立，即秦始皇建立古代根本政治制度框架和汉武帝独尊儒术统一学术，其特点包括：（1）"王权至上"导致"家天下"局面，改变民众思想意识和现实生活；（2）"别黑白而定一尊"是皇权专制下伴生的一种专制的、功利性极强的文化意识和治国思想；（3）"敬天保民"和"无为而治"是执政者对经验教训的总结和对有为政治导致各种社会异化现象的批判与反思；（4）朴素的钱粮经济学和人口强国指标，是王朝的家底和政权的根本。

中国改革开放 40 年的政经文化同样特点鲜明，现代意义上的政府规制是伴随着 40 年市场化改革所逐渐形成和发展起来的，尤其是在改革开放后，传统的计划经济逐步向市场经济转变，而这正是一个摸索与创新的过程，也正是在这个过程中，市场经济得到了较大的发展，并逐步将其所具有的优势体现出来。我国国家治理、政府规制和市场化改革的起点，从本质上讲可以将其归结为拥有一个集中度很高的计划经济体制，这也反映出关于中国经济的转型过程，其与发达国家有着本质的不同，或者说这是一个逆向的过程，其中隐含着"转型——制度变迁——政府主导"的内在逻辑，这与"治理"的含义有着本质的区别，同时又与"元治理"内涵步调一致。

3.3.3 中国国家治理和政府规制改革的资源禀赋

综合政经文化特点，我国国家治理和政府规制改革具有以下资源禀赋：（1）政府公权力部门在经济社会发展中起关键作用，政府治理对中国的作用比西方社会重要；（2）经济社会的复杂性和多变性使单一治理模式和"多中心—去中心"治理思想无法适应发展阶段和有效解决问题；（3）新时代国家（环保）治理体系改革和善治能力的提升，需要改变凡事依赖政府的惯性，同时也不能脱离政府自由过度，我们需要科学的、系统的、灵活的现代治理理论参与转型期的制度建设，这种模式就是元治理。

3.3.4 中国生态环境保护治理的元治理可移植性

从上述政经文化特点和政府规制禀赋来看，植根于中国的文化价值观可以总结为具有较高的权力距离和较弱的不确定性规避能力。

以上的中国本土"特色"，对元治理的可移植性以及植后生长具有重要的解析意义。

（1）元治理是一种工具，工具没有"主义"。元治理的价值观和基本耦合模式，与中国的国家治理理念，没有冲突。同时，两者的治理目标追求是高度一致的，尤其在生态环境保护治理领域。元治理要求秩序与公共权威，元治理要求健全法制，元治理要求公共管理人员对公民需求及时反馈，元治理要求广泛的社会参与，元治理要求信息公开透明，元治理寻求协调、稳定。

（2）元治理对政府规制治理模式具有相对更强的指导意义。元治理的耦合包容性极强，虽然要求完善市场主体和公众社会主体的治理权利与责任，对我国发展尚不完备的市场与社会治理主体大局情况看似不相吻合，但也正是因为完善上述两方治理主体的治理能力、健全三方耦合治理体系是元治理的目标，所以元治理才是"强政府"发展中国家改善治理现状的最好方式与路径。

（3）经济全球化、价值多元化和环境问题的日益复杂化，导致各国都不可避免接触多种治理模式。元治理提出的"治理的治理"，对治理的再组织，是新时代应对多种治理模式交杂并存局面，一种较为合适的创新治理体系、提升治理能力的有效工具。

任何一种物种的移植，都有一个"萎蔫"的过程。我国作为一个"强政府"的发展中国家，可结合元治理的可移植性，因地制宜，根据本土社会环境问题特点，发展符合国情的中国特色元治理道路。

3.4　本章小结

通过第1章～第3章的国家治理现状、趋势与治理模式演变的系统梳理，从治理到元治理的发展路径脉络清晰。本章衔接中国环境保护本土元治理分析与应用部分，在考究中国本土政治经济文化特点的基础上，对元治理在我国的可移植性和生长"土壤"进行了辨析，可以得出：

（1）我国属于"强政府"发展中国家，并且在改革开放40年有着飞速的发展。

（2）忧患意识和上述态势，让追求三方治理主体耦合的元治理模式更适合发挥积极作用。

（3）各国都不可避免地进行多治理模式的融合尝试，在此背景下，元治理模式或可成为最合适的生态环境保护治理耦合工具。

第4章 环保元治理模式下政府角色定位及能力提升的策略

作为一种全新的提法，推进国家治理体系与治理能力现代化，实际上也是中国在过去60多年社会主义建设经验的基础上，面向未来提出的一个崭新目标和艰巨任务。我们没有任何现成的样板可以照搬，只能从历史和现实的经验、教训中汲取养分，推陈出新。一个国家的历史传承、经济社会发展水平及其文化传统共同决定了一个国家所选择治理体系的类型，决定权在于这个国家的人民。国家生态环境保护治理体系的构建与发展同样要遵循这个精神与原则。

既然是可以移植的探索模式，那么在环境保护元治理模式视域下，作为"强政府，弱公众"的发展中国家政府，在面向以"深化改革"和积极"推进国家治理体系和治理能力现代化"为重要目标的新时代社会构建蓝图时，应该如何把握角色、定位自身、梳理职能和提升能力呢？

本章将结合元治理的目标要求，进行环保元治理模式下政府角色定位和能力提升策略分析与构建。

4.1 基于元治理理论的国家生态环境保护治理体系顶层设计

遵循马克思主义实事求是与理论联系实际的基本原理，尊重国家治理历史与文化传统，针对动态变化的我国经济社会发展现实，充分借鉴国际治理理念及经验，在"四个全面"和"五位一体"战略布局的框架下，创造性地设计国家生态环境保护治理制度体系：

（1）突出围绕解决损害群众健康突出环境问题和生态环境质量持续改善这一环境保护的核心任务；

（2）着力促进不同治理模式之间的协同互补和协调不同治理模式之间

的矛盾冲突两大元治理策略；

（3）构建政府、市场、社会三大治理机制均衡发展的治理体系；

（4）履行供给制度、协调目标、激励自治、协同共治四大元治理职能以及发挥在四大职能中出现失灵和不托底时的兜底作用；

（5）以制度创新和科技创新为动力，提升科学的环境标准规范、独立的生态环境质量监测与评价、严格的环境管理监察执法、动态的区域环境承载预警、高效的重大环境风险应急响应管控、积极的全民参与身体力行推进生态文明建设等治理能力；

（6）建立最严密的法治，配套环境权益保障、损害赔偿、生态补偿、创新激励、环境诉讼、信息公开、征信体系、举报奖励、任期审计等保障制度体系。全面提高中华人民共和国环境保护法律制度的有效性，努力构建适宜于社会主义市场经济和现代政府的环境保护管理新体制（见图4-1）。

图4-1 基于元治理理论国家生态环境保护治理体系总体设计（理想目标）

4.2 元治理模式优势及其对政府的角色定位

元治理，称为"治理的治理"，是对治理的再治理，进一步阐述涉及科层治理、网络治理和市场治理的重组以得到良好的协调效果。元治理重视政府角色，但对其定位不能混同为建立至高无上的管制型政府，而是承担前瞻性顶层设计，协调促进社会各单元自治安排，并以解决问题、均衡利益为目标导向，对治理后果进行兜底的智慧型政府。新时代中国政府资源禀赋与元治理存在高度的适应性：（1）主导角色转变。政府是环境保护治理工作不可或缺的角色，但要改变过于倚重行政命令推进的模式，政府不再是各项社会事务的一力承担者与包办者；（2）协调职能上线。转变"父亲"包办一切的观念，政府应作为同辈中的长者（相当于有担当的"大哥"），促进经济社会单元自组织运作，平衡利益、协调关系，实现适度超越，达到"元治"；（3）构建"设计—反思"回路。智慧地进行制度设计和远景规划，并为共同目标的实现效果进行兜底，螺旋状反思修正顶层设计，不断向前推进善治。元治理模式中政府不仅不会消解其他治理力量，还将为各治理主体提供民主、高效、稳定的制度环境，并通过建立健全法治体系，形成新时代约束力，实现公正、自由等善治目标。

作为经济体制改革与政治体制改革的一项重要内容，行政体制改革需要做到与时俱进，与改革开放及社会主义现代化建设发展要求相适应。深化行政体制改革的核心就在于政府职能的转变，从根本上来说，哪些事情是政府应该做的，哪些事情是政府不应该做的，这就是所要解决的主要问题，侧重于政府、市场及社会之间关系的妥善处理，也就是这三个主体之间各自分别要承担的责任，需要做的事情是什么，三者需要共同承担哪些事情。党的十八大报告强调，对政府与市场之间的关系进行妥善处理是经济体制改革的核心问题所在，这就要求我们要对市场规律予以充分尊重，将政府作用最大限度地发挥出来。要实现国家环境保护治理体系和治理能力的现代化，首先需要明确政府在环境保护工作中的角色和定位，并根据自身的角色和定位做好相关工作。规范政府行为，履行合格的元治理职能，具体而言，政府在环境保护工作中的职能主要应体现在供给制度、协调目标、激励自治、协同共治等方面。

1. 政府应做好环境保护制度的供给和设计工作

制度是通过法律条文确定下来的，用以规范各类社会主体行为的规则，是维持社会秩序的基础。用元治理的思想来设计我国环境保护治理体系，政府应首先保障制度供给，做好制度设计工作，以使政府、公众、企业等行为主体有所依据，并将各自的功能有效发挥出来，真正做到各司其职。党的十八届三中全会通过的《中共中央关于全面深化改革若干重大问题的决定》中就强调，生态文明的建设要求我们一定要构建起一个完整的、系统性的生态文明制度体系，从源头保护制度到损害赔偿制度，再到责任追究制度都应当得到最严格的实施，注重生态环境保护治理及生态修复制度的不断完善，充分发挥制度的功能与作用，从而达到有效保护生态环境的目的。但就目前来看，我国环境保护的制度体系还很不完善，急需加强顶层设计。首先，要建立最严格的源头保护制度，需要扩展我国战略环境评价的广度，将评价对象逐步向决策链上游延伸，直至涵盖经济技术政策、法规和战略等高层次决策；同时，需要完善我国的环境政策和标准体系，并进一步提高环境准入标准，特别应加强生态保护、风险防范、人群健康防护等方面的标准体系建设；此外，广义的源头控制制度，还应该包括科学、合理的空间准入制度，包括划定生态红线、做好环境功能区划、生态功能区划等，从空间准入层面来保护生态环境。其次，要建立损害赔偿制度，需要通过立法明确环境损害赔偿的原则、环境损害赔偿的主体、环境损害赔偿的范围、环境损害赔偿的方法、环境损害赔偿的标准、环境损害赔偿请求权时效等基本问题。通过建立环境损害赔偿制度，可以改变政府大包大揽的局面，发挥公众参与环境保护的积极性，大大减轻政府部门的工作压力。再次，要建立环境责任追究制度，需要优化决策程序、明确责任主体、加大责罚力度、明确实施细则。当前，只有建立严格的环境责任追究制度，才能从根本上改变地方政府官员不惜牺牲环境追求经济增长的行为模式。最后，要完善生态环境保护治理和生态修复制度，需要改变过去那种"集中整治""专项治理""突击执法""特别行动"等运动式的治理模式，通过夯实制度基础来保证生态环境保护治理工作的常态化和规范化。元治理模式下的环境保护工作，应进一步通过制度设计彰显"谁破坏、谁治理""谁修复、谁受益"的环境保护原则，通过适当的奖励和责罚机制促进重点污染地区和重点生态破坏区域的生态与环境修复。

2. 政府应协调好各类治理主体的目标和利益

当前，我国正处于社会经济转型时期，也是深化改革的关键阶段，各种矛盾、问题都处于胶着状态，新的问题与不确定因素源源不断爆发的同时，过去没有能够得到妥善解决的深层次社会问题也日渐突出，新老问题相互交织，社会系统性风险逐步加大。同时，随着市场经济体制改革的深化和对外开放程度的加大，我国的社会结构也日益复杂，不仅利益主体呈现出多元化发展趋势，人们的思想观念也日益多样化。"我们全面深化改革，不能东一榔头西一棒子，而是要突出改革的系统性、整体性、协同性。同时，在推进改革中，我们要充分考虑不同地区、不同行业、不同群体的利益诉求，准确把握各方利益的交汇点和结合点，使改革成果更多更公平惠及全体人民。"① 在这样的时代背景下，政府应充分发挥协调不同利益主体之间目标和利益诉求的作用，对社会系统的组成部分、社会生活的不同领域以及社会发展的各个环节进行有效组织、协调、指导、规范，以利形成统一的目标取向，协调好各方利益诉求。在环境保护元治理体系中，政府的职能应主要体现在以下几个方面：第一，要做好利益相关者多方参与的综合决策。政府和公众参与综合决策的目的是为了协调经济发展目标、社会发展目标与环境保护目标之间的关系，不能因为过分强调经济发展而造成严重的环境破坏，也不能单纯强调环境保护而忽视民众的发展诉求。在综合决策中，政府部门必须考虑社会目标、经济目标和环境保护目标的统一。在具体操作层面，必须通过各个利益群体的广泛参与，在社会目标、经济目标和环境保护目标之间找到一种平衡和协调，或者在各个利益群体之间达成妥协。第二，从便于各方目标和利益协调的角度出发，政府应建立一套全国和各地都能使用的环境管理指标体系。这一指标体系不仅要包括全国都普遍适用的环境指标，也要包括反映不同区域特点的差别化指标。通过这一指标体系，能够使社会上不同的利益相关者在制定决策时都能有所参照，避免发展目标和保护目标的冲突。第三，政府应发挥好不同利益主体发生冲突时的仲裁功能。党的十八届四中全会提出了"依法治国"的战略决策，并把"更好统筹社会力量、平衡社会利益、调节社会关系、规范社会行为"作为工作的核心。同时，随着新一届政府简政放权和大量取消审批事项等举措的推行，政府部门包揽一切的时代即将过去。在这一背景下，社会公众在社会、经济、环境事务中的作用将进一步凸显。环境保护是重要的民生领域，更是公众关心和参与的主要领域，因此，当公众参与环境保护活动出现相关争议时，法院需要发挥好争议仲裁功能。随着民间环保组织的壮大和公众环保意识的提高，将来环境公益诉讼有望成为社会参与生态环境保护治理的重要方式，法院应发挥好争议仲裁作用，确保人民正当的环境保护诉求能够得到合理回应。同时，随着制度的逐步完善，环境损害赔偿将成为未来有关法人、公众和团体维护自身环境权益的重要手段，政府有关部门应积极配合，除了做好相应的服务性工作外，更应做好仲裁工作。

3. 政府应为各类社会主体参与生态环境保护治理创造条件

改革开放前，我国一直坚持高度集中的计划经济体制，政府在政治、社会、经济等各个领域都具有主导权，是一种治理主体单一的单向治理模

---

① 习近平. 辩证唯物主义是中国共产党人的世界观和方法论［J］. 求是，2019（1）.

式。随着改革开放和市场经济体制的建立，这一治理模式才逐步有所改变。但从目前来看，由于民间组织发育不足，社会公众权益意识不强，司法独立性差等原因，各类社会主体参与国家治理的积极性仍严重不足，发挥的效用也不明显。在环境保护领域，尽管公众参与工作走在了其他领域的前面，但总体来看社会公众力量仍然没有充分发挥出来。在多元共治的环境保护治理体系中，政府部门应积极为各类社会主体的参与创造条件，发挥激励自治的作用。为此，政府首先要转变职能，树立服务意识，特别是要坚持"以人为本"的执政理念，贯彻全心全意为人民服务的宗旨，着力解决好人民最直接最现实的环境权益问题。同时，领导干部要不断提高自己的法制意识和能力，做到依法执政，为依法治国作出表率。就当前而言，应加大力度落实中央提出的简政放权和减少审批事项的要求，明确自身权利清单，让手中的权力在宪法的框架内和阳光下运行。只有社会公众对政府部门的权利范围和程序真正清楚了，才能发挥好监督政府的作用，同时也才能找到合适的参与生态环境保护治理的切入点。其次，政府部门应切实做好环境信息公开工作。随着社会公众参与环境保护工作意识的提高，信息公开已经成为政府部门的必要工作。国务院办公厅关于印发《2012 年政府信息公开重点工作安排的通知》中把环境保护信息公开作为政府信息公开工作的八个重点领域之一。从环境保护治理体制改革的角度出发，政府只有做好信息公开工作，才能保证人民群众的环境知情权、参与权和监督权，也才能进一步发挥社会和市场参与生态环境保护治理的作用。政府部门对于信息公开，应重点加强以下几个方面的工作：一是要公开权力清单和工作程序。对此，应进一步审核现有管理职能和审批事项，梳理行政权力，对外公布权力清单，使社会公众了解政府部门的权力范围，从而更好地监督政府的行为。同时要规范审批程序，推进审批过程和结果公开，使老百姓明白政府的办事程序和规则，减少寻租行为。二是要做好环境信息的公开。特别是要推进重点流域水生态环境质量、重点城市空气环境质量、重点污染源监督性监测结果等信息的公开。三是要做好重特大突发环境事件的信息公开工作。近年来，我国不断发生各类重特大环境污染事件，由于信息渠道不畅，常常导致谣言满天飞，甚至引发群众恐慌，影响社会稳定。为此，政府部门应加强对突发环境事件的汇总分析，做好突发环境事件应对情况的定期发布工作，使社会公众及时了解事态进展。最后，政府应加大对民间环境保护组织的支持和投入，加强相关组织的自身能力建设。目前，我国的民间环保组织还得不到政府政策性的支持，在自身能力建设上仍存在很多困难，很多环保组织是依靠一些有志之士的个人力量支撑着。从国际上来看，民间环保组织已经成长为环境保护领域的重要力量，其环保行动是政府治理功能的必要补充。我国要扶持民间环保组织的发展，应考虑由政府设立专项资金，为环保组织提供资金、场所等支持。同时，要从制度上为民间环保组织的成立和开展活动扫清障碍。

4. 政府应组织各类社会主体共同参与生态环境保护治理

首先，在环境保护的元治理理念指导下，政府部门要改变过去高高在上的领导者地位，转而成为带领各类社会主体共同开展生态环境保护治理工作的"同辈中的长者"。"生态文明是人民群众共同参与共同建设共同享有的事业，要把建设美丽中国转化为全体人民自觉行动。每个人都是生态环境的保护者、建设者、受益者，没有哪个人是旁观者、局外人、批评家，谁也不能只说不做、置身事外。要增强全民节约意识、环保意识、生态意识，培育生态道德和行为准则，开展全民绿色行动，动员全社会都以实际行动减少能源资源消耗和污染排放，为生态环境保护做出贡献。"[1]所以，政府应将环境多元治理中的组织作用有效发挥出来，包括环境法规和政策制定、环境决策、环境监督、环境影响评价、环境宣传教育等。在这些重点环节，政府要通过宣传动员，促使公众充分理解并支持环保政策，提高参与能力，并能积极参与，贡献自己的智慧。特别是在各类决策环节，政府要组织好专家论证会、听证会等活动，为各类社会主体有效参与生态环境保护治理创造条件。其次，政府要对民间环保组织等进行有效监管。应该说，大部分民间环保组织都是能够顾全大局的，不仅会考虑环境保护问题，也会兼顾社会、经济等议题。然而，也有极少数片面强调环境保护，罔顾人的生存权和发展权，甚至走入动物权益高于人权的极端。对此，政府要充分发挥出监管作用，以免上述组织出于狭隘的自我利益而对社会公众利益造成损害。同时，对于民间环保组织的行动是否合理、合法，政府也要给予恰当监管，防止借环保名义敛财等情况的出现。最后，政府要为社会和市场参与生态环境保护治理提供专业指导。盲目的公众参与只能流于形式，"不明真相"的公众也无法提出建设性意见或诉求。为了充分发挥社会公众在环境政策、法规、规划和标准制定与实施等活动中的作用，政府应该对公众进行适当的专业指导，例如对环保组织、环保公益人士、参与生态环境保护治理的公众等开展业务培训等。政府还应加强对企业的技术指导，包括提供各类环保技术信息，对污染防治和生态保护

---

[1] 资料来源：2018年5月18日习近平总书记在全国生态环境保护大会上的讲话。

方案提出技术性建议等。

4.3 政府治理能力提升的元治理路径

4.3.1 政府内部元治理

"政府—市场—公众"治理体系强调政府的引导协调作用，政府内部的元治理成效影响其治道逻辑的落地和元治理能力的提升。政府要加强自身在使命分析、政治可控性和战略可控性方面的建设，针对具体问题，抓主要矛盾，精简治理机构，减少权力交叉和职能重叠，增强统一性和灵活度，提高办事效率；地方政府根据自身资源禀赋，突出部门特色，创新环保治理具体路径，减少权力与资源内耗，提升治理绩效。如 2019 年 5 月，财政部办公厅、住房城乡建设部办公厅、生态环境部办公厅联合出台相关政策，给予黑臭水体城市试点城市定额补助，对 2019 年入围城市，每个支持 4 亿元，资金分年拨付。

完善政府内部元治理，提升政府"元治理者"角色的素质与能力，需要切实履行元治理政府体制设置。为了更好地发挥政府在环境保护治理体系中的作用，需要对相应的政府环境保护体制重新进行顶层设计，主要包括以下四个方面。

1. 合理配置"管""做"职权

环境管理职权分散和配置不合理被认为是环境问题应对不力的重要原因。我国县级生态环境保护部门"办事"权限少、能力弱，作为派出机构，身份存在一定矛盾和问题，是否应当将其设为市级环保机构的派出机构还有待商榷。对于县级环保机构的法律地位，应当按照权责对等的原则，重新划定环保责任并赋予其相应的权力。县级生态环境部门不应垂直管理，而是履行县级地方人民政府对辖区生态环境质量负责的具体部门，重点职能应该是在县政府的领导下，直接与企业分工合作，共同治理生态环境，实现生态环境质量目标。地市级和省级以上生态环境部门，履行监管职责，也就是"县级做环保，地市级管环保"，实现环境管理"管""做"职权二分，重新配置，各司其职。

2. 整合分散在各部门的环境监管职能

根据《中华人民共和国环境保护法》的规定，2018 年 3 月机构改革前，我国环境保护监管机构主要有中央和地方各级环境保护行政主管部门、国家海洋行政主管部门、港务监督、渔政、渔港监督、军队环境保护部门、各级公安、交通、铁道、民航管理部门，县级以上人民政府的土地、矿产、林业、农业、水利行政主管部门等。在实际工作中，需要环境保护行政主管部门与其他各部门之间紧密配合、互相协调。这一体制设置的初衷是为了广泛发挥各个部门、各个方面的政府力量来做好环境保护工作，也是为了将环境保护要求与部门业务尽量融合。然而，这一体制带来的弊端也非常突出，如环保要求政出多门、权责脱节、监管力量分散、监管乏力等导致环境保护管理工作效率低下。一些发展部门常常为了尽快开展项目而置环境影响评价、"三同时"等制度于不顾。从国际经验来看，大多数发达国家采取了组建大环保部、建立统一的资源环境管理体制来保护环境的做法。我国也于2018年3月进行了机构改革，中共中央印发的《深化党和国家机构改革方案》明确要对原环境保护部职责及其他6部门相关职责进行整合，成立一个专门负责生态和城乡各类污染排放监管和行政执法工作的生态环境部门。通过生态环境领域一系列"放管服"措施的落实，最大限度统一环境管理主体，把分散于其他管理部门的权力适当集中到地市级以上环境保护行政主管部门，统筹建立严格监管所有污染物的环境保护组织制度体系。部分监督管理权必须由其他相关部门行使时，环境保护行政主管部门也要对行使这些权力的部门进行有效协调、监督，为在更高水平上推进生态环境保护治理体系和治理能力现代化奠定坚实基础。

3. 调整环境管理主管部门内设机构与职能

根据元治理理念，环境管理部门应将工作重点放在制度供给、源头预防、监督检查、目标考核等方面。为了更好地发挥自身职能，内部机构也应作出相应调整。一是可以考虑设立国家环境政策法规与影响评价局，履行环境影响评价、政策法规制定职能，行使中央和跨区的参与综合决策、制度供给和目标设定等职能。特别应加强环境法规建设和环境保护参与国家综合决策的能力。二是可以考虑设立国家生态环境质量评价与考核局，除履行总量控制、生态环境质量监测职能外，重点加强生态环境质量监测、评价、发布与地方生态环境质量改善目标考核，使农村面源污染监管纳入正常的污染监管体系。三是可以考虑设立国家自然保护与国家公园局，统管全国各类森林公园、地质公园、自然保护区等，履行自然保护职能，建立统一的自然保护地与国家公园保护体系，确保生态红线不被突破，从空间开发格局上强化环境保护职能。四是构建覆盖全部国土和生态环境要素的质量监测网络系统，建立各类资源和生态环境监测基础数据库，形成结构完整、功能齐全、技术先进的资源与生态环境综合监测信息系统，实现监测数据及相关信息的动态管理、综合集成、分析预测以及共享与发布。在服务于对下级生态环境质量改善目标考核的同时，支持国土空间环境承载力动态监测预警和国土空间规划。五是在整合现有各类环境执法监察力量的基础上，仿照森林警察体制组建环境警察部队，对环保事件主动出击，独立调查、独立取证，适时移交检察机关向环境法庭起诉，环保警察直接对中央负责，避开地方行政权力干扰。

4. 成立高规格的生态环境保护治理委员会

综观西方发达国家的环境保护历史，环保工作也经历了一个被漠视、警醒、奋起治理的过程。当国家工业化发展到一定阶段，资源环境制约空前突出，人民身体健康受到严重威胁时，往往会突出环境保护在国家治理体系中的重要性，进而采取环境保护优先于经济发展的战略，任何项目如若与环保要求不相符都不能建设，即便该项目可以产生非常可观的社会、经济效益也不例外。现阶段我国正处于经济发展方式转型的关键时期，国家正在积极建设资源节约型与环境友好型社会，追求高质量发展，这些都为我国环境优先战略的实施提供了良好契机。然而，要实施环境优先战略，需要有一个强有力的议事或管理机构来协调不同部门之间的矛盾，确保环保底线不被突破。为实现上述目标，可参照美国环境质量委员会职能，成立在级别上高于各部委的生态环境保护治理委员会来统筹协调环境保护与经济发展之间的关系。该委员会的主要职能应该是协调环境保护部日常管理工作之外的、涉及多个部委发展战略的问题，如确定国土空间开发与保护格局、制定重大发展战略、制定全国性环境保护规划等，该模式还可应用于省级以下政府部门。按照这种模式调整机构，可以让各部门之间的利益冲突得到更好地协调，将更有助于生态环境保护工作的顺利开展。至国家生态环境保护治理提升国家治理体系层面，成立一个超越部委的议事协调机构来统筹安排环境政策制定、环境绩效考核，强化生态环境保护治理部门的独立性与权威性，有望从顶层设计克服现行治理模式的弊端。

4.3.2 政府外部元治理与三角正向耦合治理模型

国务院于 2012 年 9 月 23 日发布了《国务院关于第六批取消和调整行政审批项目的决定》，其中就提出了两个"凡是"要求，即凡是法人、公民或是其他组织可自主决定的，可通过市场竞争机制进行有效调节的，行业组织或是中介机构可自律管理的事项，政府均要退出；凡是能够借助事后监管或是间接管理方式的事项，均不得设置前置审批环节。为顺应这两个要求，实现对市场和公众这两大主体的有效协调，确保环境问题多方参与者的利益得以更好地平衡，需要进一步弱化政府"管制"或是"包办"行为，顺应各社会组织成长和公众环保意识觉醒的要求，简政放权，推动市场机制和公众参与的积极融合，优化三元治理三角结构，促进元治理主体的互动合作，实现资源优化配置，提高市场与公众参与治理的积极性，创新解决公共问题的方案供给方式。通过构建智慧、活力、理性的多元主体参与环保工作的元治理模式，促进主体良性互动，不断在三方的信息反馈中提升政府元治理能力。结合上述内强政府元治理体系、外强市场与公众元治理机制，构建"智慧政府—活力市场—理性公众"三角稳定正向耦合治理模型，如图4-2所示。

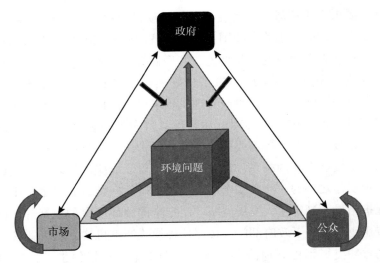

图4-2 "智慧政府—活力市场—理性公众"三角稳定正向耦合治理模型

其中，黑色代表政府主体，象征规制角色，同辈长者；绿色代表市场主体，象征科学，资源配置决定性作用；红色代表公众主体，象征监督，理性参与。黄色代表元治理系统，象征协调，行为原则和行为目标；黑色内流箭头象征约束力，代表体制机制协调落实，需要通过政策以及法律法规来保障实现。

1. 构建政府企业公众多主体的治理体制

规范社会权力运行，对公共秩序予以维护的一系列制度与程序即为国家治理体系，对行政行为、社会行为及市场行为进行规范的一系列制度与程序都包含其中。现代国家治理体系有三个最为重要的次级体系，包括政府治理、市场治理及社会治理。换言之，作为一种制度体系，国家治理体系共涵盖了国家的社会体制、行政体制及经济体制等三方面内容。就国家治理而言，只有解决好这三个最基本问题方能称得上有效的国家治理，即由谁来治理、怎么样治理以及治理结果如何。而这三个问题与治理主体、治理机制及治理效果这三项国家治理体系的重要要素直接相关。现代国家治理体系这一制度运行系统应当是整体的、协调的、动态的，同时也是有机的，我们应根据以上原则和思路从顶层设计国家生态环境保护治理体系。

根据元治理理论基本原理，对国家生态环境保护治理体系进行设计，需要进一步健全环境资源市场体系，最大限度发挥市场机制在消除环境经济外部性方面的决定性作用；培育社会组织，最大限度发挥社会机制参与环境保护的基础性作用（执政合法性）；更好地规范政府行为，履行合格的元治理职能，以最适限度和最适方式实施政府规制与干预。

（1）构建政府主导的治理主体结构。作为党领导人民管理国家的制度体系，国家治理体系应将各个领域的机制、体制及法律法规安排都包含在内，如政治、经济、生态文明等，且这套国家制度内部联系十分紧密，能够实现互相协调。

基于西方公共领域的社会权社会、公权力政府及私权利市场这三种不同的权力性质分析所形成的元治理架构主要是由国家主导，市场和社会积极参与构成的。由于中西方文化差别比较大，我国的社会发展情形在各方面都与西方国家不一样，如在我国的公权力领域之内，政府兼为宪制层面的权力实体与实际层面的权力实体，《中华人民共和国公务员法》中党政机关的工作人员也是国家公务员。从公共治理格局方面分析，我国开展公共治理的现实基础和基本的政治原则就是"政府主导、社会协同、公众参与"的社会管理格局，只有依托该格局，才能实现良好的公共事务元治理。

国家治理体系和治理能力现代化的提出，是科学、民主、依法有效治理国家过程中的一项重要举措，而制定和实施该目标的主体都是政府。所以，在公共治理中将政府负责的"兜底"作用充分发挥出来，应该成为我国公共治理的核心。这是基于我国基本国情确定的，也因此决定了该路径模式不同于西方国家的元治理理论。我们只有把政府作为公共治理的引导兜底力量才能真正实现元治理的中国化，中国公共治理必须要走的一条路就是将社会公共事务治理当中政府的作用积极有效地发挥出来。比如，深化改革的进程中，鼓励市场和社会力量进行创新探索，并对新路径、新方式给予政策性支持，为创新成本和应用推广兜底。在三大污染攻坚战的空气污染治理中，山东省开拓创新，如地源热泵冬季清洁取暖与夏季清洁制冷、煤矿疏干排水温度利用、宾馆中央空调热源利用等，这些对于缓解雾霾起到了积极的作用。再如，各方矛盾冲突上升体现到环境质量明显下降时，可由地区所属上一级政府或巡视组进行环保约谈。重庆市人民政府于2019年3月底实施的《生态环境保护约谈工作程序规定（试行）》中规定，区域、流域生态环境质量明显下降的相关区县将被环保约谈；成都市人民政府于2019年5月1日起实施的《成都市生活垃圾袋装管理办法》中规定，若将危险废物等其他废弃物混入生活垃圾，最高处10万元罚款；北京市人民政府于2019年4月20日印发实施的《北京市生态控制线和城市开发边界管理办法》中规定，将实施最严格的生态保护红线管控，原则上对城镇化和工业化活动予以禁止。

（2）进一步推进法治国家建设。实现制度化、科学化以及程序化、规范化的国家治理体系即实现国家治理体系与能力的现代化，促使国家治理者能够对法治思维与法律制度进行合理有效的运用，以此实现对国家的科学治理，让中国特色社会主义各方面的制度优势都能够转化成治理国家的效能。

元治理实践主要包括下列几个方面内容：一是在治理制度基础上加快形成由理性政府所主导、成熟市场及发达的社会组织能够有效参与其中的公共事务治理局面；二是实现公民治理、科层治理及市场治理这三种治理方式的健康发展和混合融通，能够在各自领域将其自身的积极作用充分发挥出来，在保证政府对具体公共事务治理理性处理的同时，各治理模式可实现"开合"，以免各方进入选择性地介入或是无休止地商谈之中。元治理侧重于国家建构在治理过程当中的重要作用，认为政府在国家治理方面所扮演的角色主要是治理主导者，而并非是要构建一个所有治理安排都必须要服从的超级政府。要想实现元治理的有序运行，就必须具备一个前提条件，即理性的、科学合理的制度设计与保障。宪政法治国家的建设是制度建设的主要内容，通过制度形成一个理性的政府、成熟的市场及发达的社会，在宪政法治国家的范围内充分发挥政府作用，借助制度确保在政府主导的治理当中，市场与社会主体可以充分表达意见，在决策参与方面是平等的，监督也能够落实到位。

总的来说，我国"强政府"国情及传统观念偏向于科层治理，因此，与治理理论相比较，注重公共治理中国家作用的元治理理论，更能够充分发挥出中国特色社会主义制度优势。参照元治理理论构建中国现代国家治理体系要求我们要着眼于"党领导人民有效治理国家"这一根本标准，坚定现代国家治理体系中的领导与核心力量就是政府，基于此来努力实现党和人民、国家和社会、政府和市场之间多元互动，在党的领导下由政府、社会与市场共同治理国家。另外，制度建设是实现现代化国家治理体系建设的重要途径，建立健全法治体系是建立现代国家治理体系的重要条件，因此，积极推进法治国家建设意义重大。

（3）社会共治是多元主体共同治理的制度创新。伴随着改革开放的深入推进及市场经济的进一步发展，过去我国政治、经济等全部事物都由国家统揽的格局被打破，在国家体系之外，一个相对独立的市场体系开始形成，同时还有一个日益发展壮大的社会组织体系诞生于国家体系和市场体系之间。虽然国家、社会及市场这三大独立体系还没有形成，不过，伴随着日渐改善的外部制度环境，市场及社会组织体系的独立性逐渐增强，并发挥着越来越重要的作用。在这一背景形势下，以市场或是政府为主的一元治理模式已远远落后于经济、社会的发展需求，国家更需要一种能够与之相适应的社会共治模式，也就是由政府、社会及市场组成的多元主体来实现共同治理。如：2019 年 3 月，生态环境部就新规征求意见，超标排放的垃圾焚烧厂或将被核减可再生能源补贴；同一时期，陕西省市场监督管理局关于印发《违法失信企业"黑名单"管理制度》的通知中要求建立违法失信企业"黑名单"机制，列入"黑名单"的企业在取得政府资金支持时将会受到限制；同年 4 月，宁夏共安排 2 亿元资金用于本年环保考核奖补，其中涉气指标和涉水指标考核奖补资金各 1 亿元①。

社会治理应该具有一定的包容性，作为工具理性与价值理性的统一载体，包容性治理是对现有社会治理模式的优化与创新，富有广阔的发展空间。存在逻辑同构性的治理理论和包容性法治理论是包容性治理形成的理论依据，其核心内涵包括参与主体的多元化、互动合作的过程以及共享利益成果等。我国推行包容性社会治理具有一定的可行性及合理性，具体表现如下：一是具备一定的发展空间，也就是现代化国家治理体系和治理能力的出现；二是具备实践动力，这来源于社会治理危机；三是具备一定的现实基础，包括社会组织的发展、公民意识的觉醒以及政府和社会管理职能的转变。包容性治理不同于一元式社会治理体制，强调的是多元化治理主体、基于立体治理网络的各主体能够实现协同与合作，推动社会公平的

---

① 刘阳. 宁夏今年下达 2 亿元资金用于环保考核奖补［EB/OL］. 新华网，2019 - 04 - 03.

实现，对全体社会成员的自由发展予以容纳，这些都为我国社会治理实践提供了新的思路与选择。

2. 进一步完善环境资源市场体系

环境市场机制有效与否就如同市场机制在其他领域的作用一般，有没有完备的市场机制条件才是关键因素。归纳起来，市场机制在生态环境保护治理当中的作用效果如何，主要会受到环境信息与法制监督体系、环境资源价值化等多项因素的影响，详细论述如下。

（1）构建完善的、面向市场的环境资源政策体系。第一，加快促进环境经济政策基本制度逐步完善。首先，尽快建立一个适合我国国情的、完善的环境产权制度。因界定水等环境要素所有权难度比较大，可对环境容量及地区环境承载力进行充分考虑，在此基础上通过法定排污许可证这一载体构建污染物排放配额制度，环境产权制度则可基于污染排放配额占有权、使用权的考虑来建立。其次，加快推进环境收费制度改革与电价改革，针对稀缺性资源制定一套完善的定价政策；对资源税、所得税等与环保有关的各项税种及环境税方案进行优化设计。第二，以环境要求绿化重要经济政策。尽快构建一套科学合理的有助于经济绿色发展的体制机制，构建一套将资源环境要素涵盖在内的市场经济制度，促进对环境保护与资源节约有积极作用的财税、价格等方面的经济政策体系的尽快形成。首先，逐步有序取消与环保要求不相符的增值税优惠政策，如农药、化肥领域等，针对无污染农资产品，如有机肥等则应当予以优惠。其次，加大力度对金融机构实施绿色引导力度，鼓励和督促银行构建起绿色评级制度，做好上市公司环境信息披露机制及环境违法上市公司退市机制建设。最后，在政府强制采购目录当中纳入环境标志产品，通过消费端绿色要求倒逼生产端实现绿色转型。

（2）明晰环境资源产权。有效发挥环境市场机制的重要条件之一就是明细环境资源产权，也就是将与生态环境相关的自然资源各项权利确定下来，包括所有权、收益权等，但上述权利的界定、转让等问题都涉及环境资源的产权结构问题。所以，自然资源使用效率和利用情况如何，主要取决于自然资源的产权制度，市场机制对生态环境保护和治理效果也会因此受到很大影响。若是没有能够确定自然资源产权、虚置所有者，那么就难以有效发挥出自然资源产权的激励与约束作用，导致个体及各组织会毫无顾忌地掠夺开发自然资源，导致生态环境遭受严重破坏，环境污染问题日益严重。这几年，部分区域生态环境保护治理过程当中广泛应用到了市场机制，实践表明，一些具备公共物品性质的自然资源虽然很难界定其产权，不过相较于费用高、过于依赖信息的命令—控制型政府机制而言，在生态环境保护治理方面，市场机制的效果还是要好许多。所以，我们应结合各种自然资源的特征进行有效的产权制度安排，充分利用市场机制，尽量降低交易费用，有效解决环境问题。

（3）建立健全环境资源定价机制。在生态环境保护治理过程中，市场机制起到的作用与效果会受到环境资源价值化的影响。越是稀缺的资源越能够凸显出价值，越有可能让环境资源实现价值化。经济价值、生态价值以及休闲价值等都是环境资源的主要特性，各组织在对环境资源进行资产化经营的同时，还要兼顾其经济、生态、社会方面的效益。环境资源具有价值这一事实是众所周知即便在当前尚没有形成客观准确评估环境资源价值方法的情况下，也同样不可否认这一事实。环境资源价值化，一方面有利于实现可持续发展，另一方面有助于人类合理开发利用稀缺环境资源。人类应遵循价值规律开发利用自然资源，注重对资源生态成本的计算，科学合理地做出生态补偿。应侧重于从自然资源的生态价值与社会价值来对环境资源定价，其次再考虑其经济价值。

（4）构建完善的市场交易组织。环境市场机制的有效性在很大程度上依赖于市场交易组织，这是由环境资源的特性所决定的。部分具备公共物品特征的环境资源是不可能有市场的，因此无法进行市场交易。此外，部分环境资源受制于技术因素而难以定价，部分环境资源虽存在市场价格，但这些价格无法充分反映该资源的生态价值和社会价值。一般情况下，环境资源市场上交易的对象多为排污权等环境资源的一系列产权。总而言之，只有建立起完善的交易制度和交易组织才能实现有效的环境资源市场交易。市场机制在生态环境保护治理中的作用和效果如何，会受到环境资源市场交易制度和交易组织的影响。我国应用环境市场机制来进行生态环境保护治理的时间并不长，还需要尽快构建起完善的各种环境资源的交易制度和交易市场。另外，环境资源本身就比较复杂，且分散在不同的地域、空间中，这就使得我们在借助市场机制对环境进行治理的过程中很难获取到相关信息，信息成本比较高，市场交易成本大幅度增加。因此，环境市场机制效果如何还将受到信息完备与否等因素的影响。

（5）厘清市场与政府作用的边界。社会主义市场经济体制下的资源配置主要是由市场来决定的，这就要求我们必须将政府和市场作用的边界厘清，充分有效地发挥出两者的作用。把政府作用与市场作用相对立起来的观点显然是错误的，要清楚地认识到两者所作用的资源配置领域、层面都是不相同的，因此不会有冲突发生，也不会出现强政府与强市场此消彼长的对立情况。不过，在资源配置当中起到决定性作用的主要是市场，政府需要加快改革并尽量不要参与到资源的直接配置中，同时还要积极建立起完善的、规范化的市场，合理利用市场机制，实现与市场机制的有效衔接，确保市场配置资源效率的有效提升。

只要是市场机制能够充分发挥出来的地方就应当通过市场化配置资源，而政府需要弥补的主要是市场机制作用难以发挥出来的领域。市场机制虽能够有效提高资源配置效率，但也有不足之处，比如公共产品问题就很难通过市场机制得以解决，公平竞争引发的垄断问题等也都无法通过市场机制解决。为此，我们还需要借助政府的干预弥补市场缺陷。不过，政府也会发生决策失误导致资源配置效率低下至资源严重浪费等现象，因此，对两者关系进行妥善处理及准确把握十分重要。

3. 最大限度发挥社会机制参与环境保护的基础性作用

基于生态环境保护治理"政府失灵"和"市场失灵"的现实，公众参与生态环境保护治理的力度和能力亟待加强。如果能够引导公众参与到制度设计中，表达真实偏好诉求，这对于信息的双向传递是十分有利的，存在的争议问题也能够通过协商得到较好的解决，有助于节约政策执行成本。一种完善的环境社会治理制度，应该能够约束政府、企业、公众环境行为，通过完善环境保护社会治理机制，构建政府企业公众多主体的治理体制。政府主导环境保护社会治理机制的制度设计，保障公众的环境权益并接受公众监督。企业兑现其环境承诺，并定期发布履责报告。

公众自身通过环境教育平台等获取信息提高环境意识和认知，掌握国家和地方环境保护相关法律法规，促使每个人更好地珍惜、保护环境。环境社会治理的行为基础既包括国家的法律法规（环境保护法、环境影响评价法等），也包括环境伦理道德和文化（非制度性环境影响评价，使公众知其所以然，自觉改变生活方式，宣教不等于说教）。

政府与企业和各社会主体之间，存在环境社会治理边界的交互作用。环境社会治理的范畴与内容都会受到政府与企业运作模式的影响，同时，政府及企业的环境保护方式还会因环境社会治理的运行而产生变化（交互式信息反馈交流平台）。

全面发挥社会机制参与环境保护的基础性作用，关键在于建立一个全社会全过程环境监控平台。该平台，需要承载公众参与制度、环境信息公开制度、环境诉讼制度和环境宣传教育等主体内容，需要保证公众最大限度地参与环境保护，能够保障公众参与决策权、参与监督权和表达权应该成为环境社会治理最主要的平台，通过网络的方式，以较低的社会成本实现环境社会治理，优越性在于覆盖政府企业公众多主体、方便快捷的信息交流互动、超越时空局限、便于追根溯源、社会成本低。

（1）全社会全过程环境监控平台。基于上述分析，要完善环境社会治理制度，打造这样一个全社会全过程环境监控平台，需要有效提高公众参与环境社会治理的能力；为公众获取环境信息及企业环境信息提供便利；激励公众积极参与环境社会治理；化解环境冲突，提供环境诉讼相关的司法救济。因此，平台应包括下列几个方面。

一是政府环境信息公开平台。主要发布的内容有环境政策法规、环境规划、政府生态环境保护治理相关信息，地方政府、企业、社会组织、个人环境诚信记录信息。

二是企业环境信息公开平台。企业环境保护相关信息发布、企业环境责任报告、企业建设项目的环评文件、专家意见、评估报告、审批文件、环保设施设计资料、施工期环境监理、竣工验收监测报告、排污许可证、企业环保日常考核、日常监测、节能减排资料。还应该包括覆盖企业生命周期的环境信息，包括项目建议书、预可研、可研、初步设计、施工、竣工、试生产、运营、废弃各个阶段的全过程环境管理相关信息。

三是公众意见表达平台。涵盖法律法规、政策规划、建设项目各层次，各层级相关政府部门，覆盖环境决策、环境管理、企业生命周期各阶段全过程，公众可以针对国家、地方、企业的环境行为随时表达意见和诉求。

四是政府、企业、社会组织和个人互动平台，政府、企业、公众环境信息沟通交流反馈平台。公众意见和诉求可以及时得到政府、企业的反馈；政府、企业有义务及时反馈公众诉求，实现生态环境保护治理的有主体之间的互动治理。

五是有助于公众约束自身环境行为、化解环境冲突的平台。引导公众改变生活方式，关注环境污染和环境类项目的风险，避免环境类群体事件的暴力抗争。

六是环境诉讼辅助平台，即法律查询、咨询、司法救助平台。为环境权益受害者解决实际困难，促进社会和谐稳定，帮助社会组织依法开展环境公益诉讼。

（2）基于环境影响评价构建全社会全过程环境监控平台。考虑到我国环境管理制度的现状与发展趋势，全社会全过程环境监控平台应依托互联网、基于环境影响评价制度构建。

环境影响评价制度，是我国最重要的环境管理工具之一，融合了多种治理手段，需要更新、完善和拓展，并与各种生态环境保护治理手段相衔接。从国际经验来看，1969年美国《国家环境政策法》（NEPA）建立环境影响评价流程，该流程可为公众参与环境管理提供渠道，让公众监督及制约联邦政府的行政行为。实践表明，在保障决策的科学化与民主化方面，环境影响评价程序起到的作用是不可忽略的。这样一个平台有以下几个作用。

一是完善环境保护公众参与制度，使民意真正纳入决策过程，化解公众疑虑。

缺乏全面、准确信息的及时公开和告知、公众参与方式较为单一、程序和要求不够规范、公众参与监督政府行为的法律保障机制缺失等问题，公众参与的形式主义是环境保护社会治理的障碍。寻找一个合适的渠道来帮助公众了解和参与环境影响评价、及时发表意见至关重要。

二是提高环境保护的影响力，覆盖环境决策与环境管理全过程。

以建设项目环境管理为例。我国目前的审批体制，过于侧重环境影响报告书的审批和建设项目竣工环境保护验收阶段（因为有审批过程），而建设项目的项目建议书、预可研、可研、初步设计、施工、竣工、试生产、运营、废弃各个阶段的全过程环境管理仍存在较大难度。虽然建设项目环境管理工作一直在加强，但是未批先准，擅自变更、投产、偷排、漏排等违法行为仍屡禁不止。

网络长期环境档案可以提供一个平台，要求建设单位在每一个时段，有义务向环境保护部门和公众提交环境影响阶段报告，发布相关的环境管理信息，并且回复政府部门和公众的质疑，建构完善的报告—反馈机制，这样才能够有效地控制实际环境的影响，为国家与公众开展监督活动提供便利。

三是建立全社会共同监督的机制，有效震慑环境违法行为。

环境违法行为屡禁不止，环境事件频繁多发，说明生态环境保护治理不是生态环境部门一己之力可以完成的。环境违法的恶劣后果，成为严重影响和威胁人民生命健康和安全的危险隐患，民众对解决环境问题的呼声很高。环保的重要性已经成为国家社会层面的最大共识之一，其紧迫性和严峻性也被提上议事日程。

行之有效的全社会共同监督机制，可以使环境问题中的公共压力变成全民保护环境的动力，大大降低环境管制成本，环境保护部门也可以孤军奋战，陷入日益繁重的明察暗访、风险排查和处置等工作中；对环境违法的监督管理得到全社会和媒体的关注及支持，使环境保护的影响力覆盖环境决策与环境管理全过程。

例如对于建设项目的环境管理，过于侧重环评审批和"三同时"环节，主要依靠的是各级环境保护主管部门，没有发挥新闻界与社会公众的力量。为此，我们需要构建完善的全社会共同监督机制，对企业、政府、评价单位、专家、评估机构的环境行为进行全方位监督。所有的建设项目均设立唯一代码，方便社会公众在此平台上查询到项目履行环保手续情况，发现、举报非法建设项目，便于生态环境部门依法打击环境违法行为。

在社会转型期与环境敏感期，与民生关系密切的重大项目的启动已经不可能绕开当地居民。在事前要做到扎实的评估与沟通，并对民意予以充分考虑和认真听取，将解释工作做到位，各方利益要能够有效平衡。事中的管理、项目的落地，也有赖于民众参与，保障项目的各个细节合法合规，在事先约定的框架内展开。事后的运行，同样离不开当地居民的监督。

四是全社会监督落实环保相关政府承诺和相关部门环境责任。

环境相关决策中，往往涉及很多其他政府部门的承诺，例如什邡项目的居民拆迁补偿、南通造纸项目的配套排海工程，很多项目还涉及国土部门、林业部门、水利部门、海洋渔业部门的生态补偿，此外，环境保护部门很难监督管理项目审批后续工程中的落实情况。上述情况，往往就是社会矛盾的激发点。

建设监督平台，可以要求所有主管部门必须适时公开承担的环境责任、实施情况，生态环保措施的设计、论证、落实情况、实施效果，供全社会监督。

五是提高政府部门环境相关决策质量，约束环境保护相关方的环境行为。

决策失误属于根本性失误，中华人民共和国成立之后，这样的失误在我国资源环境领域里发生过多次，并带来了大范围的、长时间的资源环境损失。而具备一定合理性的"以粮为纲"的决策也存在较大问题，毁林开荒、填湖造地等严重破坏生态环境的行为在祖国大地上如火如荼地进行着，其危害十分严重，水灾、旱灾的可能性与危害性大大增加，就长远角度来看是十分不可取的。总而言之，这种宏观决策失误给资源环境领域带来的后果不仅危害严重而且持续时间长，修复难度很大。

决策民主化能够最大限度地避免发生决策失误问题。这就要求政府能够对各种意见进行认真、耐心地听取，对各方利益进行权衡，基于此来实现决策的最优化。参考借鉴美国《国家环境政策法》可以发现，就我国现阶段环境法制建设工作而言，其中一项重要任务就是将公开性与透明性充分发挥出来，促进形成合理有序的监督和制约，进一步影响行政决策。这样一个平台，可以确保环境保护的相关法律法规、政策、规划，充分考虑公众意见，这也是保证法律法规、政策、规划有效实施的前提，同时也可以积极推进法律法规、政策、规划的环境影响评价工作。开展法律法规、政策、规划的环境影响跟踪，及时修正决策存在的问题。

以环评为例，在规划环评、政策法规环评领域，监督平台可以成为决策部门与公众交流沟通的窗口。项目环评文件、专家意见、评估报告、审批文件的永久公开，能够有效遏制评价单位弄虚作假的行为，提高环评文件的编制质量，也能够迫使政府决策充分考虑环境问题和公众的环境诉求。专家言论终身接受舆论监督，可以有效避免专家审查、评估机构的结论违背公平公正、科学客观的原则。除可以实现环境影响评价文件编制、评估、审批等全过程接受全社会的环境监督外，该平台还可以解决环评中的不确定性问题，加强建设项目后续环境监控。建设项目环境管理领域的阳光评估、阳光决策，还可以安全稳妥地推进社会民主化、决策科学化，成为化解社会矛盾、减少环境纠纷的长治久安之道。

六是引导公众改变生活方式，促进环境社会治理。

监督平台，也应该成为公众开展自我环境教育和学习的平台，全面了解可持续发展战略，有助于培育生态文明观，广大人民群众的环境资源国情观、环境资源消费方式观等与国家生态环境治理相关的态度、认识及观念都能够实现科学化，引导公众自觉地改变生活方式，积极参与环境社会治理，提高公民理性参与环境保护的工作能力。

4. 发育良好的公民社会和理性公众参与

党的十八大提出要"保证党领导人民有效治理国家"，在党的十八届三中全会报告中，治理更是一个被频繁使用的专业术语。会议强调，进一步完善和发展中国特色社会主义制度，实现现代化的国家治理体系与治理能力成为全面深化改革的总目标。在社会建设方面，最大的亮点就是提出创新社会治理，加快形成科学有效的社会治理体制。

党的十八大报告强调，应注重不断扩大公众参与，进一步改进政府提供公共服务的方式，正确引导社会组织，促使各组织实现稳定健康发展，注重充分发挥群众参与社会管理的基础性作用。《中共中央关于全面深化改革若干重大问题的决定》也指出，当前我国需要对社会治理体制进行创新，构建系统完善的诉求表达机制、权益保障机制等一系列制度体系，确保人民群众能够通过有效渠道反映问题，相关部门能够妥善化解各类矛盾，保障和维护人民群众的合法权益。

社会治理主要包括三方面内容：政府的改良（例如机构改革、决策过程或流程的优化）；政府与社会关系的改良（主要是指合作的加强）和社会自治的加强（社会的责任得以强化，社会自治本领加强，社会有机体更加健全）。

我国的法治结构在党的十八届三中全会之前更侧重于政府的终极管控作用，可以说是"管控为主的法治"。随着我国依法治国战略的深入推进，新《中华人民共和国环境保护法》指出要鼓励和引导公众参与，注重信息公开，并将法治平衡力量——社会的作用充分发挥出来，这也可以说是"共治为主的法治"。由此可见，新《中华人民共和国环境保护法》存在着从"管控法"向"共治法"转变的问题。环境保护部印发的《关于推进环境保护公众参与的指导意见》当中明确了三项环境保护公众参与的基本原则，包括渠道要畅通、接受监督；实现公益优先、做到理性有效；依法有序，同时为确保社会公众能够广泛参与其中，还应当建立一个全民参与环境保护的社会行动体系。

法治能否有效实施与公众的参与程度和监督情况密切相关。缺乏公众的有效参与难以实现依法共治的局面。党的十八届四中全会提出了"关于全面推进依法治国"的战略安排，由此可见，未来"共治法"将取代"管控法"，如此人民群众及社会对于国家机关的监督也才能真正落实到位。

不过，要想实现"共治法"顺利有效地运转，必须构建一套完善的监督机制并落实到位。该思路对于我国环保问题乃至整个中国法治领域来说都是适用的。

（1）加强我国环境教育，促进环保社会治理。国家开展环境教育应立足于可持续发展战略来对公众的民族生态文明观进行积极培育，促进环境资源国情观、环境资源消费方式等一系列与生态环境保护有关的科学合理观念不断形成，让公众的生活方式得以有效转变。而要做到这一点就要求我国必须构建起完善的环境资源股权教育机制、配合和参与等一系列机制体制，有效提高公民参与环境保护的理性程度及能力。

在教育公众方面，国家环境政策文件及环境教育规划通过对我国环境资源国情的深入分析，起到了一定促进作用，然而相关的法律法规及行政规章都未曾注意到这个问题。就我国现行中华人民共和国环境保护法律法规的结构进行分析，在序言部分和立法目的方面参考借鉴日本经验，注重附加综合性或是专门性的有关环境资源国情教育内容的简单论述，现有的权利、义务分配结构并未有任何改变，只不过是对现行法律内容进行了丰富与补充。

本书认为可通过下列手段切实推进我国环境教育立法工作。第一，现阶段我国环境教育类的部门规章法律地位层级低，难以起到实际的约束性作用，因此需要从立法层面制定一套专门的环境教育条例或是《中华人民共和国环境教育法》。第二，将全民普法与守法作为一项依法治国的长期基础性工作来对待，在中小学增设环境法治知识课程，注重全民环境保护理念的培育，积极推进生态文明建设工作。第三，明确中央和地方政府、企业、社会组织等各组织团体及公民个体的环境宣传教育权利及义务，从制度层面保障环境共治的法治化。第四，将环境宣传教育工作囊括环境保护的基础性工作内容，纳入国民经济与社会发展计划，积极搭建完善的环境共治信息平台等，加大宣传力度来丰富公众的环境保护知识，如通过上述举措，环境宣传教育可以更好地融入社会生活中。第五，针对各领域、各人群所采用的宣传教育手段和防范应该是不同的，突出宣传教育的针对性与可实施性。如此，借助上述一系列措施能够为我国全面建设科学合理的环境法治体系奠定良好的法制基础。

通过家庭教育、学校教育及社会引导三位一体的方式进行生态公民的培养。

（2）完善环境信息公开制度，为公众参与提供坚实的基础。以《中华人民共和国环境保护法》为指导完善环境信息公开制度，为环境保护的国情教育及公众参与提供知情权基础。首先系统完整及时地公开污染源监管和排放信息；其次完善环境影响评价公众参与平台，向全社会公开环境影响评价的有关文件；再次是对政府环境信息豁免公开的范围进行细化，申请渠道要做到方便快捷且有效；最后是有效激活政府环境信息公开的监督机制。

（3）进一步完善公众参与制度，对社会参与环境保护的各方面进行科学合理的引导，确保理性有序参与相关工作；对公众的环境参与权、参与主体及参与范围等内容进行明确规定及细化，为公众参与奠定法律依据，激励公众对环境损害行为的监督和制约。环境合伙监督、司法监督以及行政监督机制都需要尽快完善起来，从制度层面确保公民与社会组织有权利和制度依据来对其自身及公众的环境权益进行有力维护。

（4）对公众的参与行为予以必要的利益激励。建立环境保护参与机制，确保该机制能够将确认与鼓励、限制与禁止、激励与制裁等内容都融入其中。从人力、物力等显性成本到侵害等隐性成本均包括在环境保护公众参与成本中。生态环境保护治理过程之所以会对公众参与予以限制的一个关键因素就在于成本过高，为此，可建立索赔权制度等来对公众的参与行为进行必要的利益激励，这样才能有效降低公众参与成本，这也是环境权益的核心部分。

（5）培育与壮大社会组织，维护环境公益。公民参与维护环境公益的法理依据主要是国家（政府）拥有的环境公权力基于社会的信托，国家环境公权力的行使要随时得到公民环境公权力的"监督"，如此方能分散和平衡环境监管权力，以免发生权力集中过度，引发"政府失灵"问题。现实依据如下：环境污染问题所涉及的企业数量十分多，涉及的地域范围也非常广泛，这就意味着如果只靠环保行政执法机关及有限的行政资源进行环境监管，难免会发生监管真空现象，难以对官员的私利及偏见进行有效遏制，为解决上述问题，需要积极鼓励和倡导公民参与到环境保护工作当中。

元治理的指向和"政府主导、社会协同、公众参与"的社会管理格局相契合。政府主导实际上是公共治理当中国家或政府处于核心主体地位的一种体现，制度的设计以及远景规划的提出都是由政府来承担的，能够让整个社会运行于良好的制度安排当中，社会组织不但可以和政府进行对话协商，还能够参与到公共决策中，并对政府行为造成一定影响。

（6）高度重视公众参与作用。生态环境保护治理的真正改善最终取决于能否形成有效的政治解决方案。该方案的核心是塑造一种有效的生态环境保护治理结构，使环境污染的受害者、监管者与施害者形成一种更为合理的关系。污染受害者是否拥有对话环境监管者与治理者的政治途径，是最重要的制度机制。

近些年，我国的社会组织发展比较快，不仅表现在数量与结构的优化方面，还表现在社会创新等多个层面，出现和形成各社会组织之间的网络体系与结构框架，涌现出许多新型的社会组织。同时，这些社会组织的能力也得到了显著提高，具有更为强烈的需求与动力来参与国家和社会治理。社会性、相对独立性以及民间性是社会组织的突出特征，这也决定了其能够在一定程度上摆脱体制的束缚。国际学术界也有多项研究认为，一个社会的民主治理程度和公众参与程度，会直接影响生态环境保护治理效果和生态环境质量。塑造由公众参与的生态环境保护治理结构，应该成为一种新的选择。

4.3.3　区域联防联治是对环境保护元治理模式的阐释

生态环境问题的诱发源复杂多元，相对科层治理的封闭与内向，开放的生态系统及具备外溢性特征的生态环境问题都要求通过开放和外向的路径来解决生态环境问题，形成生态环境保护治理方案，单个行政域的政府无法主导和完成跨域生态环境问题的治理，需要创新治理模式，增强系统思维，协调统一目标，统筹多地发展，平衡多元主体利益，促进多要素区域间流动，即强调区域合作和重视综合治理。

区域联防联治是我国生态环境保护治理的必由之路，特别在大气、水体污染防治领域，由于新时代经济的快速发展、网络化信息化交织以及区域一体化发展模式的持续推进，加之防治对象的流动性和无界性，单一行政区域属地管理已无法适应和达到现代环境保护治理的需求，欲取得良好的治理效果，需要探索区域政府间新型的协作模式，区域合作体现了生态环境保护治理的系统性、整体性、协调性和可持续性，是国家和政府在从点源污染治理、面源污染治理到区域联防联控的不断探索中，逐渐摸索出的适合新时代中国国情的治理模式。该模式是国家推进经济区域一体化发展的伴生结果，也体现了国家和政府能够更加充分地认识到围绕水环境、大气环境这两个牵涉多元利益相关者的"区域公共产品"流动性等"外部性"特征本质，这有助于加快推进我国的环境保护治理体系与治理能力的现代化，对以单一行政区划 GDP 发展为基础的政府考核模式以及污染防治政策等产生重要的影响。

（1）大气污染区域联防联控治理机制体现政府内部跨域元治理模式，多个区域相关政府间采用协调、合作等操作路径，实现联合行动，对治理对象进行联合综合治理。2016 年 1 月 1 日起施行的新《中华人民共和国大气污染防治法》增加了"重点区域大气污染联合防治"章节内容，跨域治理首次入法，但后续如何落实联防联控追责机制，彻底改变单一行政区域政府属地管理模式，仍要需要在实践中不断探究。就近期治理成效而言，京津冀生态环境协同治理成效良好。生态环境协同治理是京津冀协同发展的内在要求，2018 年河北省人民政府出台的《关于全面加强生态环境保护坚决打好污染防治攻坚战的实施意见》。京津冀生态环境协同治理的成效，体现出政府内部跨域元治理模式的协调能力与综合治理效果。

（2）水生态环境保护治理与水资源保护区域联防联治，是政府内部跨域元治理模式的另一种表现方式。流域生态补偿机制本质上是区域政府间协调合作、配置区域内资源的一种创新发展互补模式，采用了财政、谈判、协调合作、伙伴行动等操作路径，实现发展与保护双赢、流域相关区域政府共赢的良好治理效果。2012年，推进全国首个跨省流域的生态补偿机制试点在新安江流域启动，财政部和环保部牵头，安徽、浙江两省共同推进，施行"水质对赌"策略，提出"利益共享，责任共担"发展理念和目标，收获了"水质反哺"的美好结果。2001～2007年，浙皖交界断面水质以较差的Ⅳ类水为主，2008年变成更差的Ⅴ类，个别月份总氮指标曾达到劣Ⅴ类，水体总氮、总磷指标值上升趋势明显，经过三年首轮试点、再三年第二轮试点，在中央财政的资助下和两省专项资金的支持下，两省断面水质检测全面合格，有效地践行了"绿水青山就是金山银山"的理念。据有关报道，从2018～2020年，两省每年各出资2亿元共同设立新安江流域上下游横向生态补偿资金，延续流域跨省界断面水质考核，同时拓展补偿金使用范围，除用于水环境保护、水污染治理等第二轮"约法内容"，还首次鼓励和支持通过设立绿色资金、融资贴息等方式，引导社会资本加大新安江流域综合治理和绿色产业投入。

（3）积极参与全球生态环境保护治理，拓宽政府内部跨域元治理模式内涵，是政府内部跨域元治理模式的有效外延，是全球范围政府间的联合行动和综合治理。中国是负责任的发展中大国，是全球气候治理的积极参与者。中国已经向世界承诺将于2030年左右使二氧化碳排放达到峰值，并争取尽早实现。中国将落实创新、协调、绿色、开放、共享的发展理念，坚持尊重自然、顺应自然、保护自然，坚持节约资源和保护环境的基本国策，全面推进节能减排和低碳发展，迈向生态文明新时代。要创造一个有着青山绿水、蔚蓝天空的美丽中国，创建一个适宜居住的环境给老百姓，让老百姓能够在享受生活的同时能够对经济发展所带来的生态效益有深刻的体验。中国政府高度重视生态文明建设，深度参与全球生态环境保护治理。2018年5月21日至7月23日，中国海关在世界海关组织框架下倡议发起"大地女神"第四期国际联合执法行动，此次行动共计有世界海关组织、联合国环境署、国际刑警组织、巴塞尔公约秘书处等15个国际（地区）组织及遍及全球的75个主要固体废物进出口国家（地区）参加，此次行动共查获固体废物32.6万吨，创历届联合行动之最①。此外，2019年上半年，中国经由"一带一路"平台，辅助相关沿线相关国家、地区推

---

① 中国海关，世界环境守门人［J］. 人民日报海外版，2018（2）.

蔡岩红. 封堵洋垃圾"国门利剑2018"一号工程显威，今年重点打击瞒报洋垃圾行为［J］. 法制日报，2019（6）.

广生活垃圾发电等项目，在海外积极践行环保理念。

需要指出的是，区域联防联治策略在不少区域仍属于仅存在于规划层面的环境保护治理机制，如何在法律层面得到保障，普遍适用性如何进一步佐证，需要不断加强实践探究，推进形成长效机制。

4.3.4　构建新时代法治型环境保护治理体系

协调统一目标，平衡多元主体利益，是收获成效的基础。没有任何一种治理模式绝对有效，元治理也需要构建适应新时代中国国情的约束力，即依法行政，在定位智慧型政府职能的同时，建设法治型政府，以法治体系化解利益冲突，保障元治理机制的有效运作，提升政府及行政人员的公信力，提高政府元治理效率。

促进中华人民共和国环境保护法治化水平的有效提高，建立完善的、系统性的中华人民共和国环境保护法律法规体系，健全法律实施和监管机制，推进环境保护治理体系和治理能力现代化，配套完善治理法律法规制度，侧重法治规范的市场体系和民营企业。

1. 环保产业的市场化

多元共治下，在环境保护当中起到统领与决定性作用的是政府，而保护生态环境的主要责任则由企业事业单位来承担，社团与公众所发挥的主要作用是监督。生态环境保护治理实行政府机制与市场机制双重调节，在政府宏观调控下，充分发挥市场机制的决定性作用，实现环境保护的市场化与产业化，借助市场机制及经济政策手段推进环境保护治理，有效降低管理成本。

2. 法治规范的第三方治理体系

过去"谁污染、谁治理"的环境保护管理模式伴随着市场经济体制的日渐完善与成熟暴露出越来越多的弊端。根据"污染者付费"原则，创新机制推行"第三方治理"模式，将市场机制引入其中，以期能够实现专业化和社会化的环境污染治理，促进环境污染治理水平有效提高、加快环保产业发展和经济转型升级、促进政府职能转变和环境管理转型，把排污者的直接责任转化为间接的经济责任，有利于市场机制在生态环境保护治理领域发挥重要作用。

（1）实现支持方式以及利益共享机制的创新。一是要在常规政策措施方面进一步加大扶持力度，如税收优惠以及资金扶持力度要大，以吸引和鼓励更多的社会资本参与环境污染治理。二是实现对利益共享机制的创新，第三方治污企业的收益平衡可通过修复的环境、土地，乃至排污企业的发展股权收益来实现。三是积极培育一批可提供咨询、设计等一条龙服务的环保企业集团，通过税收优惠等手段与方式来推动环保公司实现上市融资，进一步壮大环保市场，有助于实现第三方治理。

（2）构建起第三方治污企业的信用评价制度，据此来实现环境污染第三方治理市场的准入与退出机制的规范化和法制化发展。就第三方治污企业而言，针对其特点设置强制性的准入标准并不适宜，不利于切实落实简政放权和充分激发市场活力。不过，可针对第三方治污企业建立起专门的信用评级制度，颁发证明给具有较好信誉及技术过硬的环保企业，信用等级高的企业应当成为政府购买环境服务首选企业。从市场退出层面进行分析，若是企业存在环境违法行为或是严重缺乏服务意识，信誉评级应适当降低，如果情况严重，则应当将其列入信用等级的黑名单里，禁止再进入第三方治理市场。另外，政府还应当制定并颁布相关的指导性文件对环境污染第三方治理的招投标和责任界定等问题进行明确并做出详细规定，确保第三方治理市场能够规范化运行。

（3）法制规范的监管能力。编制环境污染第三方治理技术指南。环境污染第三方治理涉及领域及行业多且复杂，受技术因素制约导致环境污染第三方治理模式的优势得不到充分发挥。为此，环境保护主管部门应进一步加快推进试点工作，对试点工作的成功经验与做法进行归纳总结，结合各领域、各行业的实际情况制定配套的技术指南、规范与导则。

强化环境污染第三方治理监管能力建设，制定相关管理制度和实施细则，将排污企业与环境服务企业之间的有关权责明确下来，从制度层面保障污染物的排放问题得到有力监管。政府应强化与各利益相关方之间的联系，如公众、项目投资者等，构建起环境污染第三方治理的社会共治机制。

3. 法治规范的责任制度

（1）法治规范污染物产生企业与第三方治污企业的法律责任。明确企业和环境服务企业责任，确定生态环境保护治理的责任主体依旧是排污企业，引入新型治理模式并非转移排污企业的治污责任，而是基于合约要求排污企业履行对其污染物排放以及监督管理环境服务企业的责任。如果排污企业（即责任主体）没有能力或是没有根据相关要求来采取治理或是恢复措施，则需要由责任主体支付相应的费用给其他有治理及恢复能力的第三方企业来代为治理，代为治理的企业由生态环境部门指定的。

国家政府应制定专门的法律制度，从法律层面明确规定环境污染第三方治理的合法性，明晰有关主体的权责关系。污染物产生的源头在污染物产生企业自身，因此环境责任不可转嫁给委托治理污染的第三方的。如果第三方环保企业也属于污染排放主体，需要按新《中华人民共和国环境保护法》依法追究其违法排污的法律责任。因此，环境责任的主体应包含污染物产生企业与第三方治污企业在内，对两者环境违法行为的界定要基于合作方式、具体行为而论，情况不同，法律责任的界定结果不同。

（2）法制规范政府违约风险补偿机制及责任追究机制。环保公司表现出来对政府购买环境服务模式的忧虑主要集中在政府政策可能会由于领导人变换而出现断续的情况，原有合同无法再继续沿用。针对上述情况，一要成立环境污染第三方治理风险补偿资金，即针对政府的违约行为赔偿企业的损失。二要制定责任追究机制，领导人的提拔任用、评优考核要与之相挂钩，并且追究应有责任。

4. 法治规范的投融资体系

应逐步让市场融资代替政府对环保产业的投资，通过国家政策性银行贷款的方式将资金注入环保产业企业。为获得更多的筹资，政府可以发行环境保护建设债券。还可以发展或建立股份制环保投资公司和环保银行使环保融资市场得到进一步的优化与升级。除了依靠政策性银行贷款，还可以开拓银行的商业性贷款，只要将理顺价格关系即可。环保产业需要借助社会投资与民间投资的力量，当然，政府可适当给予早期社会投资一定的财政补助。全面发展股份制、政府参股制在内的多种所有制环保企业，对满足上市条件的环保产业公司予以支持，帮助这些公司发行环保股票和债券。同时也要鼓励环保产业走向国际市场，借助我国加入世界贸易组织的优势，敞开我国的环保投资、服务及技术市场的大门，尽管这样会带来一定的冲击，但总体上还是利大于弊，冲击能促使我国进行技术和管理上的创新，能借助国外资金和技术加快我国环保产业的发展。需结合实际情况采用建设—经营—转让（build-operate-transfer，BOT）、日本的私人资金倡议（PEI）等多种投资方式，完善价格理顺的环境基础设施建设。

5. 法治规范的环保建设管理体系

进一步推进投资风险约束机制的构建，落实项目法人责任制，由投资主体全面负责项目从投资到运营的整个过程，实现责、权、利统一的闭环控制。推动良性竞争发展，切实履行招投标制度，使招投标全程符合规范，无论是评标还是定标过程都严格按照规范执行。为了获得更高的工程质量同时又降低成本，需打破地方保护主义，面向区外、境外进行招标。以施工合同示范文本作为参照，重视合同纠纷的调解和仲裁，确保合同能够顺利履行。进一步规范环境工程建设，加强对环保产品市场的整顿，强化环保工程设计及施工单位准入资质审核工作。通过执行现代企业制度促使环境建设工程公司日益规范化。依法成立环保工程监理机构，工程监理机构受业主委托对建设项目的施工进行管理和制约，对各个单位之间的关系进行调解。

4.4　大力提升国家生态环境保护治理体系能力

推进国家生态环境保护治理能力建设，有效提高制度执行能力，需要提升管理服务水平，提升信息服务等现代化治理手段的水平，"要通过现代技术和视角，做好中国式表达。"①

4.4.1　重新配置监管、执行职能

按照"做"和"管"分开设置，地市级和省级以上生态环境部门履行监管职责，县级生态环境部门在地方政府领导下，履行"做"环保职能。环境监测权利上收，县级生态环境部门属地化不垂改，大力加强县级生态环境保护部门执行权利与能力，环境执法监察保留，并扩大到公安派出所水平；市级生态环境部门作为省级生态环境部门的派出机构实行垂直领导，将环保监测监察执法机构的业务职能垂直分化，该部分职能直属省级政府部门管理，接受上级业务部门的指导和监督；其他职能则仍旧由地方政府管理，确保地方政府负有一定的环保责任。对于官员的任免，以目前的改革方案作为根据，由市级人大对市级环保机构的主要负责人作出任免决定，由省级环保机构对监测监察执法垂直机构的主要负责人作出任免决定，从根源上切断权利来源不清问题，使地方政府对环境部门的统筹管理得到进一步加强，增强地方政府的责任心，最终形成由地方政府负责、环境监测监察执法机构监管、相关部门配合的环保工作局面。

4.4.2　整合分散在各部门的环境监管职能

"山水林田湖是互为命脉的共同体，它们互为彼此的命脉，互相依附。因此无论是用途管制还是生态修复务必以自然规律作为前提，即种树要与治水、护田联合起来，才能避免生态的系统性破坏。设置专门的部门对

---

① 田沁鑫. 打造精品的目的不是给艺术家获得名利 [N]. 人民日报，2019 - 03 - 26.

所有国土空间用途管制进行统一管理和部署是十分必要的，这样有利于山水林田湖统一保护及修复工作的推进。"① 国家于 2018 年 3 月，组建成立自然资源部，2019 年 4 月，中共中央办公厅、国务院办公厅印发了《关于统筹推进自然资源资产产权制度改革的指导意见》，到 2020 年，基本建立归属清晰、权责明确、监管有效的自然资源资产产权制度。建立严格监管所有污染物排放和统一监测所有生态环境要素质量的环境保护组织制度体系，将各个部门的环境监管职能集中统一起来，使环境监管和行政执法能够独立进行。各部门则在国家统一的中华人民共和国环境保护法律法规规范约束下履行本部门本系统的环境保护职能。

4.4.3　成立高规格国家生态环境保护治理委员会

将国家生态环境保护治理上升到国家治理体系层面，成立一个超越部委的议事协调机构来统筹安排环境政策制定、环境绩效考核。强化生态环境保护治理部门的独立性与权威性，克服现行治理模式所带来的地方与部门保护的弊端。

4.4.4　组建环境警察部队

在整合现有各类环境执法监察力量的基础上，仿照森林警察体制设立环境警察部队，专门负责环保事件，部队直接受中央管制，不受地方行政权力管制，有权进行独立调查及取证。

4.4.5　探索环境司法保障机制

将环境行政执法与司法结合起来构建统一的机制，实现生态环境部门与公检法之间的有效沟通。提升环境污染损害评估鉴定办法制定的效率，强化污染损害纠纷调处的程序规定，确保公众的环境救济权。给予环保团体的环境公益诉讼更多地支持与帮助，使环境民事诉讼和公益诉讼全面发展。

4.4.6　调整环境保护主管部门内设机构与职能

（1）设立国家环境政策法规与影响评价局，履行环境影响评价、政策法规制定职能，行使中央和跨区的参与综合决策、制度供给和目标设定等

---

① 2013 年 11 月 12 日中国共产党第十八届中央委员会第三次全体会议通过《中共中央关于全面深化改革若干重大问题的决定》。

职能。

（2）设立国家生态环境质量评价与考核局。履行生态环境质量监测、评价、发布与地方环境质量改善目标考核职能，将农村面源污染监管纳入正常的污染监管体系。

（3）设立国家自然保护与国家公园局，统管全国各类森林公园、地质公园、自然保护区等，履行自然保护职能，建立统一的自然保护与国家公园保护体系，确保生态红线不突破。

（4）其他综合业务司局职能适度整合，重点保障支撑核心职能的履行。

（5）构建覆盖全部国土和生态环境要素的质量监测网络系统，建立各类资源和生态环境监测基础数据库，构建功能多样、技术拔尖的资源与生态环境综合检测信息系统，实现动态管理、综合集成以及预测、共享和发布监测数据以及其他相关信息。在服务于对下级生态环境质量改善目标考核的同时，支撑国土空间环境承载力动态监测预警。

4.5　本 章 小 结

针对上述分析，本章给出关于环保元治理视域下，我国作为"强政府"发展中国家，政府在元治理初期的角色定位和能力提升策略建议：（1）"强政府"在元治理初级阶段，不可因循守旧、包办所有、一令到底，也不可贸然前行、乍然放权。一阶元治理应该秉持适度适时放权的准则，内修自身、外辅协调，同时把握好尺度与方向，做好宏观规划与顶层设计。（2）首先做好"修身"，其次才能"治国"，做好政府内部元治理，才能助力政府外部元治理。（3）当好智慧"元治理者"，做"智慧政府—活力市场—理性公众"三角稳定正向耦合治理关系的兜底人。（4）构建适应新时代中国国情的约束力，建设法治型政府，以法治体系化解利益冲突，保障元治理机制的有效运作，提升政府及行政人员的公信力，提高政府元治理效率。做好环境保护元治理一阶段工作，稳步向更和谐稳定的二阶段元治理过渡。

第5章 元治理视域下我国环境
保护实证分析

实践是检验真理的唯一标准。元治理模式究竟与迈向现代化征途的中国如何相适应，案例解析是看清模式的最佳路径。本章将从我国政府"为政""治水"等实证出发，探究元治理在解析我国中央政府的顶层设计、地方政府的创新协调、"政府—市场—公众"三大治理主体之间耦合关系中的优势与适应性。

本章涉及内容为实地调研案例，相关数据资料来源于地方政府提供的一手资料。案例涉及海南省"全域旅游"误区解读、茅洲河 EPC 治理体系、新安江流域水环境保护实践以及浙江"五水共治河长制"长效机制等内容。通过案例，找寻元治理内化中国环境保护治理体系和治理能力现代化探索的路径与方式。

5.1 政府内部"为政"环保元治理实证分析

海南"全域旅游"背景下海花岛误区分析与对策建议。党的十九大报告中以提升生态文明为"千年大计"，生态文明建设进入认识最深、力度最大、举措最实、推进最快的新时代。"全域旅游"应新时代国家治理体系和治理能力现代化要求而生，是旅游业制度创新的初尝试，对保护自然资源和生态环境有着积极的作用。本章以海花岛为例，分析工程开发的三重环境"误区"，剖析政府"为政"中，解读"全域旅游"存在的问题，从元治理的视域协调和正向耦合的理念下，总结全面推进"全域旅游"，"环境国家"责任主体所应坚持的区域原位优化创新、区域一体化协同发展和区域人与自然和谐共生等环保原则，阐明海花岛对推广"全域旅游"的警示作用，提出解决海花岛生态风险与社会安全隐患的总体思路和首要任务：严控空间规划定位，落实生态红线保护制度；大幅压缩地产工程开发规模，防范各类生态风险；区域协同，倒逼完善市政服务工程；优化布局，积极应对突发事件和环境风险事件。

旅游业是海南省社会经济的重要支撑，产业收入占省 GDP 比重高于国内平均值。旅游业与自然资源高度耦合，其开发建设与环境保护休戚相关。2015 年底，儋州市政府规划建设海花岛旅游综合体，2016 年初，国家旅游局提出"从景点旅游走向全域旅游，努力开创我国'十三五'旅游发展新局面"发展战略，海花岛乘势而上，成为琼西旅游一号工程。海南省长期秉持"东线旅游、中部农业、西线工业"总体规划布局，海花岛开发弃东守西、毗邻洋浦，诠释"全域旅游"存在误区。

1. 海花岛开发的环境"误区"分析①

海花岛地处海南省西部，南起排浦镇，北至白马井镇，距海岸 600米，总跨度约 6.8 千米，由填海建设的 3 个人工岛屿组成。全岛总面积765.10 公顷，近海处规划 150 米高层建筑。容积率是规划设计中的一个重要指标，容积率越高意味着地块的开发强度越大，开发商可用于出售的面积越多，当建筑样式为小高层，容积率达到 2.5～3.0，居住环境会变差。1 号中心岛休闲用，平均容积率 1.8；2 号东侧岛民居用，容积率 1.5～6.0；3 号西侧岛民居用，容积率 1.2～4.0，民用建筑平均容积率超过宜居要求上限，海花岛属于高强度开发项目。截至 2017 年 6 月，所有建筑单体结构封顶，完成总工程量 46.1%，预计 2017 年底向公众开放。海花岛工程快速推进，高强度开发存在环境"误区"，其中布局冲突、自然社会双重隐患等问题，尤其值得关注。

（1）海花岛选址不合理，缺乏旅游资源富集条件。

儋州市位于西部工业走廊，是工业重镇，旅游资源禀赋低，开展旅游产业的自然资源和地理条件优势不明显。海南全岛仅万宁和陵水之间的分界洲岛以南，即北纬 18°以南，可终年下海游泳，儋州白马井一带纬度接近海口，冬季平均气温只有 13.7℃，与三亚温差达 7 度，无法达到岛内新驻民和季节性旅客的海滩休闲愿景；西部地区受中部山区阻挡夏季季风的影响，年均降雨仅为 800 毫米～1000 毫米，地区相对干旱；地质为火山岩，下挖不到 500 毫米便是火山熔岩凝固而成的玄武岩，不易种植赖水农作物；海岸沙滩质量与海水澄明度不占优势，适宜修建大型港口的基岩海

---

① 任景明，高敏江，李元实，李健. "全域旅游"背景下的海花岛开发误区分析及对策建议［R］. 2018.

岸较多。21 世纪初，海南省确定西部地区为工业发展区，长期将工业设为发展重点，儋州作为西部工业核心城市，肩负搭建西部工业走廊的重要使命。西线游客规模小，以工业为发展重心的儋州没有热门旅游景点，海花岛所处白马井镇和排浦镇人口万余，是地广人稀的贫穷小渔镇，没有先进的公共基础设施，不具备区域优化和旅游资源富集条件。

（2）海花岛空降西线，与洋浦工业区空间布局冲突。

地缘劣势与突发性事件耦合引发生态安全风险。海南省最大工业园区——洋浦工业园与海花岛毗邻，直线距离不足 5.0 千米。区内项目有造纸业、炼油业和 PX 为代表的重污染化工业，全部集中在距离海花岛不足 5.0 千米的海域内，人群健康风险、生态风险、综合环境风险是海花岛区域需要面对的重大"课题"。环境风险最突出的特征就是不确定性和危害性，风险值 R 定义为事故发生概率 P 与事故造成的环境（或健康）后果 C 的乘积，即 $R = P \times C$。对于洋浦工业区来讲，当前所存在的风险主要是生产和贮运过程中所涉及的各类有毒有害、易燃易爆等物质，以及着火、泄漏、爆炸等随机事件，因不确定性高、危害大，使得邻近区域将面临更高的 R 值。

工业扩充发展与宜居环境需求之间的社会矛盾。洋浦工业区重化工企业较多：①印度尼西亚金光集团的 100 万吨木浆项目；②中国石化海南炼化 800 万吨炼油项目；③中国石化与上海嘉盛集团的 8 万吨苯乙烯项目、300 万吨混合燃料、18 万吨特种油品基础油项目；④海南炼化洋浦工业区未来将是全国最大 PX 生产基地，现投产 60 万吨/年，2018 年将建成 100 万吨/年的二期项目。海花岛近石化、邻造纸，后续开发过程可能遭遇的环境和社会潜在风险较高。

特殊性质港口与海花岛建设初衷的悖逆。海花岛临近海上航道，规划区与周边已建和在建的工业和港口项目地缘关系密切，周边项目有可能成为风险源，引发生态安全问题。北侧的洋浦区和洋浦港是海花岛重要的潜在风险源。海花岛自西南至东北，由洋浦港规划区包围，虽在地理位置上没有明显的大面积重叠区域，在洋浦港水域工程布置规划层面也无交叉占用的空间冲突问题，但据《洋浦港总体规划（修订）》（2011 年）规划内容，洋浦港将发展成为以石化等大宗散货和集装箱运输为主多功能现代化综合性港口，其中，神头与洋浦两港区南侧都规划有中小型化学危险品船舶防台锚地，尤其是 9 号锚地，与海花岛直线距离不足 2.0 千米，对规划区生态环境与人居安全构成巨大威胁。

（3）海花岛定位高规模大，公共服务配套构建滞后。

海花岛规划总人口 11.68 万人，1 号岛 4.33 万人，2 号岛和 3 号岛分别为 4.22 万人和 3.13 万人①，定位高、规模大，属人口密集型旅游综合体，配套公共服务和基础设施建设需求压力大。白马井和排浦镇是地广人稀的贫穷小渔镇，基础设施本底滞后，没有环保监管机构，海花岛破土动工，骤然增大了当地旅游服务配套工作和旅游治理覆盖工作的难度。儋州市"全域旅游"推进区域治理体系和治理能力现代化与创新旅游业同步发展任重道远。

以饮用水为例，白马井与排浦镇新鲜水资源供给和污水处理，需要依托市政供水厂和市政污水处理厂集中供给与处理，未规划设计适应大人口密度的供排水系统和污水处理系统。据《儋州市白马井海花岛旅游综合体总体规划环境影响报告书》中数据显示，儋州市规划建设白马井水厂和龙山水厂，负责滨海新城、白马井镇、排浦镇和王五镇的供水，其中白马井水厂已建成，供水量 2 万立方米/天，远期规划 12 万立方米/天，滨海新区和王五镇总需新鲜水供给量为 11.36 万立方米/天，由白马井水厂供给。海花岛工程入驻后，单日需水量约为 7.32 万立方米，白马井水厂供水能力缺口大，暂时规划由规模为 10 万立方米/天的龙山水厂补缺，但该水厂及其供水水源利拉岭水库尚未建设，新鲜水供给无保障。此外，白马井、排浦两镇没有污水处理厂，居民生活污水、禽畜养殖废水和工程废水经过化粪池简单处理直排入海。截至 2017 年 7 月，海花岛所在地没有建成污水处理厂，施工过程中"接入市政管网"的污水最终也直排入海。儋州市白马井污水处理厂一厂建设工作尚在推进中，排浦污水处理厂及其配套管网均未建设，区域环保基础设施严重匮乏，可能导致不同程度面源污染以及建设区周围海水富营养化等生态风险，继而引发愈演愈烈的环境品质诉求社会问题。

2. 元治理视角下的海花岛开发误区分析

海花岛的开发是海南"全域旅游"背景下典型的政府主导的元治理模式，海南省政府在管理方面拥有较强的独立性，属于单一的管理主体，对社会、经济、生活进行集权管理，这种集权管理是垂直的，并由此形成"全能型、人治化、封闭式"的管理行政模式。海花岛的开发建设是一个典型的"强政府"治理模式，分析海花岛的开发误区，主要从政府"元治理者"角色的素质与能力等方面进行探讨。

（1）政府"元治理者"角色定位存在偏差。

元治理重视政府角色，但对其定位不能混同为建立至高无上的管制型

---

① 资料来源：儋州市人民政府网 2015 年 12 月 17 日发布《儋州海花岛旅游区分区规划环境影响评价公众参与信息公示》。

政府。目前，海南省的环境保护体制还基本属于政府直控的模式：无论是确定"全域旅游"以及 2018 年 4 月 13 日党中央决定支持"在海南全境建设自由贸易试验区"这样事关海南全局发展的宏观政策制定上，还是具体到在这样的战略背景下海花岛的开发规划上，基本都由政府直接操作。在这种大包大揽的治理模式下，政府在管理方面拥有较强的独立性，属于单一的管理主体，凭借垄断权威等途径，实现对社会、经济、生活的集权管理，而且这种集权管理是垂直的，并由此形成"全能型、人治化、封闭式"的管理行政模式。这对于其他社会组织和公众个体积极参与到社会、经济、生活等会形成负面的作用，对当前社会生产力的发展造成一定的阻碍，行政效率始终无法得到有效的提升，同时还存在着出现"政府失灵"导致环境恶化的巨大风险。

（2）元治理的环境保护体制不尽合理。

完善政府内部元治理，提升政府"元治理者"角色的素质与能力，需要切实履行元治理的政府体制设置，而恰恰是政府应该担负的环境保护体制的顶层设计出现问题，导致一系列环境风险，出现"失灵"。

2018 年 3 月，我国进行了机构改革，对原有的环境保护部门职责和其他六个部门的职责进行有效联系并整合，以此对生态环境部进行搭建，对生态与城乡之间各类污染排放的情况实施更为有效地监督与管理，履行自身的执法职责，但目前只在中央层面上完成了环境保护职能整合，在省市级还未完成。对于海花岛分区规划和其后的实施过程中，仍然是在过去的环境保护体制之下，海南省以及儋州市的环境保护职能仍然分散在环境保护行政主管部门、国家海洋行政主管部门、渔政以及县级以上人民政府下辖的各个行业主管部门等。这一体制设置的初衷是为了广泛发挥各个部门、各个方面的政府力量来做好环境保护工作，也是为了将环境保护的要求与部门业务尽量融合。然而，这一体制带来的弊端非常突出，如环保要求政出多门、权责脱节、监管力量分散、监管乏力等，导致环境保护管理工作效率低下。海花岛的规划建设出现的种种环境问题，正是这种不合理的体制所导致的必然结果，一些发展部门甚至是当地政府为了经济发展而置环境影响评价、"三同时"等制度于不顾。

第一，海花岛环境影响评价中存在的问题。

一是环境影响评价未延伸到决策链前端。我国的环境影响评价制度本身存在一些问题，儋州市人民政府依法对《儋州海花岛旅游区分区规划环境影响评价公众参与信息公示》进行了环境影响评价，而事实上，这类重大的开发建设活动，其环境影响评价应当延伸到决策链前端，也就是说，在海南省提出"全域旅游"战略以及儋州市政府为落实海南建设成为"我国旅游业改革创新的实验区、世界一流的海岛休闲度假旅游目的地"的战略任务而决定规划建设海花岛旅游区这样的重大决策进行战略环境影响评价，而不是已经决定了要开发建设海花岛旅游区以后对其规划进行环境影响评价。

二是缺少替代方案。替代方案是战略环境影响评价的重点评价内容，对多个方案进行比选，可以说是国际公认的环境影响评价的精髓，而无论是洋浦港总体规划还是海花岛分区规划，都缺少替代方案，难以谋求在达致同一目标的前提下资源环境代价最小。

三是环评执行率低。在 2015 年开展海花岛规划环评期间，海花岛建设项目已经陆续开工。截至 2018 年 9 月，海花岛 40 个建设项目中除 2 个项目未动工、9 个项目已取得环评批文或备案登记外，其余 29 个项目均存在未批先建情况①。

四是公众参与不足。海花岛分区规划以及很多项目为了尽快通过审批，有的未进行公众参与程序，有的在公众参与环节，有座谈和问卷调查等，均存在严重的信息不对称问题，并且一般均会在信息披露上回避敏感环境问题，突出项目建设的社会、经济贡献，以至于出现了在 2016 年 11 月公示期间，儋州市环保局接到名为"海花岛全体业主"的网上投诉及北京市朝阳区自然之友环境研究所《政府信息公开申请表》的情况。

五是规划环评未得到落实。海花岛在建设过程中，在"分区规划环评报告书"及审查意见中提出的部分意见没有落实，如邻近洋浦开发区的区域预留生态廊道防护带、环境风险防控和应急管理体系建设，以及进一步论证人口规模的要求，亦未见不采纳分区规划环评和审查意见中建议与对策的正式书面说明。

第二，海花岛开发建设中环保"三同时"存在的问题。

如前所述，我国的环境保护"三同时"制度主要存在以下几个方面的问题：一是与环评审批之间没有建立起有效地联动机制。我国对建设项目实行分级审批、分级管理。二是对于国家和省级生态环境部门审批的建设项目，地方生态环境部门看得见但管不着，而管得着的上级生态环境部门却看不见，使得一些建设项目即使没有很好地落实环保"三同时"制度也得不到有效监管。儋州海花岛旅游区分区规划环境影响报告由海南省生态

---

① 任景明，高敏江，李元实，李健."全域旅游"背景下的海花岛开发误区分析及对策建议［R］. 2018.

环境保护厅进行审查与批复，虽然在《海南省生态环境保护厅关于儋州海花岛旅游区分区规划环境影响报告书审查意见的函》中提出了一些环保要求，如严守生态红线、加强空间管制以及加快区域环保基础设施等，本应该"同时设计、同时施工、同时投产使用"的儋州市的污水处理、垃圾处置设施建设总体滞后，供水、污水处理不能满足现状和发展需求，新垃圾处置设施投运前将面临垃圾无法规范化处置的问题；现有交通部署下，旺季特殊节假日易出现通行不畅的情形。海花岛依托的现有基础设施、水资源供给和交通条件难以承载海花岛的发展需要。之所以出现这些问题，是由于审批与监管部门存在脱节，当地环保部门监管不力，以及有些生态影响在海花岛开发之初往往还没有表现出来或者表现的不充分，根本监管不到，另外，由于海花岛规划的人口规模以及很多建设项目的变更给海花岛的"三同时"落实监管造成很大困难。

第三，政府"元治理者"的治理能力有待提升。

目前为止，我国省市级环境保护行政主管部门仍然属地管辖原则，儋州市环境保护局在财权和人事权上完全受制于地方各级政府，失去了其独立性和权威性，导致其职能无法发挥。同时，儋州市的环境保护也是多部门共同管理，环境保护行政主管部门对环境进行统一监督管理，其他部门也负有环境保护监督管理的责任，行政部门之间就环境保护的问题存在重叠与交叉的部分，而且在程序化与规范化方面并未做到位，缺乏有效地沟通与协调机制，环境问题的整体性与环境管理体制分割存在着矛盾，导致环境监管在具体开展工作的过程中时常出现彼此推诿责任的情况，这些都造成统一监管的难度加大。所有这些问题，都导致了政府元治理者的治理能力不足。海花岛开发建设中出现了很多环境问题，基本上都只是在问题出现以后采取补救或者无力补救。对于海花岛开发建设中未落实环境影响评价要求或者未进行"三同时"建设的项目，儋州市环境保护局无力监管。对于未落实海花岛分区规划环评中要求建设的各项环境保护基础设施如污水处理厂、垃圾填埋场等，环保部门无法阻止。2015年40个建设项目中29个都属于环评未批先建，环保部门也只能是罚款了事①。2016年11月环评公示期间，接到名为"海花岛全体业主"的网上投诉及北京市朝阳区自然之友环境研究所《政府信息公开申请表》，对此，儋州市环保局迫于舆论压力暂停了对海花岛建设项目环评的受理审批。

---

① 任景明，高敏江，李元实，李健."全域旅游"背景下的海花岛开发误区分析及对策建议［R］. 2018.

3. 多元治理视角下的政府角色定位与能力提升建议

（1）调整政府的角色定位。

我国作为"强政府"发展中国家，"强政府"在元治理初级阶段，不可因循守旧，包办所有，一令到底，也不可贸然前行，乍然放权。先要明确政府在环境保护工作中的角色和定位，并根据自身的角色和定位做好相关工作。海南省和儋州市政府要规范政府行为，履行合格的元治理职能，具体而言，在环境保护工作中的职能主要应体现在供给制度、协调目标、激励自治、协同共治等方面。

（2）理顺环境保护体制。

首先，对相应的政府环境保护体制重新进行顶层设计。海南省和儋州市应在国家机构改革方案的指导下，整合分散在各部门的环境监管职能，在省级和市级最大限度地统一环境管理主体，把分散于其他管理部门的权力适当集中到环境保护行政主管部门，统筹建立了严格监管所有污染物的环境保护组织制度体系，省市级环境保护行政主管部门要履行环境影响评价、政策法规制定职能、行使参与综合决策、制度供给和目标设定等职能。特别应加强环境法规建设和环境保护参与制定，诸如全域旅游和建设全岛自贸区等综合决策的能力，为在更高水平上推进生态环境保护治理体系和治理能力现代化奠定坚实的基础。

其次，做好环境保护制度的供给和设计工作。要建立最严格的源头保护制度，就需要扩展我国战略环境评价的广度，将评价对象逐步向决策链上游延伸，涵盖至海南"全域旅游"和全岛建设自由贸易区等重大战略和经济技术政策、法规等高层次决策；同时，需要完善环境政策和标准体系，并进一步提高环境准入标准，包括科学、合理的空间准入制度，包括划定生态红线、做好环境功能区划、生态功能区划等，从海南省空间准入和生态红线层面来保护海花岛及其周边的生态环境。此外，要建立环境责任追究制度，就需要优化决策程序、明确责任主体、加大责罚力度、明确实施细则。当前，只有建立严格的环境责任追究制度，才能从根本上改变地方政府官员不惜牺牲环境追求经济增长的行为模式。

最后，协调好各类治理主体的目标和利益。海花岛开发建设过程中引发了一些环境品质诉求社会问题，政府要做好利益相关者多方参与的综合决策。不能因为过分强调经济发展而造成严重的环境破坏，也不能单纯强调环境保护而忽视民众的发展诉求。在综合决策中，政府部门必须考虑社会目标、经济目标和环境保护目标的统一。在具体操作层面，必须通过海花岛开发建设中涉及的各个利益群体的广泛参与，在社会目标、经济目标和环境保护目标之间找到一种平衡和协调，或者在各个利益群体之间达成妥协。在环境保护的元治理理念指导下，政府部门要改变过去高高在上的领导者地位，发挥好环境多元治理中的组织作用，如环境法规、环境政策、环境决策、环境监督、环境影响评价、环境宣传教育等。上述每个环节都是非常重要的，政府必须要不断加大宣传力度，积极做好动员工作，使同企业与社会都能够对环境保护工作给予足够的理解与重视，并能积极参与，贡献自己的智慧。特别是在各类决策环节中，政府要组织好专家论证会、听证会等活动，为各类社会主体有效参与生态环境保护治理创造条件。

（3）提升政府"元治理者"的治理能力。

在国家层面初步完成机构改革以后，省和市县等各级政府需要整合分散在各部门的环境监管职能，独立进行环境监管和行政执法。建立严格监管所有污染物排放和统一监测所有生态环境要素质量的环境保护组织制度体系。通过组建环境警察部队、探索环境司法保障机制以及构建覆盖全部国土和生态环境要素的质量监测网络系统，建立各类资源和生态环境监测基础数据库等体制改革和制度建设，大力提升政府的生态环境保护治理能力。

4. 海花岛开发优化建议

站在海南旅游业环境管理的战略与全局高度，确定解决海花岛综合体误读"全域旅游"问题的总体思路和首要任务：西线，不可再有第二个海花岛。现在的海花岛，更是必须大大瘦身！关键需要遵守一条"原则"——多规合一，严控空间规划定位，落实生态红线保护制度；关键在于把握一个"度"——生态为先，大幅压缩地产工程开发规模，防范各类生态风险；关键需要落实一项"工程"——区域协同，倒逼完善市政服务工程；关键需要协调一类"冲突"——优化布局，积极应对突发事件和环境风险事件。

（1）严控空间规划定位，落实生态红线保护制度。

按照海南省多规合一的试点总体要求与部署，严控西部工业走廊和生态敏感区布局大型房地产项目。2015年按照《海南省总体规划》"一点两区三地"的战略定位，明确近岸海域生态保护功能区作为生态功能区划特殊保护区，明确作出严格生态空间管控要求。海花岛所在海域属限制性生态保护红线区，该区域内严格限制围填海，限制各类污染物的排放，针对珊瑚礁、海草床、红树林等与海洋生态有关的内容给予高度的重视与保护，确保生态功能不被破坏，并在此基础上开展针对海洋资源的开发活动，严格管控开发建设活动。海南全省要加强对海岸带、滨水地带以及各类保护区、重点景区、旅游度假区等关键区域的规划管控，在生态保护红线区内，禁止一切商品住宅项目开发建设。海花岛处西部工业走廊和生态保护敏感区，严守生态红线，严控空间规划定位，是地方政府和投资建设方事前事中事后都必须时刻佩戴的"紧箍咒"，严格控制西部工业走廊布局大型房地产项目，西线不可再有第二座"海花岛"。

（2）大幅压缩地产工程开发规模，防范各类生态风险。

遵从自然生态环境禀赋与工业发展总体布局，打造海南省全境范围内的旅游发展模式终究是不科学的。海花岛毗邻洋浦重工业区和交通运输港口，应当依据开发区域内生态环境特征和资源环境承载力状况，调整功能定位目标，缩小总工程开发规模，严格控制规划区域内人口规模，做好大幅度"瘦身"工作，防范资源消耗型和环境污染性双重生态风险，实现可持续发展。建设方结合地方政府和有关单位提供的环境特征数据和资源环境承载力数据，提出后续工程建设优化方案；海南省和儋州市政府加强建设改进工作的监管，定期对规划区施工情况进行巡检。

（3）落实"区域旅游"协同发展，倒逼完善市政服务工程。

海花岛建设区严格执行区域内污染空间管制、污染物总量控制和排污企业环境准入要求，建设方应委托第三方环境检测机构，做好区域内排污口的实时监控工作；地方政府加强对建设项目事中事后监管，环保主管单位应定期对工程建设中排放的污染物进行监控和排查。儋州市政府相关部门应加快推进白马井和排浦两镇市政工程（给水排水工程）的建设与完善，落实市政工程规划方案，有效防控面源污染，减轻污染物累积型生态风险，防范规划区周围海水富营养化，防止海花岛旅游综合体整体宜居环境品质的下降，预防由此引发的环境品质诉求等社会问题。

（4）统筹优化区域功能布局，跨区域应对突发事件和环境风险事件。

海花岛养生场所应与工业和港口分区布置，功能分区不交叠、无冲突，相互之间尽可能分隔，预留足够的生态廊道防护宽度，减轻洋浦工业区对海花岛旅游综合体的影响。建设方根据《海南省生态功能区划（2005年）》要求调整功能定位，地方政府相关部门应加强规划区的空间管制，尤其关注洋浦工业区与海花岛的环境影响关系，协调洋浦区工业规划建设项目（如毗邻海花岛的待建港口等），督促建设方预留足够的生态廊道防护宽度，协调优化规划区内外建设项目布局，减少工业区对海花岛环境质量的影响。海花岛临近海上航道、洋浦工业区和洋浦危化港区，一旦发生泄漏等突发性污染事件和储油区、船舶防台锚地的火灾事故等，在特定气候条件下，规划区环境质量和居民健康安全将经受严峻挑战，各类有毒有害化学污染物浓度短时间超过环境容许值，引发严重的生态环境问题和社会危机。地方有关部门应做好海花岛环境影响跟踪评价工作，随时应对海花岛及其周边区域突发性环境恶性事件和社会性群体事件。

5.2 政府内外部综合"治水"环保元治理实证分析

5.2.1 从"茅洲河 EPC 治理"探治水长效机制：流域水环境保护压力下的市场机制研究

2014 年，习近平总书记提出了"节水优先、空间均衡、系统治理、两手发力"的新思路①，这种治水思路是与时俱进的，并且赋予新时期治水工作新内涵、新要求、新任务。2016 年 02 月 03 日，深圳市全面贯彻落实党中央决策部署，把治水提质工作摆在城市治理的突出位置，并将茅洲河综合整治作为深圳市治水提质重点项目，通过公开的招标活动，最终由中国电力建设股份有限公司和中国电建集团华东勘测设计研究院有限公司中标，两家公司联合对该项目进行建设，具体采用 EPC 工程总承包模式开展全流域综合整治工作。本书分析提炼茅洲河流域（宝安片区）水环境综合整治项目（以下简称"茅洲河宝安 EPC 项目"）的做法经验和实践问题，旨在为流域水环境保护压力下治水机制改革提供参考。

1. 茅洲河宝安 EPC 项目概况与成效

茅洲河是深圳市第一大河，发源于深圳境内的羊台山北麓，流域面积388.23 平方千米，干流长 31.29 千米，穿过深圳光明新区、宝安区及东莞市汇入伶仃洋②。20 世纪 90 年代以来，茅洲河流域污染程度逐年加剧，河道淤积严重，汛期流域内洪涝灾害频发，更因其黑臭被当地人称为"黑河"。广东省环境监测中心的数据表明，在茅洲河干流与主要支流中，其水质都比较差，甚至都没有达到Ⅴ类，其中氨氮、总磷等指标存在严重超标的情况。其中，深圳境内有茅洲河的 10 条支流，在这些支流中，老虎坑水污染最严重，氨氮超标高达 23.2 倍，堪称"珠三角污染最严重的河

---

① 资料来源：习近平总书记在黄河流域生态保护和高质量发展座谈会和中央财经委员会第六次会议上的重要讲话。

② 田盼，吴基昌，宋林旭，纪道斌，李斌，李亚莉，冯发堂，张必昊，陈一迪，方娇. 茅洲河流域河流类别及生态修复模式研究 [J]. 中国农村水利水电，2021（6）：13－18，24.

· 172 ·

流"。茅洲河流域地势低洼、感潮河段长、污水管网缺口严重、污水处理能力不足等一系列因素影响，治理难度极大。茅洲河宝安 EPC 项目的招标与实施，是中央企业与地方政府在水生态环境保护治理方面加强合作、优势互补、实现双赢的范例，为地方探索流域水环境保护长效机制提供了经验。

茅洲河流域综合整治工程项目包括 69 项工程，管网工程 1234 千米，污水厂扩建工程 50 万吨/日，补水设施 134 万吨/日（污水厂 80 万吨/日、珠江口引水 54 万吨/日）、补水管线总长 74.7 千米，河道综合整治工程共 66.6 千米，新建排涝泵站共 163.83 立方米/秒、清淤 429.61 万立方米，若干分散污水处理设置、水体原位治理等工程，估算总投资约 205.26 亿元[①]。中国电建承建的茅洲河宝安 EPC 项目是整个流域综合整治的基础骨架性工程，合计 46 个子项目，包括管网工程、排涝工程、河流治理工程、水质改善工程、补水配水工程、清淤及底泥处置工程等六大类，估算总投资 152.01 亿元[②]。截至 2017 年 12 月，茅洲河宝安 EPC 项目累计完成投资约 67 亿元，完成管道敷设 700 千米、河道工程沿河截污管 75 千米、沿河排污口整治 846 个、已建现状干管清淤检测修复 110 千米；1#底泥处理厂建成并投运，3#底泥厂正在加速建设；河道清淤及底泥处置 28 万立方米。[③] 大部分项目在开工滞后的情况下均提前完成。

2. 茅洲河宝安 EPC 项目特点分析

（1）政府向市场开放工程建设环节。

EPC 总承包合同内容包含工程勘察（包括测绘、勘探、物探）、工程设计（初步设计、施工图设计、竣工图编制）、工程施工以及应由承包人完成的其他工作，中国电建全权负责工程建设，不负责投资，企业自有资金占用少，并且通过工程服务费获得可观收入。同时，由于采用"一个平台、一个目标、一个项目、一个工程包"和"全流域统筹、全打包实施、全过程控制、全方位合作、全目标考核"的治理模式，有效降低了传统"碎片式、零散化"治水中的管理、质量、安全和廉政风险，茅洲河宝安 EPC 项目为高密度建成区黑臭水体治理和建设单位人员的统筹指挥，解放了思想、拓宽了空间、开放了路径。

（2）借助大型央企优势。

深圳市政府通过公开招标，选择中国电力建设股份有限公司（中国电建）与中国电建集团华东勘测设计研究院有限公司（华东院）联合体设

---

①②③　资料来源：课题组实地走访工程项目组得到的数据资料。

计和实施项目，依托于大型央企人才、技术、经验、资金等优势，采取设计、采购、施工一体化（EPC）建设模式进行全治理。政府与央企彼此信任，沟通有效，投资与建设平台搭建短平快，有利于攻坚克难，快速推进项目工程。

（3）流域统筹，系统治理。

茅洲河流域面积广，穿过深圳光明新区、宝安区及广东省东莞市，属于典型的跨行政区黑臭水体，需要以全流域视角，统筹兼顾、科学规划地设计和开展工程项目。中国电建按照"系统治理、标本兼顾、转型提升、科学管理"思路，通过整合、优化已有工程措施，根据"流域统筹、系统治理"的理念制定技术方案，重点开展水安全保障工程和水生态环境保护治理工程，2017 年 11 月 27 日污水管网接驳入网，正式收集污水进入污水处理厂，11 月 30 日，补水工程试通水，重点河道截污完成。随着基础骨架工程不断完成，茅洲河干支流水质明显改善，相关考核河段基本实现了消除黑臭的年度目标。

3. 茅洲河宝安 EPC 项目模式问题

（1）政府成为市场主体。

我国的环保产业形成初期，政府掌控工程和相关服务，典型商业模式有设备提供模式，随着污染态势的加剧，政府开始向市场开放工程建设环节，产生 EPC 模式，EPC 模式的本质，仍然是政府主控，茅洲河宝安 EPC 项目政府等同为市场主体。

（2）工程建设环节市场性开放不完全。

茅洲河宝安 EPC 项目采用了创新治理模式，但该模式借助政府与央企的资金与人员力量，工程建设环节未向社会第三方完全开放，属于不完全 EPC 模式应用实例，虽促进了政府服务市场，市场支持政府关系模式的形成，但被视为不完全的市场机制调节案例。政府依赖央企的格局，影响市场在资源配置中决定性作用充分有效地发挥。

（3）环境污染责任主体未履行生态补偿职责。

以茅洲河为例的跨流域水体污染，是历史遗留问题，茅洲河的黑臭问题，是整个深圳市，甚至是珠三角地区自改革开放以来经济发展伴生环境危机的缩影，涉水责任机构庞杂，工业化、城镇化引发工业企业开花和人口急剧增加，无法一一追本溯源，只能由政府统一兜底买单。环境污染责任主体无法履行生态补偿责任，是妨碍环境保护市场机制发挥作用的重要影响因子。

4. 对建立治水长效机制的启示

"茅洲河宝安 EPC 项目"的推行与实践，揭示工程治水归根结底是制度治水。没有好的基础性制度，任何模式创新都有"走偏"的可能性。建立长效机制，确立环境要素属性，发挥市场在资源配置中的决定性作用，探索跨行政区划流域水环境保护压力下的治理模式革新势在必行。

（1）制度创新破解环境要素局限性。政府逐步让位市场，归位于商业主体，政府服务于市场，创新制度顶层设计，破解环境资源市场化配置效率和效益迷局。深圳"碳币"创新利用市场与社会两重机制，获得经济—环境—社会三重正向效益与良好效应。

（2）守好边界发挥元治理主体引导协调作用。政府运用法律手段，规范政府、市场、公众行为，充分运用市场化手段调动社会资本，吸纳民间资本进入环保领域，做好投资运营角色，引导 EPC 模式向 BOT、转让—经营—转让模式（Transfer – Operate – Transfer，TOT）、PPP（Public – Private – Partnership）等模式转变，增加企业附加值，彻底改变以往重经济效益、轻环境资本、重投资建设、轻运营维护的"面上环保"局面，提升市场经济体制下全社会对环境要素的关注与认识，促进公众与社会环境保护责任意识的深度觉醒，践行全民参与、共建绿水青山的生态发展理念。

（3）外部性内在化是市场机制发挥作用的基础准则。外部性内在化就是要将经济活动对他人产生的没有付费或补偿的外部影响进行付费或补偿。全国多地设计推行"生态补偿"政策，并因地制宜地开展工作，在模式上不断寻求创新与突破，为我国当前的环境保护治理体系和治理能力的现代化探索提供了重要的示范案例和实践经验。

5.2.2　元治理视域下新安江流域水环境保护实践对政府治道变革的启示

1. 新安江流域水资源水环境现状①

新安江的发源地是黄山南麓，具体是休宁县六股尖，是安徽的第三大水系，同时也是钱塘江的正源，在千岛湖的入湖河流中，新安江也是最大的河流，经过千岛湖后，再经富春江、钱塘江、杭州湾，最终流入我国东海。

新安江流域面积累计为 11674 立方千米，安徽境内流域面积 6736.8

---

① 阮本清，新安江流域生态共建共享机制研究［EB/OL］. 中国水利水电科学研究院，2007 – 05 – 14.

立方千米，占比 58.8%；浙江境内流域面积 4715.7 立方千米，占比 41.2%；仅安徽省黄山市境内流域面积 5856.07 立方千米，占流域总面积的 41.1%。新安江干流总长 359 千米，其中黄山市境内 242.3 千米，占 67.5%。省界断面（街口）的出境水量平均是 66.77 亿立方米，在千岛湖年均入库水量方面，占比超过 68%；出境断面水质达到地表水环境质量Ⅲ类水标准。新安江水库是我国大型水库之一，尤其在华东地区，该水库水质优良，为新安江流域及长三角地区提供水源保障，使这些地区水资源紧张的局面在一定程度上得以有效缓解。

千岛湖集水面积为 10442 立方千米，其正常水位为 108 米，当处于正常水位的条件下，其库容总量为 178.4 亿立方米，水域面积 580 立方千米，其中 98% 位于浙江省淳安县，是浙江省极为重要的饮用水水源地之一，同时也是长江三角洲地区站备用水源的提供者，在湿地保护、气候调节、降低污染、生物多样性等方面都发挥很大作用，是千岛湖乃至整个新安江流域的一道生态屏障，乃至与整个长三角的生态安全息息相关，拥有非常重要的战略地位。

在新安江的上游流域，从地形地貌方面看，主要以低山和丘陵为主，其中包括黄山屯溪区、徽州区、歙县、休宁县、黟县及黄山区、祁门县部分和绩溪县（以下简称"上游地区"）。

黄山市人口数量较少，同时耕地面积也比较少，在工业方面的发展主要是以轻工业、通电子、机械等为主，但是这些产业对水资源的消耗较大，不过从总用水量方面看，整体上仍然是相对较小的。2010 年，黄山市的人均用水量为 386 立方米/人，而全省人均用水量为 492 立方米/人，同时 GDP 用水量 177 立方米/万元，全省 GDP 用水量为 239 立方米/万元，从各个方面看，黄山市用水量相较全省平均水平仍然是相对较低的。黄山市地表水资源比较丰富，但其利用率却非常低，只有 4.96%，其中境内新安江地表水利用率相对较高，达到 7.08%，但从省域范围看，对于地表水的利用率仍然是相对较低的。

从社会经济发展方面看，整体上处于中等欠发达的水平，经济总量亟待进一步提升，对于产业结构的优化也要相应予以增强，大力加强工业的发展与革新。由于其在工业结构方面的不合理，很多传统行业的收益始终偏低，其与高新技术产业的发展出现不协调与不匹配的情况，尽管是一些资源比较丰富的地区，对于资源的开发和利用仍然不够深入，资源优势始终没有得到充分的展现。

在流域内经济发展速度逐渐加快的背景下，当前区域竞争的积累程度不断提升，社会经济发展和流域性生态环境保护之间所存在的矛盾更为突出。从上游地区的5个县看，其中省级的重点贫困县有4个，占比高达80%。黄山市现如今已经进入到工业化与城镇化的发展阶段，其对于水资源的需求量显著增加，同时也使更多的废水被排放到河流中，河流中污染物总量也随之加大，在对污染进行治理与控制方面的难度也在明显增加。

（1）优势。

①水资源和水能资源丰富。

新安江流域位于亚热带，在气候方面为湿润性季风气候。从统计数据看，1956~2000年，年均降雨量1786毫米，总降水量为115.02亿立方米，其中在1980~2000年，其年均降雨量为1916毫米，从整个安徽地区看，其降水量是居于前列的。整个新安江流域内，拥有极为丰富的水资源。从1990年一直到2004年，其出境水量年均达到73亿立方米，主要流入新安江水库，但该水库位于浙江省境内。

②物产种类繁多，旅游资源丰富。

新安江流域物产丰富，旅游资源十分优越，上游的黄山和下游的千岛湖都是闻名遐迩的旅游胜地。对于新安江流域进行开发与保护，要以社会经济发展与生态环境发展相协调这一前提下进行，这是具有现实意义的。

③上游地区污染较少，水质总体优良。

上游地区是传统的农业区及新型旅游区，目前正逐渐形成新的产业格局，在注重旅游业发展的同时，对于高新技术产业的发展也给予了更高的重视。

新安江上游地区工业污染相对较少，总体污染物排放量也处于较低水平，生活污水、水土流失、农业污染等是其中主要的污染因素。从新安江水质方面看，整体上水质较为稳定和良好，从1993年开始到现在，其水质的变化并不明显。如今，在其上游地区，监测断面的数量已经增加至8个，其中主要支流也都已经相应设置了监测断面，而省界断面的界限是中街口，在水功能区的管理方面，是根据Ⅲ类地表水标准具体实施的。对于地表水的管理，由原来的2次/年增加至6次/年，先前的两次每年分别是在枯水期与丰水期进行2次检测，而在增加至6次/年后，在监测指标方面也增加至24项。对于安徽省的出境水质，通常都是Ⅰ~Ⅱ类水，水质良好，仅在个别的河段，在非汛期时会有个别的轻度污染情况出现，若是从全面均值的角度对其进行评价，其中Ⅰ类水、Ⅱ类水、Ⅲ类水分别占比78%、21%和1%，全部符合甚至优于Ⅲ类水标准。

④上下游地区有着良好的合作基础。

新安江流域的浙皖两省和黄山市、杭州市之间有着传统的友好合作关系，是全国处理水事关系最好的省际河流之一，为新安江流域水生态环境保护治理奠定了良好的社会基础。

（2）问题。

①上下游地区经济发展不平衡。

新安江是浙、皖两省的省际河流。改革开放至今，浙江省凭借自身的临海优势，经济迅速崛起，但位于我国中部地区的安徽省，其经济发展相对滞后。特别是最近几年，浙江省的经济总量和人均 GDP 均已跻身于全国前列，浙皖两省间经济社会发展的差距仍然相当大（见表 5-1）。

表 5-1　　　　　　浙江省与安徽省国内生产总值比较表　　　　　单位：亿元

类别	1996 年	2000 年	2001 年	2002 年	2016 年
浙江省	4146	6036	6700	7670	46485
安徽省	2339	3038	3290	3560	24118
浙、皖两省比值	1.77：1	1.99：1	2.04：1	2.15：1	1.93：1

资料来源：阮本清，新安江流域生态共建共享机制研究［R］. 中国水利水电科学研究院，2007-05-14.

2016 年，浙江省人均 GDP83538 元，是安徽省（39092 元）的 2.14 倍，2016 年杭州市 GDP 为 11313.72 亿元，人均 124286 元；2016 年黄山市 GDP 为 576.8 亿元，人均 41897 元，杭州市人均 GDP 是黄山市的 2.97 倍。

如今，在流域的上下游差距是比较明显的，如财政收入、人均 GDP、城乡居民收入等。由于需要对流域内水质予以保护，使得上游地区很多存在污染的企业已经被勒令关停，这也是产业机构优化与环境保护两者之间冲突所形成的阵痛，上游企业所做出的牺牲是很大的，因而群众脱贫致富的愿望也相对要更为强烈，这使得流域水环境保护的压力持续增加。

②水环境压力不断加大。

在下游社会经济快速发展的情况下，水资源的用量也在持续增长，水环境污染日渐加剧，下游地区希望上游地区能够加强水资源的保护，对优质水源予以保护，使水环境所具有的承载力能够进一步得到增强。反观上游地区，企业希望能够通过发展经济实现自身收入水平的提升，缩小与下游城市之间的差距，而这也使企业用水量不断增加，整个水环境受到的污染也随之加重。

新安江上游流域部分自然村落中，对于污水的收集和处理能力较弱，并且基本上都没有形成集中处理，很多冲厕用水直接流入了化粪池，而其他的污水则是根据自然的地质地貌排放到池塘、沟渠、河流中。因为上游地区属山地地形，农民的居住相对分散，而农业生产会广泛采用化肥，同时养殖业方面也会排放出大量污水，在径流作用下，很多氮磷元素被排放到水体中。另外，在千岛湖以及新安江的上下游，还存在滥砍滥伐的现象，森林覆盖率不断降低，而河流的含沙量却逐渐增加。同时，新安江流域以农业及农村面源污染为主，受自然条件影响，年均径流量分布不均，由于上游缺少大型调蓄水库，河道调丰补缺能力薄弱，导致水体自净能力降低，一旦遇到特殊情况、极端天气，新安江水质各项指标浓度将难以控制。

随着经济社会快速发展，上下游之间、行政区域之间的用水竞争日益激烈，水污染问题不断加剧，这也反映出全流域水资源的在可持续发展方面所承载的压力仍然非常巨大。

③资金投入压力较大

新安江上游地区经济发展相对滞后，现有财力较为薄弱，为长期保证出境水质，上游地区需要持续投入资金在水源涵养与水体保护方面，并且加强了产业结构的调整力度，整个产业的布局更趋优化，并且能够实现基于整个流域的综合治理，农村面源污染控制以及污染防治设施的运行也在逐渐趋于稳定，持续性投入资金缺口较大。到目前为止，流域内与水污染治理有关的各项设施在建设方面存在明显的迟滞，而对于当前运行的设备，也存在监管不力的情况，在临近工业集中区和人口聚集区的河段，水环境的压力日益加大。

④长效化和常态化治理模式尚未形成。

新安江作为全国首个跨省流域生态补偿机制试点，千岛湖因其水资源战略地位的独特性而受到高度关注，虽然该项治理工作取得了初步成效和一定突破，但目前仍停留在试点阶段，尚未形成长效化和常态化的治理机制，还有一些问题有待解决。一旦试点工作停止，那么仍将面临重走"先污染后治理"老路的可能。

2. 新安江流域水生态环境保护治理特色与创新

试点建立与实施情况。

（1）试点建立的背景。

党的十八届三中全会上，党和政府提出要形成有效的生态补偿机制，采取"谁受益、谁补偿"的原则，针对重点生态功能区运用生态补偿机制，尤其加强不同地区之间的横向生态补偿。同时，我国《水污染防治行动计划》中也提出了要大力发展跨界水环境补偿，对横向资金补助、对口补助、产业转移等予以支持，并使补偿试点对外开放，不断增加试点数量。

新安江流域生态补偿试点是我国水生态环境保护治理领域积极进行元治理探索的一个典型案例。水环境补偿制度的形成与发展始终都是以流域水环境质量改善为着眼点的，该项公共制度的目的是要使流域的上游与下游之间形成一种共享与合作的机制，促进双方的共同发展，并科学合理地运用政府行政力量与市场手段，促进全社会的广泛参与，使利益相关者在利益分配方面能够实现一种平衡。新安江及千岛湖流域水环境保护由于其重要的战略地位，深受党中央、国务院及社会各界的高度关注。2011年，党和国家领导人先后作出重要指示，要求皖浙两省要着眼大局，要从污染的源头抓起，实施有效的监督与控制，实现相互之间的互利共赢，避免走"先污染、后治理"的老路。

2012年，财政部、环境保护部正式实施新安江流域水环境补偿试点。截至2014年底，新安江流域水环境补偿第一轮试点已结束，就新安江流域水环境的保护，各级政府已经先后投入17.9亿元，这对该地区的试点项目也形成了有效拉动，并吸引项目投资超过60亿元①。三年项目期内，在财政部、环境保护部的直接指导与协调下，皖浙两省不断加强水环境保护的协调与合作。试点工作取得了阶段性成效，新安江流域的水环境质量从整体上趋好，两省交界的街口断面水质检测，也已经连续三年达到了试点的目标与要求。

（2）试点实施情况。

2012年1月，黄山市、淳安县开始联合监测跨省界断面，截至2014年12月，共开展联合监测36次②。2012年9月，环境保护部、财政部、安徽省、浙江省共同签署了《新安江流域水环境补偿协议》，中央对此专门由中央财政调拨3亿元资金，用于环境治理的补偿，其中安徽省与浙江省的1亿元补偿资金也已到位，这也表明我国流域水环境补偿机制迈上了新的台阶。2013～2014年中央财政、安徽、浙江补偿资金足额到位。

新安江流域水生态环境保护治理的指导思想在于要始终围绕科学的发

①② 赵越，杨文杰，马乐宽，路瑞，毕孟飞. 全国首个跨省流域水环境补偿试点——新安江流域水环境补偿探索与实践（2012～2014年）［M］. 北京：中国环境出版社，2015.

展观，针对新安流域水环境治理实施统筹管理，对各方力量进行协调和部署，始终坚持可持续发展的原则，实现新安江水质改善与稳定的目标。遵照协议要求，各方应按照协议中的各项规定，履行各自的义务与责任，对新安江流域下游省份的环境补偿落实到位，使该流域内的水资源能够实现可持续发展。补偿依据是针对新安江流域水环境治理与补偿，补偿的数额为 5 亿元/年，在具体补偿额度方面，中央财政补偿 3 亿元，安徽省补偿 1 亿元，浙江省补偿 1 亿元①。

按照《地表水环境质量标准》，以高锰酸盐指数、氨氮、总磷、总氮等四项指标中，其在 2008～2010 年的年平均浓度值为基本限值，其中 P 表示补偿指数，通过以下公式对补偿资金进行核算：

$$P = K_0 \times \sum_{i=1}^{4} K_i \frac{C_i}{C_{i0}}$$

其中，P 表示的是"街口断面的补偿指数"；K_0 表示的是"水质稳定系数"，在综合考虑降水径流等因素的条件下，对 K_0 取值，即 $K_0 = 0.85$；K_i 表示的是"权重系数"，根据四项指标的具体情况，选取 $K_i = 0.25$；C_i 表示的是"某项指标的年均浓度值"；C_{i0} 表示的是"某项指标的基本限制"。

当 $P \leqslant 1$ 时，浙江省向安徽省拨付 1 亿元资金；当 $P > 1$ 时，根据环保部的标准，在安徽境内若发生重大污染事故，则安徽省向浙江省拨付 1 亿元资金。针对上述情形，无论是哪种情况，中央财政所调拨的资金全部拨付给安徽省。

新安江流域试点的资金用途。针对专项补偿资金，其主要用于针对新安江流域的产业结构调整与优化，实现该地区产业的科学布局，对新安江流域实施综合治理，尤其对水污染进行治理，以此加强针对流域内水环境的保护力度。

（3）试点实施效果。

2012～2014 年，安徽省和浙江省平均开展的联合监测次数为 12 次/年，其中三年 P 值均以能够满足《新安江流域水环境补偿试点实施方案》的要求，同时该指标仍然呈现下降趋势，省界断面水质总体保持稳定。街口断面主要水质数据及 P 值如表 5-2 所示。

---

① 赵越，杨文杰，马乐宽，路瑞，毕孟飞. 全国首个跨省流域水环境补偿试点——新安江流域水环境补偿探索与实践（2012～2014 年）[M]. 北京：中国环境出版社，2015.

表 5 – 2 街口断面主要水质指标监测数据及 *P* 值

年份	高锰酸盐指数/（毫克/升）	氨氮/（毫克/升）	总磷/（毫克/升）	总氮/（毫克/升）	P 值
2008～2010 年三年均值	1.990	0.0850	0.029	1.260	0.850
2012	1.805	0.0970	0.029	1.086	0.833
2013	1.967	0.0920	0.027	1.118	0.828
2014	1.947	0.0995	0.022	1.230	0.825

资料来源：2008～2010 年数据来源于国控断面监测数据；2012～2014 年数据来源于黄山市、淳安县环境联合站联合监测结果。

3. 新安江治理模式中的政府主导

新安江跨流域水环境补偿试点是元治理模式在水生态环境保护治理中一次开创性的尝试，在新安江水生态环境保护治理模式中，政府、市场、社会三种治理模式有机结合，在这个模式中，政府仍然起着牵头作用，运用相关法律法规，通过强制力达成生态环境保护治理模式的共振，政府、市场、社会三者协调与合作，发挥各自的优势，实现公共性、灵活性、创新性以及责任性的有效结合。

在中国目前的体制下，治理的重心仍然是以政府为主体。在新安江流域水生态环境保护治理中，各级政府，包括中央、安徽浙江两省以及具体实施的市级层面上，在治理中均起着主导作用。

（1）引导启动。

在我国，跨省流域上下游地区存在一定的利益关系，在环境治理与生态补偿方面，一些省份也都出于自身利益的考虑，使生态补偿的沟通与协调受阻，导致我国横向生态补偿的机制始终没有很好地建立起来。针对新安江流域水环境补偿试点，由于是国家重点试点项目，其中带有非常鲜明的国家意志，中央政府基于浙皖两省共同的愿景，财政部、环保部等部门已经完成了顶层设计，基于宏观层面进行总体把握与综合分析，保证该试点的顺利推进。

回顾新安江流域水环境补偿试点过程，从一开始就是在上层倡导下逐步推动建立起来的。2004 年，全国人大环境与资源委员会针对新安江流域生态环境展开调查研究，发现"后靠上山"的居民临岸而栖，生活污水和畜禽粪便直接入江，直接危及水库水质的案例。于是，2005 年 3 月，在全国人大十届三次会议上，何少苓等发表了《关于在新安江流域建立国家级生态示范区和构架"和谐流域"试点的建议》。

2006 年"两会"期间，安徽、浙江两省的人大代表提交了"关于新安江流域生态共建共享示范区的建议"，原国家环保总局将新安江流域生态共建共享示范区纳入"十一五"生态保护规划。2006～2009 年，我国财政部、环保部等多个部门先后多次深入到新安江流域进行专题调研，并在 2007 年 7 月，将该流域列为全国第一个跨省流域生态补偿机制建设试点。

（2）制定规则。

在整个新安江流域水环境补偿试点工作中，国家层面的政府部门一直起着治理规则的主导者和制定者的作用，为治理提供了顶层设计，协调上下游地区制定易行的"操作规则"，其中对治理工作所坚持的基本原则予以明确，并就监测方案与补偿依据进行细化，根据补偿依据保证流域治理的资金来源以及用途，针对这些重要问题都进行了严谨和细致的部署与安排。

2012 年 9 月，环境保护部、财政部、安徽省、浙江省正式签订《新安江流域水环境补偿协议》。

除了中央政府层面指导和参与制定的各项制度外，省市两级政府也制定了一些制度，如安徽省财政厅、环保厅为保障补偿资金及时拨付到各市县，切实管好用好补偿资金，联合印发了《安徽省新安江流域生态环境补偿资金管理（暂行）办法》，黄山市相继出台了多项制度与规定，更加有效地保障了项目的顺利实施。

在项目实施层面，承担着具体实施任务的各市县政府部门也制定了相应的规则。相继编制并实施了新安江流域综合治理决定，同时还包括针对该流域的试点补偿工作意见以及评价办法，在具体的实施方案上选择"河长制"，在项目管理、项目验收、偿债机制、全民保护、全市禁磷等方面予以明确，所涉及的制度文件达到 50 余项，这些也为流域综合治理提供了充足的法律依据与制度保障。

（3）成立机构。

为加强新安江流域生态建设保护工作，统一工作协调，加强日常监管，黄山市专门成立了新安江流域生态建设保护局，归财政局管理，专门负责新安江流域水环境保护的日常工作，完善与环保、水利、农业等部门相互协调的运行机制。

（4）协调监督。

在新安江水生态环境保护治理模式中，政府（特别是中央政府）不仅是规则的制定者，同时还是对话、协作的主导方，负责指导和推进各类社会力量和不同利益方开展对话和协作。

2011 年，由环保部牵头，安徽、浙江两省召开跨界环境污染纠纷处置与应急联动联席会议，并组建了专门机构，浙皖两省共同签订了《跨界环境污染纠纷处置和应急联动工作方案》。在新安江流域水生态环境保护治理体系中，对安徽、浙江两省在流域生态治理方面的义务与责任予以明确，并形成了"环境责任协议制度"。另外，财政部、国家环保部作为第三方，就该协议的达成提供指导，并对履行的情况进行监督。

在财政部、国家环保部的共同推动下，安徽、浙江两省突破了固有的行政边界，加强了彼此的沟通与协调，形成了有效的互访协商机制，认识提高了跨区域合作，建设加强了跨区域部门，尤其是黄山市和淳安县通过建立互访协商机制，加强了流域内综合治理的有效沟通与协商，如联合检测、联合打捞、应急联动、信息共享、联合执法，以及定期召开联席会议等，提高了治污能力和治污效率，促进了区域间环境保护的良性互动，实现了全流域联防联控、合力治污的局面，有效化解了跨界水环境保护的难题，保障了流域水环境安全。

在市县内部，各政府部门之间也建立了跨部门的合作机制，除了成立专门的新安江流域生态建设保护局外，黄山市还建立了环保与公安机关联动执法机制，共同开展新安江流域采砂洗砂专项治理、拆除碍航渔网、规范浮动渔网等工作。淳安县建立环保公安联动执法机制，设立公安环境犯罪侦查大队，成立环保、公安联络室，制定下发《关于建立淳安县环境执法联动协作机制的意见》和《环保、公安"一月一主题"联合执法行动方案》①。

（5）拨付资金。

在新安江跨流域水环境补偿试点中，中央和省级政府作为治理主体，在治理体系中所发挥的主导作用不仅体现在主导和制定治理规则上，还体现在资金支持上。为推动试点工作的顺利开展，中央财政多次拨付资金用于新安江水生态环境保护治理。

2010 年 12 月，中央财政下拨 5000 万元启动资金，2012 年，中央财政下达 3 亿元资金，浙江省补偿 1 亿元资金，安徽省拨付 1.2 亿元资金②。2013～2014 年，每年中央财政下达 3 亿元，浙江拨付补偿资金 1 亿元，安徽省在原有补偿资金 1 亿元的基础上，进一步加大补偿力度，多拨付给黄

①② 赵越，杨文杰，马乐宽，路瑞，毕孟飞. 全国首个跨省流域水环境补偿试点——新安江流域水环境补偿探索与实践（2012～2014 年）［M］. 北京：中国环境出版社，2015.

山市和绩溪县补偿资金0.2亿元，两年合计2.4亿元①。

整个补偿机制中中央财政在新安江水环境补偿试点的属于"种子资金"，这也反映出中央政府在此方面所做出的努力。在进行补偿的初级阶段，启动资金基本上都来源于中央财政，中央政府也希望能够通过这样的方式对地方政府投资与社会投资形成积极的影响，在其中起到引导和放大的作用；同时，每年3亿元的投入，也成为后续水环境保护建设资金投入及试点运行的有力保障。另外，中央资金的介入使国家在整个新安江水生态环境保护治理体系中充当了"调解人"，作为元治理者的中央政府起到了社会利益博弈的"平衡器"的作用，在两省自愿协商的基础上，起到了调节省与省之间相互利益的作用，成为保障补偿试点运行的重要因素。

（6）发布信息。

黄山市政府针对新安江生态环境的保护工作专门搭建了门户网站与微信公众号，对试点工作的工作动态及时对外公布，同时也从社会等层面广泛征求意见，包括破坏该流域生态的有奖举报活动。通过促进社会信息透明，各级政府包括中央、两省政府和流域内其他市县政府和其他社会力量在充分的信息交换中了解彼此的利益、立场，营造透明公平的治理环境，从而保障试点工作顺利推进，达到共同的治理目标。全部试点项目都已经设置了标识牌，其中含有项目建设内容、责任单位、投资规模、管护单位等相关信息，使试点工作的透明度以及影响力均得到了显著的提升，保障试点工作深入人心，扎实稳步推进。

（7）兜底作用。

在确保治理底线层面，各级政府在元治理中发挥"最后一招"的功能，承担治理失败中的政治责任。在新安江水生态环境保护治理模式中，中央政府下达的3亿元补偿资金均会采用财政专项转移支付形式拨付给上游黄山绩溪县，用于新安江流域的水生态环境保护治理。安徽省和浙江省两省政府作为"责任主体"，依据"环境责任协议制度"，分别承担各自的水生态环境保护治理的责任和义务，如果安徽省水质未达标，或是发生重大水污染事故，那么安徽省需要向浙江省拨付1亿元资金②，两省政府承担着水生态环境保护治理失败的政治责任和经济风险。

4. 新安江治理模式中的市场机制

新安江流域上游经济发展相对滞后，水污染治理又需要巨大的资金投

---

①② 赵越，杨文杰，马乐宽，路瑞，毕孟飞. 全国首个跨省流域水环境补偿试点——新安江流域水环境补偿探索与实践（2012～2014年）［M］. 北京：中国环境出版社，2015.

· 185 ·

入，仅靠中央财政和安徽、浙江两省拨付的这部分生态补偿资金远远不够，据统计，2010～2014年，黄山市以项目为单位累计在新安江水生态环境保护治理中投入资金85.9亿元，其中试点资金16亿元①，其余绝大部分为各县（区）政府采取融资贷款、社会资本投入等，多渠道筹集资金。

为了能够对市场配置的资源进行充分而有效的利用，使全社会都能够对新安江生态保护与建设提升认识，努力在其中发挥作用。针对新安江流域的生态治理，安徽省政府从国家开发银行达成战略协议，从国家开发银行累计贷款200亿元，如今已到账56.2亿元②。

在具体的补偿资金拨付使用上，按照《安徽省新安江流域生态环境补偿资金管理（暂行）办法》要求，黄山市财政局、环保局财政厅、环保厅下达的新安江试点项目资金计划后，将资金拨付给市城市建设投资公司（以下简称"城投公司"），同时将项目资金向各区县财政、环保部门、市直项目部门等进行传达。市城投公司作为对该融资进行承接的平台，明确区县这一还款责任主体，将试点资金打入城投公司账户，使平台的融资能力也得到了进一步的提升，这也对试点资金形成了一种放大效应，使投资者能够对该项目给予更高的关注。

5. 新安江治理模式中的社会参与

新安江流域水环境补偿试点工作中的社会参与体现在企业和公众两大主体的积极参与。

（1）企业自觉环保履责。

一是企业环境行为得到进一步规范，企业履行环保责任的自觉性得到了提升。企业认真履行了排污申报职责，国、省控企业都根据相应的要求与标准具体进行在线监控，对监督监控责任予以落实，对重点行业企业环境进行构建，并形成了相应的报告制度，将企业环境出发信息与动态等在企业网站及时对外公布。

二是企业清洁生产水平得到进一步提高。目前共有33家企业实施了清洁生产审核，45家企业通过了ISO 14000环境标志管理认证③，通过清洁生产的推进，促进了企业工艺、设备和管理的改进，达到了节能降耗、增效减污的目的，提高了企业自觉履责的积极性。

三是优化产业结构、严格环保准入。试点实施以来，黄山市没有上一个"两高"项目，优化升级工业项目290多个，总投资95.5亿元④。环

①②③④ 赵越，杨文杰，马乐宽，路瑞，毕孟飞. 全国首个跨省流域水环境补偿试点——新安江流域水环境补偿探索与实践（2012～2014年）［M］. 北京：中国环境出版社，2015.

境保护倒逼产业结构不断优化。2010～2013年，化学原料和化学制品制造业、造纸和纸制品业的产值虽然呈逐年上升的趋势，但化学需氧量（Chemical Oxygen Demand，COD）排放量与排放强度总体均呈下降趋势，产业结构得到了初步优化。2010～2014年，黄山市新、扩、改建项目和企业2088家，环评执行率达100%，"三同时"执行率达90%以上，流域内6个省级工业园区均通过规划环评，明确园区产业定位①。

四是实施园区集中治污。自从开展试点，黄山市关停的污染企业已经超过170家，搬迁至循环经济区的企业数量超过90家②，并且实行了集中供热供水、集中治污，减少了治污的总投入，提升了治污的效率，使企业更加清醒地认识到治污主体的职责。

（2）激发广泛的公众参与。

新安江水生态环境保护治理实行了"全民参与、社会共治"。黄山市建立并完善了"志愿服务、社会监督、投诉热线、有奖举报、媒体曝光、河长包保、村规民约"七项工作，通过媒体等渠道广泛宣传教育，让群众认识环保、了解环保、参与环保、监督环保工作。

①定期公布环保信息。

黄山市政府针对新安江生态环境的保护工作专门搭建了门户网站与微信公众号，通过相应的专栏对试点工作的工作动态及时对外公布，同时还开通了线上互动平台，及时解答各类环保问题，公众随时随地可以浏览查阅生态环境状况。

通过对新安江流域生态保护意见征求活动的组织与开展，社会对新安江流域生态环境保护有了更加深入的认识，该项措施使更多的人都能够积极参与进来。另外，黄山新闻网等很多网站也对新安江流域生态保护征求意见活动进行了报道，从水源涵养、农业生产减肥降药、城乡生活垃圾和污水整治、畜禽养殖污染治理、河道修复、工业企业污染防治等多个方面征集可操作性的策略。

②定期进行环保宣传教育。

首先通过广泛的宣传可使公众增强环保意识，同时还开展了志愿者文明劝导、知识竞赛、科普培训等多种活动，不断扩大社会影响、调动社会力量，参与理解并支持新安江的生态保护。

其次启动了"同饮一江水·共护母亲河"志愿者服务活动，开展志愿

①② 赵越，杨文杰，马乐宽，路瑞，毕孟飞. 全国首个跨省流域水环境补偿试点——新安江流域水环境补偿探索与实践（2012～2014年）［M］. 北京：中国环境出版社，2015.

者文明劝导巡回演出、禁磷专项整治、志愿植树、联合打捞、捡拾垃圾等活动。

围绕环境保护的主题组织和开展科普知识竞赛，加强对生态保护相关知识的培训，同时还包括公益广告播放、青年环保志愿者招募、新安江环境保护标识、楹联征集，以及"环保知识进校园"等宣传活动，引导公众要以环境保护和环境可持续发展的大局为重，通过生态保护与生态治理使流域生态环境的稳定性更强。在复旦大学所进行的"黄山市新安江生态保护社会公众调查问卷知晓率满意率统计"调查中，其结果也表明公众对新安江生态补偿试点政策的知晓率与满意率分别为95.69%和86.65%。

③制定生态村规民约。

在各个乡镇中，下辖各村将与水环境生态补偿试点相关的内容，结合本村的实际和存在的问题，在广泛协商的基础上，对本村的村规民约进行制定，以此对公众形成影响，使之能够拥有更加强烈的环保意识，并使之在生产及生活的方式出现相应的转变，使农村面源污染的情况有所改善。

6. 与理想元治理模式的差距

新安江流域水环境补偿试点工作取得了初步成效。2012～2014年，在财政部、环境保护部的直接指导与协调下，皖浙两省不断加强水环境保护的协调与合作，试点工作取得了阶段性成效，新安江流域总体水质保持为优，水环境质量稳中趋好，两省交界的街口断面水质连续三年达到试点目标要求。主要是从提高治理绩效和避免治理失灵的角度出发，新安江模式设计了顶层治理体系、协调治理活动，可以说新安江流域水环境补偿试点是元治理模式的一个较为成功的案例。但是，新安江流域水生态环境保护治理与理想的元治理模式还存在着一定的差距，具体表现为以下几点：

（1）政府主导作用未得到充分发挥。我国环境保护与环境治理基本上都是由国家和政府主导的，由此所形成的治理体制有利于对环境的保护，同时对促进社会经济的发展也发挥了较大作用。在新安江流域水环境补偿试点中，虽然打破了行政区界限，最大限度地避免了扯皮、争权、推诿等现象，将过去单纯通过 GDP 作为指标对环境保护工作进行考察的情况已经作出了很大转变，生态保护与现代服务业之间的关系也正在进行着重新的梳理，这也使环境保护部门的地位和权威得到了很大提升，用制度保护环境，初步形成了"政府统领、企业施治、市场驱动、公众参与"的水污染防治新机制，但仍有一些方面，政府的作用未得到充分发挥。

一是缺乏制度保障。新安江流域水环境生态补偿试点，从最初的制度设计上就存在着一定的局限性。从国家层面上来讲，生态补偿制度尚未建立，生态补偿仍停留在试点探索阶段，面对新安江跨流域生态补偿工作，虽然中央政府采取了一些措施来协调上下游的利益关系，但基本上是以行政干预的方式来解决，没有能形成规范有效地补偿机制，缺乏相应的保障体系，难以避免"人存政兴、人亡政息"的状况。生态补偿相关的法律制度不配套、补偿依据不明确，也难以保证试点结束后该流域在水资源保护方面的工作能够持续稳定的继续开展下去。

二是补偿标准偏低。新安江流域水环境补偿针对上游地区的发展在机会成本方面是存在不足的，同时其对于污染进行治理所消耗的成本较高，整个生态系统服务价值很难得到充分的体现，没有体现上游水环境保护的真正价值，与新安江流域保护已累计投入的治理资金相比，目前的补偿标准明显偏低。

三是补偿手段单一。一方面，新安江流域水环境补偿目前还仅仅停留在由国家通过直接财政转移支付这一种方式上，其他如财政补贴、财政援助、税收减免、税收返还等通过货币、实物进行补偿的方式还没有开展，国家和地方以及上游与下游之间在建设项目、技术交流、人员培训等扶持和援助尚未开展。另一方面，目前的补偿还仅仅是单一的末端治理补偿，没有全过程的综合性补偿，仅是对物的补偿，没有对人的补偿，从时间上看，仅是对现在生态保护投入的补偿，缺少对过去生态建设投入的承认和对将来为维持良好的生态环境而需要的继续投入的分担。

（2）市场机制尚未形成。在新安江流域水环境补偿试点中，市场配置资源的条件尚不具备，国家层面上未对新安江水资源产权进行界定，环境资源没有形成市场，仍旧是依靠行政干预来解决新安江的水环境问题，无法完全依赖市场机制谋求经济发展和环境保护相协调。

首先，要形成高效率的资源配置，关键之点就在于要将外部性内在化。在新安江水环境保护中，政府元治理对新安江环境产权的初始分配方式、交易主客体，交易程序、原则等尚未涉及，甚至连两省的水生态效益比例也不明确，所以根本谈不上完善的、公平的市场竞争规则，也无从谈起以市场为主导的资源配置与市场监管，以及通过市场竞争机制来提高政府治理和市场治理效率等。

其次，资金来源仍比较单一。在新安江流域水环境补偿试点中，政府的转移支付、财政补贴、地区间的辅助性的市场补偿尽管起到了一定的作用，但在生态补偿制度中的作用还有待强化。政府的补偿比例过大，会造成生态保护与建设过度地依赖政府特别是中央政府的投入，两省采取区域间补偿的积极性不高，上下游之间的约束性也不强，对整个流域生态保护所应承担的责任与义务不能得到有效的体现。

（3）社会参与仍不足。社会组织发育不全，环境保护公众参与能力不足。黄山市目前还没有形成规模和较大影响力的环境NGO，民间环保团体在环境教育、倡议和利益表达上发挥的作用还没有充分发挥。

一是对公众参与的激励还不够。虽然部分乡镇为加强对农药使用的管理，防止村民乱扔农药包装袋通过降雨径流流入水体，对村民的农药包装袋进行有偿回收，对其他一些公众参与的行为也予以恰当的利益激励，例如进行有奖知识竞赛等，使公众感受到政府在促进公众参与生态环境保护治理的诚心和决心，激励公众的积极参与，但总体上来说，激励还不够。

二是在公众参与生态环境保护治理的形式上，目前新安江流域水环境保护工作中的公众参与基本上还停留在政府部门发动上，公众还处于被动接受的状态，尚未真正积极主动参与到生态保护中。正因如此，公众很难积极地参与进来，即便是有所参与，也很难保证所收获的效果，并且公众对政府主管部门的态度与偏好存在较强的依赖，难以避免有些社会活动只是为了"走形式、走过场"。以政府为主导的公众边缘性参与，对于公众在生态环境保护方面所能够发挥的作用形成了极大的制约，也使公众参与的热情在一定程度上受到打击。

7. 新安江水生态环境保护治理模式的建议

（1）进一步发挥政府的主导作用。

第一要完善制度建设。对新安江流域水生态环境保护治理工作来说，政府的主导作用主要是推进制度建设。国家应加强对生态补偿的理论研究，在此基础上，采取合理的方法进行补偿标准的计算，根据补偿标准和新安江流域的具体情况，充分考虑补偿途径、补偿主客体和监督管理等问题，建立起符合我国国情的、有效的、可行的生态补偿长效机制。

第二要加强顶层设计。关于新安江流域水资源的保护与治理，中央政府与地方政府应就相应的事权进行划分。首先，地方政府要对辖区内水环境的保护与治理负责；其次，中央政府要基于国家层面对地方政府给予相应的支持，就地方政府所开展的工作实施监管。另外，国家与各省进行协商与研究，对跨界水环境指标目标进行确定，同时在监督、考核等方面引入仲裁机制，通过协议的防守对上下游各省份的责任与义务予以明确。

政府还要进行一定的制度安排，转变经济增长方式，重点在低耗高附加值的产业方面给予支持，使之能够获得更大的发展，努力转变和改造传统产业与老旧技术，通过国债等途径对投资者进行积极地引导，加强循环经济、低碳经济的发展，由过去单纯看 GDP 的政绩考核方式向加大生态保护的考核权重转变，发展国民经济绿色核算体系（绿色 GDP）；建立环境问责制度及环境信用制度等，发挥政府元治理主体的功能。

（2）注重市场对资源配置的作用。

为扩大融资渠道，破解新安江流域水生态环境保护治理中的资金难题，必须注重市场对资源配置的作用。由于环境的外部性以及公共产品的属性，针对生态保护的补偿必然是由政府进行主导的，政府能够运用调控的机制和手段，促进并达成水环境保护与治理的目标，不过对于市场在资源配置方面所能够发挥的决定性作用，政府也必须要给予足够的重视，不断拓宽融资渠道，从更多的渠道筹集资金，并加强生态环境保护的市场化运作。例如，上游地区通过水价、税费等经济杠杆解决水环境保护的投入问题。下游地区在现有资金补偿的基础上，应加大对上游地区产业、政策补偿的力度，如对上游地区予以政策倾斜、上下游一对一贸易补偿、下游向上游转移高技术低污染型产业等形式，改"输血式"生态补偿为"造血式"生态补偿，建立流域生态补偿基金，或者引入 PPP 融资模式，使更多的民营企业与民间资本能够进入，从而使政府在投资、资产负债等方面均能够有所下降，并且注重和强化资金使用效率，以此使补偿机制能够长期有效运转。

（3）提高社会参与的水平。

新安江流域要注重培育与壮大民间环保组织、提高公民参与环境保护的能力与理性、引导社会有序理性参与环境保护，建立"政府主导、社会协同、公众参与"的社会管理格局。

5.2.3 从"五水共治河长制"探治水长效机制：流域水环境保护压力下的政府内部体制响应

以浙江治水做实证浅析探元治理机制。

1. 流域水环境保护压力下，地方政府创新治道，角色响应为环保制度政策的顶层设计者、综合目标的组织协调者、环保工作的绩效兜底者

浙江省书记、市长重视治水，将每年春节后"五水共治办"工作部署会议列为第一项议程，河长制全面推行后，"河长办"也由党政一把手统筹管理，红头文件由双办共同签发。工作宣传力度大，有效增强了大众环保意识，5.7 万名河长中，民间河长约占 20%，公众参与度高①。新媒体

① 高敏江，任景明，欧阳志云. 环保元治理模式政府角色定位和能力提升策略［J］. 社会科学，2018，9（2）：137 – 138，142.

和大数据平台介入，实现数据共享，人人参与实时监控，并不断促进第三方科技企业参与治水。截至 2018 年 1 月，浙江初步形成治水体系，为探索流域水环境保护长效机制提供了样板经验。

2. 治水特点与元治理策略提升治理能力解析

（1）政府内部元治理具有权责清晰、环保牵头等地方特色，彰显智慧：①"两办"地位责任明确，旨在统筹工作，减少权力交叉和内耗，提升治理绩效，不直接参与治理工作；②生态环境部门牵头治污水，久居一线，对症下药，治水成效显著；③部门联防重构流域水生态环境保护治理模式，综合考量上下游、左右岸、干支流情况，升级"河长制"，摒弃"环保不下河，水利不上岸"旧式分工，并"九龙治水"到"一拳发力"，打破各自为政格局，建立五级联动河长体系，治水上升为系统课题，从末端治理向源头防控转型。（2）政府外部元治理具有信息化和文化创新等特色，凸显理性与活力：①年初上线河长制 App，面向河长开放共享，信息化协同办公，巡河高效、监督透明，推进 2017 年度电子化考核方式，构建河长履职大数据体系，科学分享，助力政府—民间多级河长统筹办公；②积极探索市场机制参与治理方式，杭州地区数据监测外包，第三方科技企业与资本市场进入共治体系；③内化传统文化创新奖励体制，激发全省治水热情，增强了治水工作的公众亲和力和社会责任感。2015 年 1 月 12 日，嘉善因考核优秀首夺大禹鼎；2017 年 3 月 22 日，杭州市再获大禹鼎。（3）法政手段参与革新，保障治水制度与规划的顺利实施与推进：①绍兴部分地区公检法介入，联合打击环境违法，保障水资源规划和水功能区保护等基础性政策制度的推行落实；②为经济社会活动设立法律边界，提高地方政府调控、监理和执法力度；③嵊州市调任公安局局长做环保局局长，促进联合执法，在一定意义上起到环保警察的作用。

3. 治水实践与元治理模型目标的差距

治水实践与元治理模型目标主要体现在政府内部元治理：（1）机构设置仍然存在不合理性。治水前，已经有水处、水利厅、环保厅等诸多涉水部门；治水开始后，另设五水共治办、河长办，虽然实现了统筹规划，但一定程度上增加了涉水部门的数量，有可能对政策和制度的有效执行造成不良影响。（2）下属部门职权划分不清楚。省级层面虽然设立"两办"，明确职责，但市县级五水共治办与原责任部门权属不明，工作任务交叠，部门之间责任义务权利不明，五水共治办做事情，原责任部门最终摘果的情况时有发生，影响基层环保人员工作积极性。（3）业务分工不精细、欠专业。多部门混编治水，需要临时抽调工作人员，不仅增加了兼职人员工作量，更导致业务分工不明，专业知识不匹配，规章条例制定不科学等问题。制度化、标准化是各级河长履职的重要保障，专业技术标准体系不规范，影响标准落实。综上所述，元治理三角模型的稳定性，关键在于政府内部元治理的强化，理顺政府治理体系，才能构建出稳定的元治理大体系，有真正的"智慧型强政府"，才能进一步刺激"活力市场"、引导"理性公众"。

5.3 本 章 小 结

通过总结与剖析"海花岛""茅洲河""新安江"以及"五水共治"等调研案例，我们认为元治理是处于社会转型过度特殊时期的中国适宜的善治思想与路径。中央政府的顶层设计、地方政府的创新协调、"政府—市场—公众"三大治理主体的正向耦合，可以有效促进中国制度体系的深改，通过案例解析，验证元治理模式的应用成效，并反思了与理想元治理目标的差距，从积极意义的层面上，反映出国家治理共同规律与目标，如民主、自由、稳定、公正、高效的中国式落地过程。

第6章 结论与研究展望

将前述关于国内外环境保护治理背景、治理模式及其演变过程的综述，结合我国政经文化特点，耦合本土实证调研解析，主要形成了四个方面的成果：（1）通过第1章～第3章对国家治理背景、现状与趋势、治理现代化现实需求与意义定位，以及基于治理理念转变发生的生态环境保护治理模式演变等相关内容的梳理，辨析统治、治理和元治理的异同，同时，可以看出国内外在认识到环境污染的问题一致性基础上，针对各自环境问题及其特点，提出了环境问题责任主体的一般性与特殊性的治理尝试。（2）通过第3章承上启下的辨析，我国本土国情和生态环境保护治理现状对元治理的需求以及元治理在我国本土移植的可能性作出相应的判断。（3）通过第4章元治理概念模型的构建，得出元治理初期，我国环境保护治理体系和治理能力现代化探索路径。（4）通过第5章的实证解析，得出我国现阶段采用的政府—市场—公众耦合治理机制与元治理策略的吻合性，并对治理现状与元治理概念模型的差距作出了比较，由此得出政府内部元治理和政府外部元治理的耦合，表现出理论与实践优势，阐明元治理成败的关键在于元治理者，即政府是保留对治理机制开启、关闭、调整和另行建制权力的主体。

6.1 重要结论

6.1.1 我国环境保护治理现代化探索对元治理模式的需求

改革开放40年，政经文化同样特色鲜明，政府规制和市场化改革的起点是一个高度集中的政府主导计划经济体制，决定了社会转型过程具有与发达国家不同的内在逻辑。综合政经文化特点，我国国家治理和政府规制改革具有以下资源禀赋：（1）政府公权力部门在经济社会发展中起关键作用；（2）经济社会的复杂性和多变性使单一治理模式和"多中心—去中心"治理思想无法适应发展阶段和有效解决问题；（3）新时代国家（环保）治理体系改革和善治能力提升，需要改变凡事依赖政府的惯性，同时也不能脱离政府自由过渡，我们需要科学的、系统的、灵活的现代治理理论参与转型期的制度建设，这种模式就是元治理。

6.1.2 元治理优势与政府角色定位

元治理，称为"治理的治理"，是对治理的再治理，进一步阐述涉及科层治理、网络治理和市场治理的重组以得到良好的协调效果。元治理重视政府角色，但对其定位不能混同为建立至高无上的管制型政府，而是承担前瞻性顶层设计，协调促进社会各单元自治安排，并以解决问题、均衡利益为目标导向，对治理后果进行兜底的智慧型政府。新时代中国政府资源禀赋与元治理的适应性分析如下：（1）主导角色转变：政府是环境保护治理工作不可或缺的角色，但要改变过于倚重行政命令推进的模式，政府不再是各项社会事务的一力承担者与包办者；（2）协调职能上线：转变"家长制"观念，政府应作为同辈中的长者，促进经济社会单元自组织运作，平衡利益、协调关系，实现适度超越，达到"元治"；（3）构建"设计—反思"回路：智慧地进行制度设计和远景规划，并为共同目标的实现效果进行兜底，螺旋状反思修正顶层设计，不断向前推进善治。元治理模式中政府不仅不会消解其他治理力量，还将为各治理主体提供民主、高效、稳定的制度环境，并通过建立健全法治体系，形成新时代约束力，实现公正、自由等善治目标。

6.1.3 环保元治理模式下政府治道能力提升策略

1. 政府内部元治理

"政府—市场—公众"治理体系强调政府的引导协调作用、政府内部的元治理成效、影响其治道逻辑的落地和元治理能力的提升。政府要加强自身在使命分析、政治可控性和战略可控性方面的建设，针对具体问题，抓主要矛盾，精简治理机构，减少权力交叉和职能重叠，增强统一性和灵活度，提高办事效率；地方政府根据自身资源禀赋，突出部门特色，创新环保治理具体路径，减少权力与资源内耗，提升治理绩效。

2. 政府外部元治理

顺应两个"凡是"要求（凡是市场机制能够解决的问题，政府就不要"越位"；凡是对满足社会需求而必须提供的公共服务，政府就必须介入，不能"错位"），协调好市场与公众两大主体，平衡好环境问题及多方参与者的利益，弱化政府"包办""管制"行为，顺应各社会组织成长和公众环保意识觉醒的要求，简政放权，推动市场机制和公众参与的积极融合，优化三元治理三角结构，促进元治理主体的互动合作，实现资源的优化配置，提高市场与公众参与治理的积极性，创新解决公共问题的方案供给方式。通过构建智慧、活力、理性的三元主体参与环保工作的元治理模式，促进主体良性互动，不断在三方的信息反馈中提升政府元治理能力。结合上述内强政府元治理体系，外强市场与公众元治理机制，构建"智慧政府—活力市场—理性公众"的三角稳定正向耦合治理模型。

3. 构建新时代中华人民共和国环境保护法治体系，保障政府规制能力的提升

协调统一目标，平衡多元主体利益，是收获成效的基础。没有任何一种治理模式绝对有效，元治理也需要构建适应新时代中国国情的约束力，即依法行政，在定位智慧型政府职能的同时，建设法治型政府，以法治体系化解利益冲突，保障元治理机制的有效运作，提升政府及行政人员的公信力，提高政府元治理效率。

通过总结与剖析中国不同阶段的政经文化特色，结合国内外国家治理范式体系框架，认为元治理是处于社会转型过渡特殊时期的中国适宜的善治思想与路径。中央政府的顶层设计、地方政府的创新协调、"政府—市场—公众"三大治理主体的正向耦合，可以有效促进中国制度体系的深化改革，并且通过对中国"水治道"案例的解析，验证元治理模式的应用成效，反思与理想元治理目标的差距，从积极意义的层面上反映出国家治理共同规律与目标，如民主、自由、稳定、公正、高效的中国式落地过程。

6.2　研究展望*

6.2.1　与转型社会背景下生态环境保护治理新视角的分析比较

如今，中国正值第二现代性条件下的风险社会转型时期，整个社会正

---

　　* 张磊，高敏江，黄煜阳，任景明. 复合生态系统视角下的城乡环境治理研究：环境流理论、环境枢纽理论、远程耦合模型的关系及其应用［C］. 第六届环境社会学年会会议文集，2018.10.

在由简单社会逐步过渡至复杂社会（complex societies），社会呈现开放、多元的特点。由于多方面因素的影响，环境问题呈现出复杂化的特点，与生态环境保护治理相关的内容、对象、目的、原则、模式、手段等也都已经产生了非常明显的变化。现实中的问题也在挑战之前研究生态环境保护治理的理论和方法，需要建立朝向复合生态系统的数据信息收集方法，并将多学科知识相融合，对所受到的数据信息根据相应的理论框架展开综合性的分析与研究。

6.2.2　在复合生态系统治理空间中的融合落地

虽然中国的复合生态系统理论和西方的复合环境流理论分别植根于生态学和社会学，有着不同的学科传统和研究方法，但二者有着天然的契合点：复合环境流穿行在复合生态系统之中，人类社会系统是居于复合生态系统核心的子系统，强调了人的主观能动性，也就是社会流在调控环境流行为中的重要性。复合生态系统的研究揭示各子系统之间的关系和动力学机制，复合环境流的研究揭示影响环境流行为的社会驱动因子和调控机制，前者研究的主题接近"环境学的环境社会学"，后者的研究方法与框架隶属"社会学的环境社会学"，二者的结合有助于展现环境问题的全景和实质，有助于宏观战略与微观调控的呼应，对可持续发展研究和管理实践都有助益。

全球化给环境管理带来了两个关系的转变，第一个就是上文提到的国家、市场和公民社会角色的转变，第二个是当地和全球关系的转变。一般而言，环境流是在全球网络内流动（宏观），但在关键的网络节点发挥作用的仍然是一个个的地方主体（微观）。在采用环境流的分析视角时，微观与宏观自然而然地被联系在一起，后者作用于前者，前者又反过来作用于后者，在这种相互影响中每一种独具形态的环境流得到了构建。当然，在环境流的建构过程中，微观和宏观层面发挥的作用不一样，每一个微观个体的权重也不相同，宏观层面的研究和决策终须在具体的地点由相关主体落实（locality-based）。具体可以借由复合社会实践模型，解析环境保护治理的复杂问题。

参 考 文 献

［1］［美］埃莉诺·奥斯特罗姆，著．公共事务的治理之道［M］．余逊达等，译．上海：上海三联书店，2000：23－24．

［2］［英］安德鲁·多布森，著．绿色政治思想［M］．郇庆治，译．山东：山东大学出版，2005：156．

［3］［美］安塞尔·M.夏普等，著．社会问题经济学（第十八版）［M］．郭庆旺，译．北京：中国人民大学出版社，2009．

［4］［美］昂格尔，著．现代社会中的法律［M］．吴玉章，周汉华，译．北京：译林出版社，2008：115－117．

［5］［美］鲍勃·杰索普，著．治理与元治理：必要的反思性、必要的多样性和必要的反讽性［J］．程浩，译．国外理论动态，2014（5）：14－22．

［6］波音．王朝的家底［M］．北京：群言出版社，2016．

［7］蔡昉，都阳，王美艳．经济发展方式转变与节能减排动力［J］．经济研究，2008（6）．

［8］蔡守秋．第三种调整机制——从环境资源保护和环境资源法角度进行研究（上）［J］．中国发展，2004（1）：29－36．

［9］蔡拓．全球治理的反思与展望［J］．天津社会科学，2015（1）：108－113．

［10］常纪文．中国环境法治的发展历程［J］．环境保护，2009，422（6B）：31－33．

［11］巢哲雄．关于促进国家生态环境治理现代化的思考［J］．环境保护，2014，42（16）：44－46．

［12］陈其林．产业政策：企业、市场与政府［J］．国际经济管理与计划，1999（8）．

［13］陈书全．环境行政管理体制研究［D］．青岛：中国海洋大学，2008．

[14] 陈晓永，张云．环境公共产品的政府责任主体地位和边界辨析 [J]．河北经贸大学学报，2015，36（2）：35-39．

[15] 成婧．结构功能主义视角下的国家治理体系建设 [J]．湖南科技大学学报（社会科学版），2014（6）：11-14．

[16] 程启智．政府社会性管制理论及其应用研究 [M]．北京：经济科学出版社，2008．

[17] 褚楠．多中心理论视角下固体处置问题研究——以赤峰市为例 [D]．沈阳：辽宁大学，2012．

[18] 崔凤等．环境社会学 [M]．北京：北京师范大学出版社，2010．

[19] 崔巍．环境保护行政管理体制研究 [D]．开封：河南大学，2010．

[20] 崔晓奎．我国公众参与环境保护法律制度研究 [D]．重庆：重庆大学，2011．

[21]〔英〕大卫·休谟．人性论 [M]．贾广来，译．北京：商务印书馆，1983：32．

[22] 逮元堂，等．环境公共财政：实践与展望 [M]．北京：中国环境科学出版社，2010．

[23] 戴双玉．我国环境保护行政管理体制改革研究 [D]．长沙：湖南大学学位论文，2009．

[24] 戴星翼．环境与发展经济学 [M]．北京：立信会计出版社，1996：132．

[25] 丁冬汉．从"元治理"理论视角构建服务型政府 [J]．海南大学学报（人文社会科学版），2010（5）：18-24．

[26] 杜保友．公民社会：科学社会主义学科的重要研究课题 [J]．科学社会主义，2009（10）：92-95．

[27] 樊根耀．生态环境治理的制度分析 [M]．咸阳：西北农林科技大学出版社，2003：55．

[28] 方涛．国家治理体系和治理能力现代化：内涵、依据、路径——基于相关文献的综述 [J]．观察与思考，2015（1）：52-58．

[29]〔美〕弗朗西斯·福山，著．国家构建——21世纪的国家治理与世界秩序 [M]．黄胜强，许铭原，译．北京：中国社会科学出版社，2007

[30] 高小平．政府生态管理 [M]．北京：中国社会科学出版社，2007．

[31] 关于《中共中央关于全面深化改革若干重大问题的决定》的说明 [N]. 人民日报，2013 – 11 – 16.

[32] 郭红连，黄懿瑜，马蔚纯，余琦，陈立民. 战略环境评价 (SEA) 的指标体系研究 [J]. 复旦学报（自然科学版），2003，42（3）：468 – 475.

[33] 郭秀清. 构建中国生态环境治理现代化模式 [J]. 鄱阳湖学刊，2014（6）：68 – 74.

[34] 郭永园，彭福扬. 元治理：现代国家治理体系的理论参照 [J]. 湖南大学学报（社会科学版），2015，29（2）：105 – 109.

[35] 韩广，杨兴，陈维春，等. 中国环境保护法的基本制度研究 [M]. 北京：中国法制出版社，2007.

[36] 何宇行. 西方国家政府改革和治理理论研究综述 [J]. 成都行政学院学报，2014（6）：29 – 33.

[37] 侯佳儒. 论我国环境行政管理体制存在的问题及其完善 [J]. 行政法学研究，2013（2）：29 – 35.

[38] 胡锦涛. 坚定不移沿着中国特色社会主义道路前进为全面建成小康社会而奋斗 [N]. 人民日报，2012 – 11 – 18.

[39] ［美］德怀特·波金斯，斯蒂芬·拉德勤，等. 发展经济学 [M]. 马春文，张东辉，主编. 北京：中国人民大学出版社，1998：158.

[40] 黄猛. 论环境保护中的公众参与法律问题 [D]. 重庆：重庆大学，2005.

[41] 黄万华，刘渝. 环境治理中政府机制有效性的制度分析 [J]. 当代经济管理，2013，35（11）：41 – 44.

[42] 江必新. 推进国家治理体系和治理能力现代化 [N]. 光明日报，2013 – 11 – 15.

[43] 姜爱林，陈海秋. 中国城市环境治理的绩效、不足与创新对策 [J]. 江淮论坛，2008（4）.

[44] 姜雅，姜舰. 日本环境污染防治经验与启示浅析 [J]. 国土资源情报，2004（2）：46 – 52.

[45] ［美］杰拉尔德·温伯格. 系统设计的一般原理 [M]. 张铠，王佳，译. 北京：清华大学出版社，2004：73.

[46] 金凤君. 五大区域重点产业发展战略环境评价研究 [M]. 北京：中国环境出版社，2013.

[47] 景维民，张慧君，等．经济转型深化中的国家治理模式重构 [M]．北京：经济管理出版社，2013.

[48] ［美］卡伦，著．环境经济学与环境管理：理论、政策与应用（第三版）［M]．姚从容，译．北京：清华大学出版社，2006：53.

[49] ［英］克莱夫·庞廷．绿色世界史——环境与伟大文明的衰落 [M]．王毅、张学广，译．上海：人民出版社，2002：20.

[50] ［美］莱斯特·M. 萨拉蒙，著．公共服务中的伙伴 [M]．田凯，译．北京：商务印书馆，2008.

[51] ［美］蕾切尔·卡逊，著．寂静的春天 [M]．吕瑞兰，李长生，译．长春：吉林人民出版社，1997.

[52] 李澄．元治理理论综述 [J]．前沿，2013（21）：124 – 127.

[53] 李嘉欣．走向绿色未来——全球环境治理观念的产生与发展 [J]．南方论刊，2007（3）：11 – 12，22.

[54] 李健．环境污染问题的经济学分析 [J]．北京理工大学学报，1999，4（19）.

[55] 李希昆．论我国公众参与中华人民共和国环境保护法律机制的缺陷与完善 [J]．昆明理工大学学报社会科学版，2005（3）：33 – 36.

[56] 李明．浅谈环境法的公众参与制度 [J]．法制与社会，2014（3）：51 – 52.

[57] 李生校，高静．绿色议程视角下环境保护公众参与制度的设计 [J]．管理纵横，2014（11）：42 – 45.

[58] 李万新．中国的环境监管与治理——理念、承诺、能力和赋权 [J]．公共行政评论，2008（5）：102 – 151.

[59] 李蔚军．美、日、英三国环境治理比较研究及其对中国的启示——体制、政策与行动 [D]．上海：复旦大学，2008.

[60] 李雪梅．基于多中心理论的环境治理模式研究 [D]．大连：大连理工大学，2010.

[61] 李挚萍：环境法的新发展——管制与民主的互动 [M]．北京：人民法院出版社，2006.

[62] 厉以宁．西方经济学（第3版）[M]．北京：高等教育出版社，2010.

[63] 联合国全球治理委员会．我们的全球伙伴关系 [M]．伦敦：牛

津大学出版社，1995.

[64] 梁红琴．环境保护公众参与法律制度研究［D］．厦门：厦门大学，2009.

[65] 梁嘉琳，姜刚，辛林霞，等．越位与缺位：环保监管的灰色地带［N］．经济参考报，2013 – 7 – 17.

[66] 梁治平．新波斯人的信札［M］．北京：中国法制出版社，2000：101.

[67] 林立．法学方法论与现代民法［M］．北京：中国政法大学出版社，2002.

[68] 刘长兴．环境管理职权配置的二元结构论［EB/OL］．武汉大学环境法研究所公众号，2019 – 10 – 24.

[69] 刘超．协商民主视阈下我国环境公众参与制度的疏失与更新［J］．武汉理工大学学报（社会科学版），2014（1）：76 – 81.

[70] 刘飞．美国环境行政许可制度对我国的启示——建立公众参与型环境许可制度［D］．沈阳：东北大学，2005.

[71] 刘建伟．国家治理能力现代化研究述评［J］．上海行政学院学报，2015，16（1）：98 – 107.

[72]［美］刘易斯·芒福德，等著．城市发展史：起源、演变和前景［M］．宋俊岭，倪文彦，译．北京：中国建筑工业出版社，1989.

[73] 刘兆征．中国环境治理失灵问题的思考［J］．环境保护，2008，402（8B）：64 – 67.

[74] 刘志国．政府权力与产权制度变迁［M］．北京：中国财政经济出版社，2007.

[75]［美］罗伯特，罗茨，著．新的治理［A］．俞可平，译．治理与善治［C］．北京：社会科学文献出版社，2001：86.

[76]［美］罗杰·珀曼，等著．自然资源与环境经济学［M］．侯元兆，等译．北京：中国经济出版社，2002：147.

[77] 马俊彦．国家治理范式下的制度改革［J］．宁波大学学报（人文科学版），2015，28（2）：113 – 119.

[78] 毛寿龙．政治社会学［M］．北京：中国社会科学出版社，2001：304 – 305.

[79] 苗东升．开放复杂巨系统理论：科学性、研究现状和存在问题［J］．河北师范大学学报（哲学社会科学版），2005，28（2）：

18 – 24.

[80] 聂平平. 公共治理的基本理念 [N]. 光明日报, 2004 – 08 – 18.

[81] 潘立学. 多中心理论视角下的环境污染治理问题研究——以沈阳市为例 [D]. 沈阳: 辽宁大学, 2012.

[82] 齐晔, 马丽. 中国气候变化政策与管理体制及改进对策 [Z]. 北京: 中国国际合作与环境发展委员会, 2009.

[83] 齐晔. 中国环境监管体制研究 [M]. 上海: 上海三联书店, 2008.

[84] [美] R. H. 科斯, 等. 社会成本问题 [M]. 财产权利与制度变迁: 产权学派与新制度学派译文集. 刘守英等, 译. 上海: 上海人民出版社, 上海三联书店, 1994.

[85] 任景明, 刘磊, 张辉, 等. 完善我国环境影响评价制度的对策建议 [J]. 环境与可持续发展, 2009 (6): 44 – 46.

[86] 任景明. 从头越——国家环境保护管理体制顶层设计探索 [M]. 北京: 中国环境出版社, 2013.

[87] 任景明. 区域开发生态风险评价理论与方法研究 [M]. 北京: 中国环境出版社, 2013.

[88] 任伍, 李澄. 元治理视阈下中国环境治理的策略选择 [J]. 中国人口·资源与环境, 2014, 24 (2): 18 – 22.

[89] 任志宏, 赵细康. 公共治理新模式与环境治理方式创新 [J]. 学术研究, 2006 (9): 23 – 25.

[90] 任志宏, 赵细康. 公共治理新模式与环境治理方式的创新 [J]. 学术研究, 2006 (9): 92 – 98.

[91] 纱布尔·吉玛. 分权化治理: 新概念与新实践 [M]. 上海: 格致出版社, 2012.

[92] 沈国明. 国外环保概览 [M]. 成都: 四川人民出版社, 2002: 381.

[93] 沈国明. 国外环保概览 [M]. 成都: 四川人民出版社, 2002: 93.

[94] [美] 施里达斯·拉尔夫, 著. 我们的家园——地球 [M]. 夏堃堡等, 译. 北京: 中国环境科学出版社, 2000.

[95] 石云翔. 我国环境保护立法与执法中公众参与制度探析 [J]. 法制与社会, 2014 (4): 45 – 46.

[96] 史玉成. 环境保护公众参与的理念更新与制度重构——对完善我国环境保护公众参与法律制度的思考 [J]. 甘肃社会科学,

2008（2）：151 – 154.

[97] 史玉成．环境保护公众参与的现实基础与制度生成要素——对完善我国环境保护公众参与法律制度的思考 [J]．兰州大学学报（社会科学版），2008（1）：131 – 137.

[98] 史玉成．论我国环境保护公众参与法律制度 [D]．上海：华东政法大学，2007.

[99] 世界银行．1997 年世界发展报告：变革世界中的政府 [M]．北京：中国财政经济出版社，1997.

[100] 世界银行．世界发展报告（1997）[M]．北京：中国财政金融出版社，1997：28.

[101] 孙百亮．"治理"模式的内在缺陷与政府主导的多元治理模式的构建 [J]．武汉理工大学学报（社会科学版），2010，23（6）：406 – 412.

[102] 孙柏瑛．当代地方治理：面向 21 世纪的挑战 [M]．北京：中国人民大学出版社，2004：141.

[103] 唐任伍，李澄．元治理视阈下中国环境治理的策略选择 [J]．中国人口·资源与环境，2014，24（2）：18 – 22.

[104] 滕世华．治理理论与政府改革 [J]．福建行政学院福建经济管理干部学院学报，2002（3）：38 – 43，79.

[105] 滕有正，孟慧君，刘钟龄．利用市场机制解决环境保护难题 [J]．内蒙古大学学报（人文社会科学版），2001，33（4）：83 – 90.

[106] 滕有正．论市场机制与环境保护 [J]．环境科学进展（增刊），1997：138 – 144.

[107] 田海．公众参与生态环境保护的伦理学探究 [D]．南京：南京林业大学，2007.

[108] 万加华．欧洲环保十日行——从欧洲环保看"嘉兴模式"[M]．北京：中国环境出版社，2016：78 – 80.

[109] 汪劲．环保法治三十年：我们成功了吗——中国环保法治蓝皮书（1970 – 2010）[M]．北京：北京大学出版社，2010.

[110] 汪向阳，胡春阳．治理：当代公共管理理论的新热点 [J]．复旦学报（社会科学版），2000（4）：136 – 140.

[111] 王灿发．日本环境诉讼典型案例与评析 [M]．北京：中国政法大学出版社，2011.

[112] 王凤. 公众参与环保行为机理研究 [M]. 北京：中国环境科学出版社，2008.

[113] 王建国，周建慧. 中国低碳发展战略和政策制定的六维路线图 [J]. 北京大学学报（哲学社会科学版），2012，49（3）：133－139.

[114] 王健. 公众参与对环境影响评价制度的影响分析 [D]. 沈阳：东北大学，2005.

[115] 王名，蔡志鸿，王春婷. 社会共治：多元主体共同治理的实践探索与制度创新 [J]. 中国行政管理，2014（12）：16－19.

[116] 王蓉：中国环境法律制度的经济学分析 [M]. 北京：法律出版社，2003.

[117] 王诗宗. 治理理论及其中国适用性：基于公共行政学的视角 [D]. 杭州：浙江大学，2009.

[118] 王晓莉. 我国环境保护中的公众参与制度研究 [J]. 河南科技，2014（2）：258.

[119] 王晓文. 我国公众参与环境保护的不足及其对策探究 [J]. 资源节约与环保，2014（3）：71－77.

[120] 王逊. 公众参与环境保护的法律机制研究 [D]. 重庆大学硕士学位论文，2008.

[121] ［美］维夫克·拉姆库玛，艾丽娜·皮特科娃. 环境治理的一种新范式：以提高透明度为视角 [J]. 经济社会体制比较，2009（3）.

[122] 魏俞满. 我国生态模式多中心治理模式探究 [J]. 长春理工大学学报（社会科学版），2013，26（9）：17－18.

[123] 吴邦国. 在十一届全国人大四次会议上作的常委会工作报告 [N]. 人民日报，2011－3－11.

[124] 吴狄，武春友. 建国以来中国环境政策的演进分析 [J]. 大连理工学院学报，2006（4）.

[125] 吴洁. 国外行政立法的公众参与制度 [M]. 北京：中国法制出版社，2008.

[126] 武敏. "大部制"背景下地方环境行政管理体制改革研究 [D]. 长沙：中南大学，2009.

[127] 习近平. 在首都各界纪念现行宪法公布施行30周年大会上的讲话 [N]. 人民日报，2012－12－5.

[128] 熊节春,陶学荣.西方公共事务管理中政府"元治理"的内涵及其启示 [J]. 江西社会科学,2011 (8):232-236.

[129] 熊节春.政府治理新范式:元治理 [A]. 中国行政管理学会.中国行政管理学会 2010 年会暨"政府管理创新"研讨会论文集 [C].2010.

[130] 熊晶.公众参与城市规划制度研究——以环境保护为视角 [D]. 武汉:武汉大学,2005.

[131] 胥仕元.殷周秦汉国家治理思想及其工具性价值研究 [M]. 北京:人民出版社,2015.

[132] 徐倩.包容性治理:社会治理的新思路 [J]. 江苏社会科学,2015 (4):17-25.

[133] 徐越倩.治理的兴起与国家角色的转型 [D]. 杭州:浙江大学,2009.

[134] 许彬.公共经济学导论——以公共产品为中心的一种研究 [M]. 哈尔滨:黑龙江人民出版社,2003:4.

[135] 薛澜,李宇环.走向国家治理现代化的政府职能转变:系统思维与改革取向 [J]. 政治学研究,2014 (5):61-70.

[136] 薛世妹.多中心治理:环境治理的模式选择 [D]. 福州:福建师范大学,2010.

[137] [美] 亚当·斯密.国富论 [M]. 郭大力,王亚南,译.北京:译林出版社,2011:47-55.

[138] [古希腊] 亚里士多德.政治学 [M]. 吴寿彭,译.北京:商务印书馆,1983:30.

[139] 晏翼琨.公众参与水环境管理的现状、问题与对策 [D]. 杭州:浙江大学,2007.

[140] 杨斌,等.公共治理范式研究——基于埃莉诺-奥斯特罗姆的研究成果分析 [J]. 长沙:求索,2010 (8).

[141] 杨东平.环境绿皮书 2006 年:中国环境的转型与博弈 [M]. 北京:社会科学文献出版社,2007.

[142] 姚钰清.浅析我国环境保护中的公众参与制度 [J]. 资源节约与环保,2014 (1):134.

[143] [奥] 尤根·埃利希.法律社会学基本原理 [M]. 叶名怡,袁震,译.北京:中国社会科学出版社,2009:1.

[144] 游中川.环境保护公众参与法律制度研究 [D]. 重庆:西南

政法大学，2006.

［145］于水，查荣林，帖明. 元治理视域下政府治道逻辑与治理能力提升［J］. 江苏社会科学，2014（4）：139 – 145.

［146］余德辉，胥树凡. 环境保护市场化若干问题探讨［J］. 环境工作通讯，2000（4）：21 – 23.

［147］俞可平. 论国家治理现代化［M］. 北京：社会科学文献出版社，2014.

［148］俞可平. 推进国家治理体系和治理能力现代化［J］. 前线，2014（1）：5 – 13.

［149］俞可平. 治理与善治［M］. 北京：社会科学文献出版社，2001.

［150］郁建兴. 治理与国家建构的张力［J］. 马克思主义与现实（双月刊），2008（1）：86 – 93.

［151］［德］约阿西姆·拉德卡. 自然与权力——世界环境史［M］. 王国豫，付天海，译. 保定：河北大学出版社，2004：223.

［152］［美］约翰·梅纳德·凯恩斯. 就业、利息和货币通论［M］. 徐毓，译. 北京：商务印书馆，1999：1 – 28，205.

［153］曾丽红. 我国环境规制的失灵及其治理——基于治理结构、行政绩效、产权安排的制度分析［J］. 吉首大学学报（社会科学版），2013，34（4）73 – 78.

［154］詹承豫. 转型期中国的风险特征及其有效治理——以环境风险治理为例［J］. 马克思主义与现实，2014（6）：56 – 63.

［155］［美］詹姆斯·N. 罗西瑙. 没有政府的治理：世界政治中的秩序与变革［M］. 张胜军，刘小林等，译. 南昌：江西人民出版社，2001.

［156］张百灵. 外部性理论的环境法应用：前提、反思与展望［J］. 华中科技大学学报（社会科学版），2015，29（2）：44 – 51.

［157］张东伟. 全球化时代国际环境机制研究［D］. 长春：吉林大学硕士，2009.

［158］张红凤，等. 中国特殊制度禀赋约束下的政府规制改革研究［J］. 2013，118（1）.

［159］张锦高，吴巧生. 论全球化与环境治理［J］. 中国地质大学学报（社会科学版），2004，4（6）：46 – 51.

［160］张康之. 寻找公共行政的伦理视角［M］. 北京：中国人民大

学出版社，2012.

[161] 张晓磊．环境影响评价制度中的公众参与问题研究——比较行政法的视角［D］．济南：山东大学，2007.

[162] 张晓文．我国环境保护法律制度中的公众参与［J］．华东政法大学学报，2007，3（3）：57－63.

[163] 赵会会．我国环境治理制度改革研究［D］．天津：天津师范大学，2011.

[164] 赵永新．如何破解环境诉讼难题［N］．人民日报，2002－11－22.

[165] 赵越，杨文杰，马乐宽，等．全国首个跨省流域水环境补偿试点——新安江流域水环境补偿探索与实践（2012－2014年）［M］．北京：中国环境出版社，2015.

[166] 赵美珍，郭华茹．论地方政府和公众环境监管的互补与协同［J］．华中科技大学学报（社会科学版），2015，29（2）：52－57.

[167] 正威，李文君，赵欣欣．社会稳定风险评估公众参与意愿影响因素研究［J］．西安交通大学学报（社会科学版），2014（2）：49－55.

[168] 中国工程院，环境保护部．中国环境宏观战略研究：战略保障卷（上）［M］．北京：中国环境出版社，2011.

[169] 中国工程院，环境保护部．中国环境宏观战略研究：综合报告卷（上）［M］．北京：中国环境科学出版社，2011：68－69.

[170] 周黎安．中国地方官员的晋升锦标赛模式研究［J］．经济研究，2007（7）.

[171] 周永生．日本环境保护机制及措施［J］．国际资料信息，2007（4）.

[172] 朱留财．从理论视角看当今环境治理［N］．中国环境报，2007－1－26.

[173] Acob Torfing, Peter Triantafillou. Interactive Policy Marking, Metgovernance and Democracy［M］. Colchester, UK：ECPR Press, 2011.

[174] Bessette J. M. Deliberative Democracy：the Majority Principle in Republican Government［M］. New York：American Enterprise Institute, 1980：102－106.

[175] Dixon J. , & Dogan R. Hierarchies, Networks and Markets: Responses to Societal Governance Failure [J]. Administrative Theory and Praxis, 2002, 24 (1): 175 – 196.

[176] Jessop Bob. Governance and Meta-governance: On Reflexivity, Requisite Variety, and Requisite Irony [A]. Governance, as Social and Political Communication [C] . Manchester University Press, 2003: 142 – 172.

[177] Jessop B. The Rise of Governance and Risks of Failure: The Case of Economic Development [J]. International Social Science Journal, 1998, 50 (155): 29 – 46.

[178] Louis Meuleman. Public Management and the Meta-governance of Hierarchies, Networks and Markets [M] . German: Physica – Verlag, 2008.

[179] Mark Bevir. The Stage Handbook of Governance, SAGE Publication Ltd. , 2010: 203 – 217.

[180] Meuleman, Louis. Meta-governing Governance Styles – Broadening the Public manager's Action Perspective [A]. Jacob Torfing and Peter Triantafillou. Interactive policy making, meta-governance and democracy [C]. Colehester: ECPR Press, 2011: 97.

[181] Mol A. P. J. , Dieu T. T. M. Analysing and Governing Environmental Flows: the Case of Tra Co Tapioca Village, Vietnam [J]. NJAS – Wageningen Journal of Life Sciences, 2006, 53 (3): 301 – 317.

[182] Spaargaren G. , Mol A. P. J. , Bruyninckx H. Introduction: Governing Environmental Flows in Global Modernity [J]. Status: Published, 2006.